广联达BIM实训系列教程

广联达 柏慕 强强联合 凝结BIM实训精华

Revit 建筑应用实训教程

黄亚斌 王全杰 赵雪锋 主编

化学工业出版社

·北京·

本书共分为5章内容及附录：样板文件设置、模型搭建、施工图出图、工程量清单算量、模型浏览、Revit导入广联达GCL建模交互规范。以一个典型的、完整的实际工程为案例，从模型的创建和模型的应用两部分展开，以任务为导向，并将完成任务的过程按照“任务—任务说明—任务分析—任务实施—任务总结”作为整体学习的主线，借助Revit软件，让学生在完成每一步任务的同时，有效掌握每一个任务的步骤和内容。

本书可以作为建筑设计师、建筑工程管理及相关专业和三维设计爱好者的自学用书，也可作为各大院校建筑专业教材，社会培训机构也可以选作培训用书。

图书在版编目（CIP）数据

Revit建筑应用实训教程/黄亚斌，王全杰，赵雪锋主编.—北京：化学工业出版社，2015.11（2019.2重印）
ISBN 978-7-122-25293-7

Ⅰ.①R… Ⅱ.①黄… ②王… ③赵… Ⅲ.①建筑设计—计算机辅助设计—应用软件—教材 Ⅳ.①TU201.4

中国版本图书馆CIP数据核字（2015）第236241号

责任编辑：吕佳丽　　装帧设计：张　辉
责任校对：吴　静

出版发行：化学工业出版社（北京市东城区青年湖南街13号　邮政编码100011）
印　　装：天津图文方嘉印刷有限公司
787mm×1092 mm　1/16　印张13　字数313千字　2019年2月北京第1版第5次印刷

购书咨询：010-64518888　售后服务：010-64518899
网　　址：http://www.cip.com.cn
凡购买本书，如有缺损质量问题，本社销售中心负责调换。

定　　价：75.00元

编写人员名单

主　编　黄亚斌　北京柏慕进业工程咨询有限公司

王全杰　广联达软件股份有限公司

赵雪锋　北京工业大学

副主编　乔晓盼　北京柏慕进业工程咨询有限公司

楚仲国　广联达软件股份有限公司

韩继淑　北京柏慕进业工程咨询有限公司

参　编　（排名不分先后）

应春颖　广联达软件股份有限公司

陈国荣　广联达软件股份有限公司

杨文生　北京交通职业技术学院

高　伟　北京交通运输职业学院

潘丹平　宁波易比木信息咨询有限公司

李思康　广联达软件股份有限公司

贺翔鑫　广联达软件股份有限公司

田　瑾　广联达软件股份有限公司

刘丽梅　广联达软件股份有限公司

编审委员会名单

麻文娜　西安欧亚学院

郑朝灿　金华职业技术学院

李显秋　云南农业大学建工学院

尚春静　海南大学

张银会　重庆建筑工程职业学院

刘泱黎　新疆生产建设兵团第六师五家渠职业技术学校

孙　武　江苏建筑职业技术学院

周海娟　淮海技师学院

周　靓　江苏省淮阴商业学校

程　峰　安徽审计职业学院

吕　忠　安徽工业大学

张丽丽　北京工业职业技术学院

高　伟　北京交通运输职业学院

一、本书出版的背景

当前我国正处于工业化和城市化的快速发展阶段，在未来20年具有保持GDP快速增长的潜力，建筑行业已经成为国民经济的支柱产业，中华人民共和国住房和城乡建设部提出了建筑业的十项新技术，其中包括信息技术在建筑业的应用。信息化是建筑产业现代化的主要特征之一，BIM应用作为建筑业信息化的重要组成部分，必将极大地促进建筑领域生产方式的变革。从BIM技术近几年来的高速发展及迅猛的推广速度可以看出，其应用与推广势必会对整个建筑行业的科技进步与转型升级产生不可估量的影响，同时也将给建筑行业的发展带来巨大的动力。尤其是在近两年来，国家及各省的BIM标准及相关政策相继推出，也对BIM技术在国内的快速发展奠定了良好的环境基础。2015年6月由中华人民共和国住房和城乡建设部在发布的《关于推进建筑信息模型应用的指导意见》是第一个国家层面的关于BIM应用的指导性文件，充分肯定了BIM应用的重要意义。

越来越多的高校对BIM技术有了一定的认识并积极进行实践，尤其一些科研型院校首当其冲，但是BIM技术最终的目的是要在实际项目中落地应用，想要让BIM真正能够为建筑行业带来价值，就需要大量的BIM技术相关的人才。BIM人才的建设也是建筑类院校人才培养方案改革的方向，但由于高校课改相对BIM的发展较慢，BIM相关人才相对急缺，我们提出了以下解决方案：先学习BIM概论，认识BIM在项目管理全过程中的应用；然后，再结合本专业人才培养方向与核心业务能力进行BIM技术相关的应用能力的培养，基于BIM技术在建筑工程全生命期各阶段的应用，针对高校BIM人才培养进行能力拆分，如下页图所示。

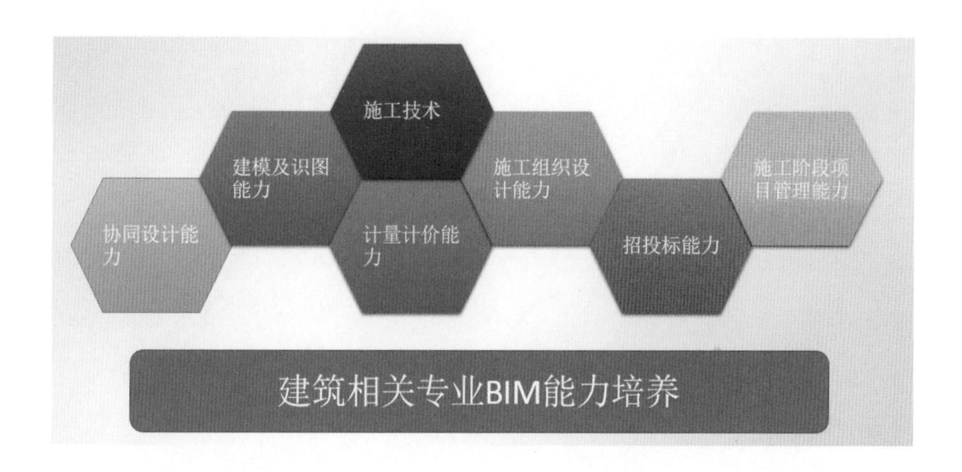

二、本系列图书的体系

对以上建筑类相关专业 BIM 能力的培养有针对性地制定了一系列的实训课程（见下表）。该系列实训课程基于一体化实训的理念，可以实现 BIM 技术在建筑工程全生命期的全过程应用，即从设计模型到下游一系列软件的应用打通。

BIM 一体化实训课程

协同设计能力	Revit 建筑应用实训教程
	Revit 机电应用实训教程
建模及识图能力	建筑识图与 BIM 建模实训教程
	BIM 实训中心建筑施工图
建筑施工技术能力	建筑工程技术实训
计量计价能力	计量计价实训
施工组织设计能力	建筑施工组织实训教程
招投标能力	工程招投标理论与综合实训
施工阶段综合应用能力	BIM5D 虚拟建造实训

本系列图书是基于目前国内主流设计阶段应用型 BIM 软件精心策划，基于一体化实训教学理念，以广联达办公大厦项目为例进行软件介绍的同时，让读者全面掌握该项目图纸及项目的基本信息，加强识图能力的同时对后续的计量计价课程、招投标课程、施工组织系列课程的学习奠定坚实的基础，方便后续课程的学习。

三、本书的内容

《Revit 建筑应用实训教程》基于“教、学、做一体化，以任务为导向，以学生为中心”的课程设计理念编写，符合现代职业能力的迁移理念。本书共分为 5 章内容及附录：样板文件设置、模型搭建、施工图出图、工程量清单算量、模型浏览、Revit 导入广联达

GCL 建模交互规范。以一个典型的、完整的实际工程为案例，从模型的创建和模型的应用两部分展开，以任务为导向，并将完成任务的过程按照“任务—任务说明—任务分析—任务实施—任务总结”作为整体学习的主线，借助 Revit 软件，让学生在完成每一步任务的同时，有效掌握每一个任务的步骤和内容。

本书可以作为建筑设计师、建筑工程管理及相关专业和三维设计爱好者的自学用书，也可作为各大院校建筑专业教材，社会培训机构也可以选作培训用书。

四、本书的特点

本书与其他 Revit 图书对比具有以下几个特点：

1. 本书是由广联达软件股份有限公司和北京柏慕进业工程咨询有限公司共同精心策划并开发的一套实训教程。

2. 本书可以让 Revit 零基础学员通过学习教材中的案例、标准化建模、施工图出图及与 Revit 标准化模型与广联达软件对接，实现快速算量计价，并打通了设计阶段的模型承接至下游招投标阶段及施工阶段系列软件的应用，实现了 BIM 一次建模、多次应用。

3. 在学习过程中不仅可以学习具体操作方法，还可以灵活掌握 BIM 相关建模规范。

五、本书的增值服务

读者可以根据自身情况选择学习《Revit 建筑应用实训教程》《Revit 机电应用实训教程》及配套的《办公大厦建筑工程图》《办公大厦安装施工图》，电子资料包可至 360 云盘免费下载，云盘号：1362669726@qq.com，云盘密码：huagongshe。欢迎各位读者加入实训教学公众号，我们会及时发布本套教程的最新资讯及相关软件的最新版本信息。用微信“扫一扫”关注实训教学公众号。

为了使教材更加适合应用型人才培养的需要，我们做出了全新的尝试与探索，但限于编者的认知水平不足，疏漏及不当之处，敬请广大读者批评指正，以便及时修订与完善。同时为了大家能够更好的使用本套教材，相关应用问题可反馈至 chuzg@glodon.com.cn；以期再版时不断提高。

编者

2015 年 9 月

目录

第1章 样板文件设置 / 1

第2章 模型搭建 / 21

第1章 样板文件设置

1.1 任务说明

在一个项目开始前，为了保证项目的统一性，通常需要设置一个项目样板文件。根据本项目案例的情况，各专业间选择“链接”的方式进行协同工作。建筑结构建模是以“柏慕 1.0 建筑结构样板”为基础，进行设置和完善，使它成为本项目的结构样板文件。

1.2 任务分析

项目样板文件的制作主要包括：

（1）调整项目方向。

（2）系统族筛选和设置，包括墙体、楼板、屋顶、梁、柱等构件的类型设置。

（3）构件族的整理。

（4）标高轴网的创建。

1.3 任务实施

1.3.1 调整正北方向

首先单击“新建项目”选项，选择“柏慕 1.0 建筑结构样板”文件，将其另存为项目样板“土建样板文件 .rte”。见图 1.3-1，图 1.3-2。

此办公楼的朝向为正北方向，首先需要调整正北，有以下两种方法。

方法一：单击视图控制栏中的“显示隐藏图元” 1:100 ，选择项目基点，将“到正北的角度”改为 0° ，如图 1.3-3 所示，然后取消“显示隐藏的图元”。

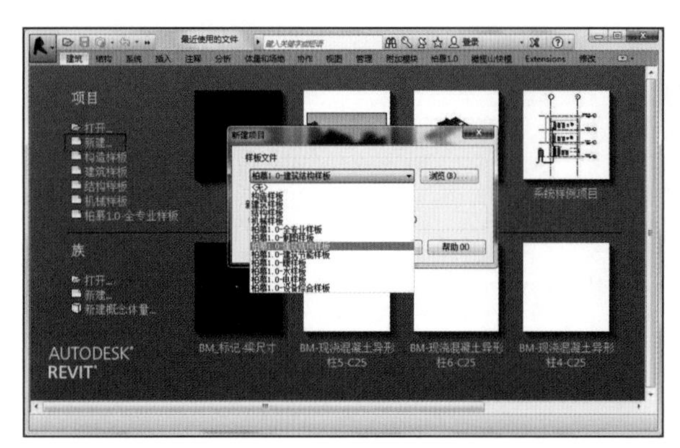

图 1.3-1

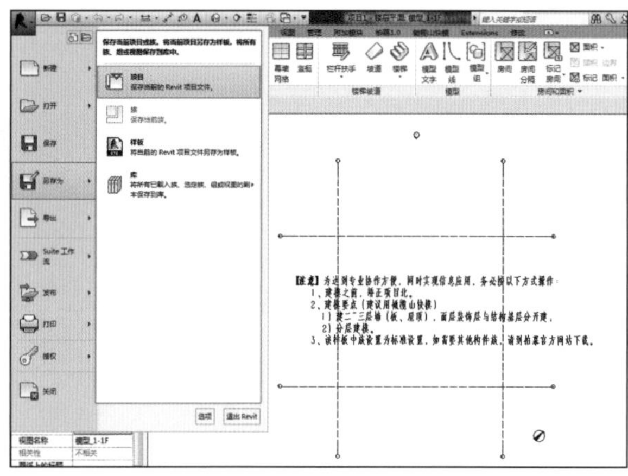

图 1.3-2

此时需将指北针重新放置，删除现有的指北针，单击“注释”>“符号”，选择“BM_符号_指北针填充”，在平面视图上进行放置，如图 1.3-4 所示。

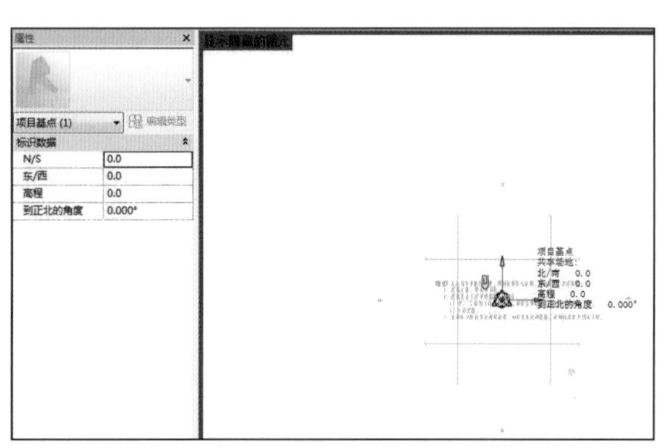

图 1.3-3

图 1.3-4

方法二：先将楼层平面属性面板中的方向改为“正北”，此时立面图标和轴网都旋转了一定角度，如图 1.3-5 所示。

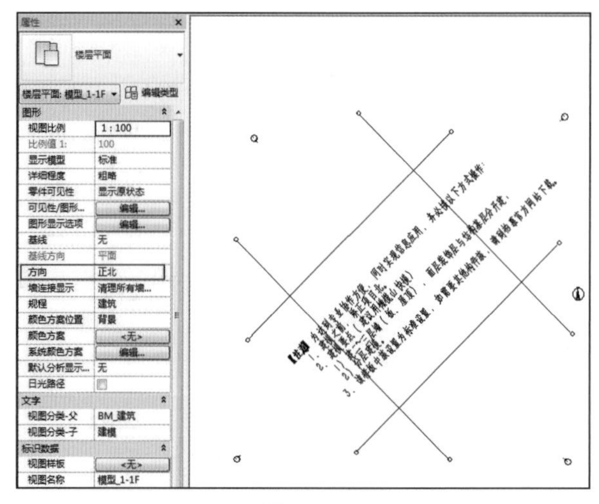

图 1.3-5

然后在“管理”面板下“项目位置”选择位置中的“旋转正北”，如图 1.3-6 所示。

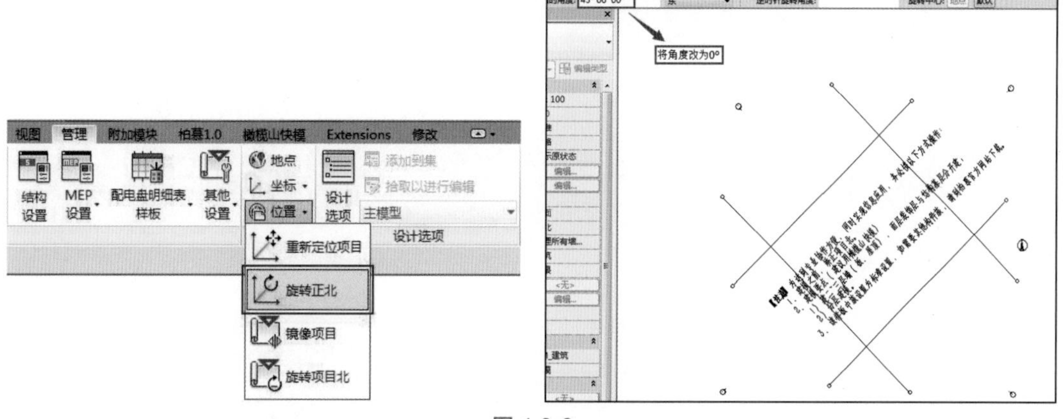

图 1.3-6

调完角度之后，按照方法一的方法重新放置指北针，并且将属性面板中的“方向”改回“项目北”，如图 1.3-7 所示。

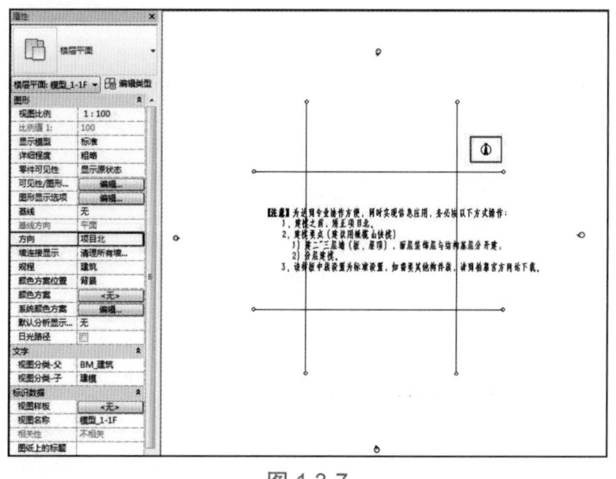

图 1.3-7

1.3.2　系统族筛选和设置

系统族是需要根据项目的工程做法在样板文件中进行设置的，本项目中的系统族设置主要为墙、板、屋顶、结构柱、结构梁等。

（1）墙类型的筛选　根据该项目工程做法表，混凝土强度等级如表 1.3-1 所示。

表 1.3-1　混凝土强度等级

混凝土所在位置	混凝土强度等级		备注
	墙、柱	梁、板	
基础垫层		C15	
基础底板		C30	抗渗等级 P8
地下一层～二层楼面	C30	C30	地下一层外墙混凝土为抗渗等级 P8
三层～屋面	C25	C25	
其余各结构构件	C25	C25	

墙体的工程做法如表 1.3-2、表 1.3-3 所示。

表 1.3-2　墙体设计表

外墙	地下部分均为 250 厚自防水钢筋混凝土墙体；地上部分均为 250 厚陶粒空心砖及 35 厚聚苯颗粒保温复合墙体
内墙	均为 200 厚陶粒空心砌块墙体
墙体砂浆	本工程砌块墙体全部使用 M5 混合砂浆砌筑

表 1.3-3　内墙面设计表

内墙面 1 水泥砂浆墙面	①喷水性耐擦洗涂料； ② 5 厚 1 : 2.5 水泥砂浆找平； ③ 9 厚 1 : 3 水泥砂浆打底扫毛； ④素水泥浆一道甩毛（内掺建筑胶）
内墙面 2 瓷砖墙面（面层用 200 × 300 高级面砖）	①白水泥擦缝； ② 5 厚釉面砖面层（粘前先将釉面砖浸水 2h 以上）； ③ 5 厚 1 : 2 建筑水泥砂浆黏结层； ④素水泥浆一道； ⑤ 6 厚 1 : 2.5 水泥砂浆打底压实抹平； ⑥涂塑中碱玻璃纤维网格布一层

在样板文件中选择好上述提到的墙体类型，外墙保温聚苯颗粒 35 厚、基墙钢筋混凝土 C15-250 厚、基墙钢筋混凝土 C25-250 厚、基墙钢筋混凝土 C30-250 厚、基墙陶粒混凝土空心砌块 200 厚、内墙 1- 水泥砂浆墙面 14 厚、内墙 2- 瓷砖墙面 16 厚，将多余的墙体删除。

要修改选择墙类型时，可以在“项目浏览器”>“族”>“基本墙”中修改，如图 1.3-8 所示。

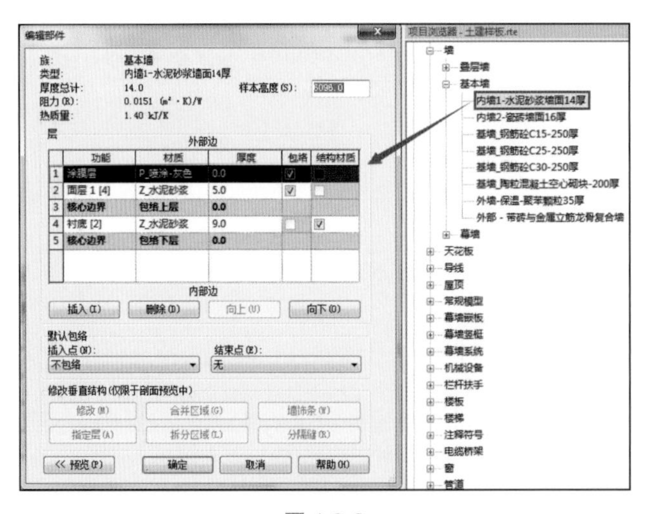

图 1.3-8

注意

样板文件中若没有需要的墙类型，可以在柏慕 1.0 构件库的柏慕 1.0- 墙中进行选择。“柏慕 1.0- 墙”中的墙类型设置除基墙外，外墙和内墙是依据国标《工程做法 05J909》，若实际项目中不是参考该工程做法，可以选择构造做法相类似的墙体进行修改。

（2）板类型的筛选　与墙类型选择一样，根据工程做法来定，地板筛选如表 1.3-4、表 1.3-5 所示。

表 1.3-4　地面类型表

地面 1 细石混凝土地面	① 40 厚 C20 细石混凝土随打随抹撒 1∶1 水泥砂子压实赶光； ② 150 厚 5 ～ 32 卵石灌 M2.5 混合砂浆，平板振捣器振捣密实； ③素土夯实，压实系数 0.95
地面 2 水泥地面	① 20 厚 1∶2.5 水泥砂浆磨面压实赶光； ②素水泥浆一道（内掺建筑胶）； ③ 30 厚 C15 细石混凝土随打随抹； ④ 3 厚高聚物改性沥青涂膜防水层； ⑤最薄处 30 厚 C15 细石混凝土； ⑥ 100 厚 3∶7 灰土夯实； ⑦素土夯实，压实系数 0.95
地面 3 防滑地砖地面	① 2.5 厚石塑防滑地砖，建筑胶黏剂粘铺，稀水泥浆擦缝； ② 20 厚 1∶3 水泥砂浆压实抹平； ③素水泥结合层一道； ④ 50 厚 C10 混凝土； ⑤ 150 厚 5 ～ 32 卵石灌 M2.5 混合砂浆，平板振捣器振捣密实； ⑥素土夯实，压实系数 0.95

表 1.3-5　楼面设计表

楼面 1 防滑地砖楼面（砖采用 400×400）	① 5 ～ 10 厚防滑地砖，稀水泥浆擦缝； ② 6 厚建筑胶水泥砂浆黏结层； ③素水泥浆一道（内掺建筑胶）； ④ 20 厚 1∶3 水泥砂浆找平层； ⑤素水泥浆一道（内掺建筑胶）； ⑥钢筋混凝土楼板
楼面 2 防滑地砖防水楼面（砖采用 400×400）	① 5 ～ 10 厚防滑地砖，稀水泥浆擦缝； ②撒素水泥面（洒适量清水）； ③ 20 厚 1∶2 干硬性水泥砂浆黏结层； ④ 1.5 厚聚氨酯涂膜防水层； ⑤ 20 厚 1∶3 水泥砂浆找平层，四周及竖管根部位抹小八字角； ⑥素水泥浆一道； ⑦最薄处 30 厚 C15 细石混凝土从门口向地漏找 1% 坡； ⑧现浇混凝土楼板
楼面 3 大理石楼面（大理石尺寸 800×800）	①铺 20 厚大理石板，稀水泥浆擦缝； ②撒素水泥面（洒适量清水）； ③ 30 厚 1∶3 干硬性水泥砂浆黏结层； ④ 40 厚 1∶1.6 水泥粗砂焦渣垫层； ⑤钢筋混凝土楼板

结构板参照上述“混凝土强度等级表”，在“项目浏览器”>“族”>“楼板”中选择和修改，有梁板 _ 钢筋混凝土 C15-120 厚、有梁板 _ 钢筋混凝土 C25-120 厚、有梁板 _ 钢筋混凝土 C30-120 厚等，若实际建模过程中有缺少的可以再创建。

建筑楼面选择柏慕 1.0- 楼板中：地 1- 水泥砂浆面层 20 厚、地 2- 水泥砂浆面层 82 厚（有防水层）、地 4- 细石混凝土面层 40 厚、楼 13A- 防滑地砖面层（有防水层）60 厚、楼 17B- 花岗岩石板面层 100 厚，复制这些楼板，然后切换到“土建样板”，然后从剪贴板中粘贴到样板中，如出现“重复类型”的窗口，点击确定即可，右键单击“楼 13A- 防滑地砖面层（有防水层）60 厚”族选择“复制”命令，然后在项目浏览器的楼板中出上述选定的楼板外，将其余的楼板删除掉。参见图 1.3-9 ~ 图 1.3-12。

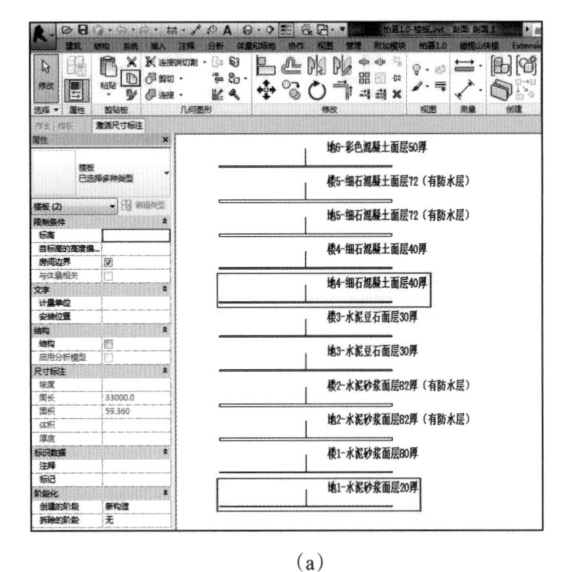

（a）

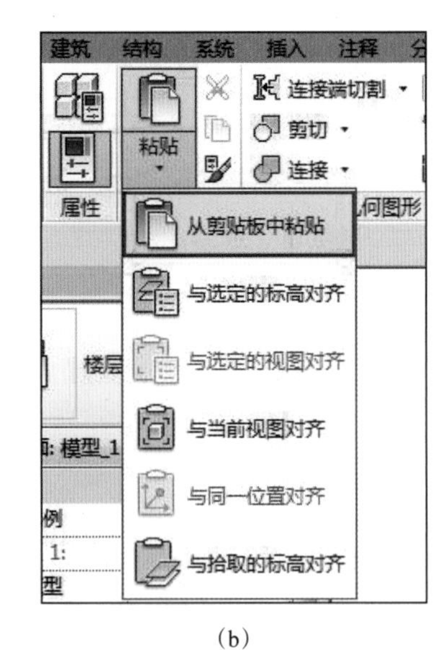

（b）

图 1.3-9　粘贴到样板中

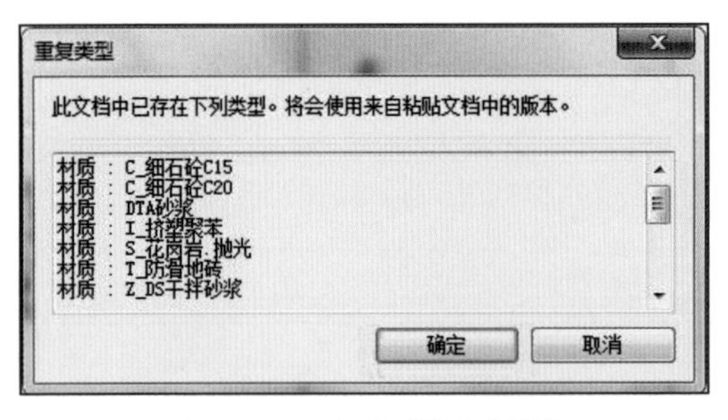

图 1.3-10　出现“重复类型”

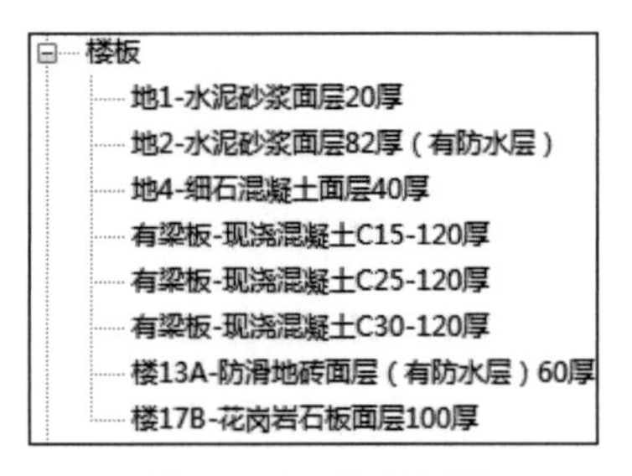

图 1.3-11　楼板类型

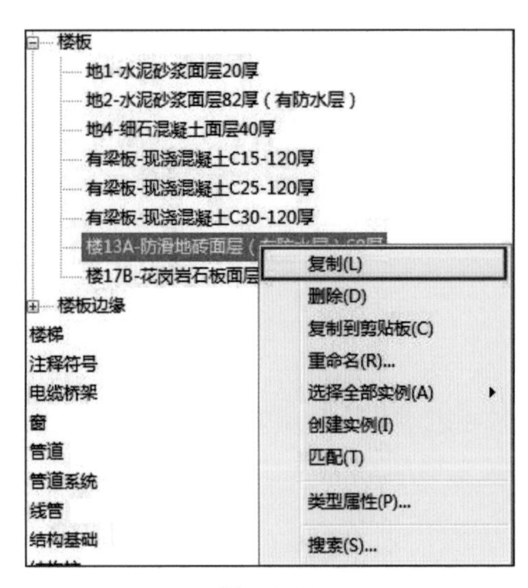

图 1.3-12

复制完成后，根据工程做法对楼板厚度和构造做法进行相应的修改。办公楼工程做法中“地面 1”对应样板中的“地 4- 细石混凝土面层 40 厚”，在项目浏览器中，选中“地 4- 细石混凝土面层 40 厚”将其改为“地面 1- 细石混凝土 190 厚”，构造层修改如图 1.3-13 所示。其余的楼面也同样进行修改，“地面 2”对应“地 1- 水泥砂浆面层 20 厚”。见图 1.3-14。

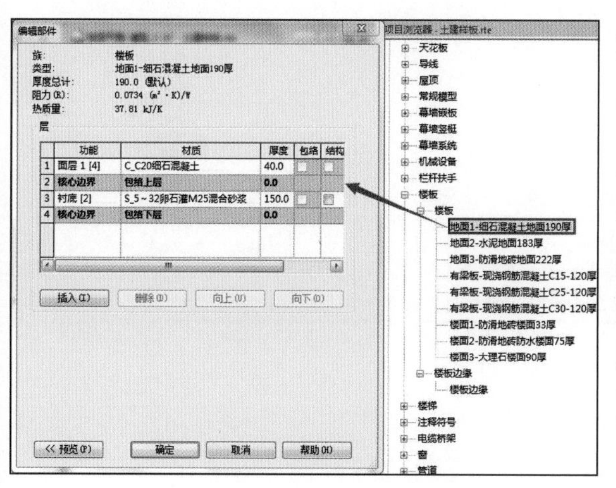

图 1.3-13　地面 1 构造层修改

图 1.3-14　地面 2 构造层修改

“地面 3”对应“地 2- 水泥砂浆面层 82 厚（有防水层）”。见图 1.3-15。

“楼面 1”对应“楼 13A- 防滑地砖面层（有防水层）60 厚”。见图 1.3-16。

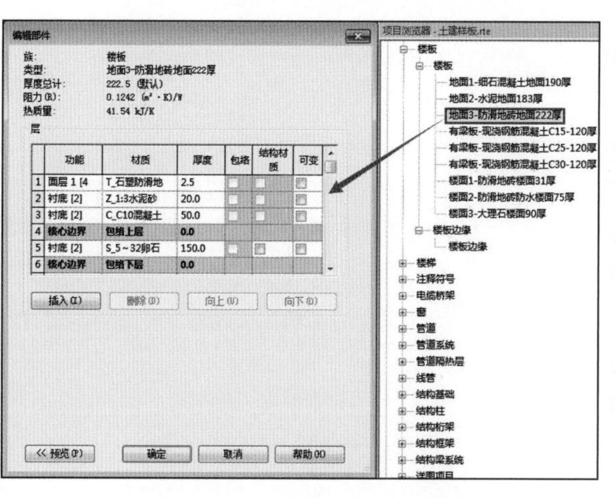

图 1.3-15　地面 3 构造层修改

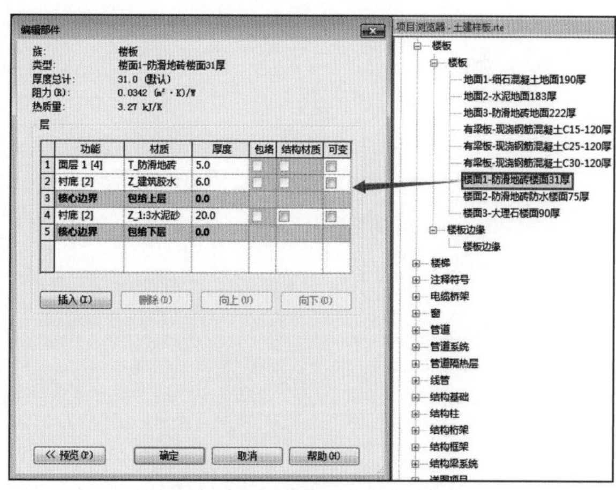

图 1.3-16　楼面 1 构造层修改

“楼面 2”对应“楼 13A- 防滑地砖面层（有防水层）60 厚 2”。见图 1.3-17。

“楼面 3”对应“楼 17B- 花岗岩石板面层 100 厚”见图 1.3-18 的修改。

（3）屋顶类型的筛选　屋顶的工程做法如表 1.3-6 所示，在样板文件中选择“屋 20- 防水涂料屋面 56 厚”、“屋 21- 刚性防水混凝土面层 102 厚”、“坡屋 4- 砂浆卧瓦屋面 2-57 厚”，然后对构造层进行修改，将多余的屋顶类型删除。

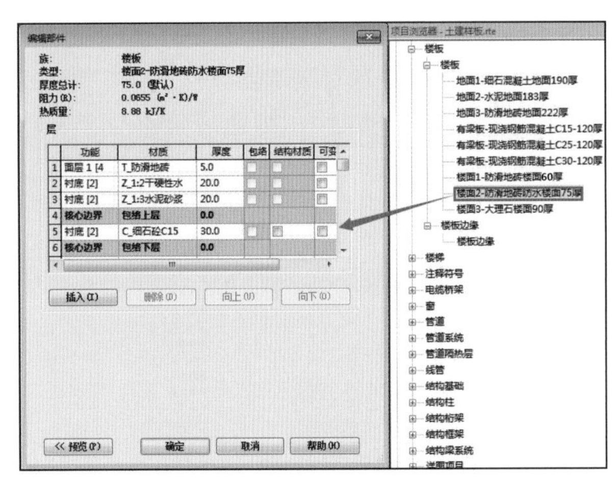

图 1.3-17　楼面 2 构造层修改

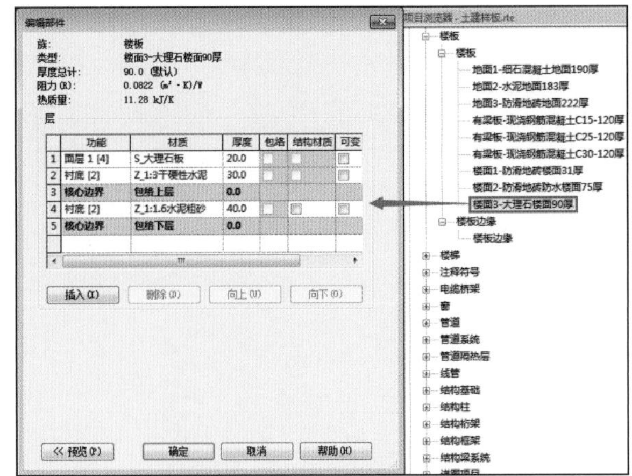

图 1.3-18　楼面 3 构造层修改

表 1.3-6　屋顶类型选择

屋面 1 铺地缸砖保护层上人屋面	① 8 ～ 10 厚彩色水泥釉面防滑地砖，用建筑胶砂浆粘贴，干水泥擦缝； ② 3 厚纸筋灰隔离层； ③ 3 厚高聚物改性沥青防水卷材； ④ 20 厚 1 : 3 水泥砂浆找平层； ⑤最薄 30 厚 1 : 0.2 : 3.5 水泥粉煤灰页岩陶粒，找 2% 坡； ⑥ 40 厚现喷硬质发泡聚氨保温层； ⑦现浇混凝土屋面板
屋面 2 坡屋面	①满涂银粉保护剂； ② 1.5 厚聚氨酯涂膜防水层（刷三遍），撒砂一层粘牢； ③ 20 厚 1 : 3 水泥砂浆找平层； ④ 40 厚现喷硬质发泡聚氨保温层； ⑤现浇混凝土屋面板
屋面 3 不上人屋面	①满涂银粉保护剂； ② 1.5 厚聚氨酯涂膜防水层（刷三遍），撒砂一层粘牢； ③ 20 厚 1 : 3 水泥砂浆找平层； ④最薄 30 厚 1 : 0.2 : 3.5 水泥粉煤灰页岩陶粒，找 2% 坡； ⑤ 40 厚现喷硬质发泡聚氨保温层； ⑥现浇混凝土屋面板

“屋面 1”对应“屋 20- 防水涂料屋面 56 厚”。见图 1.3-19 的修改。

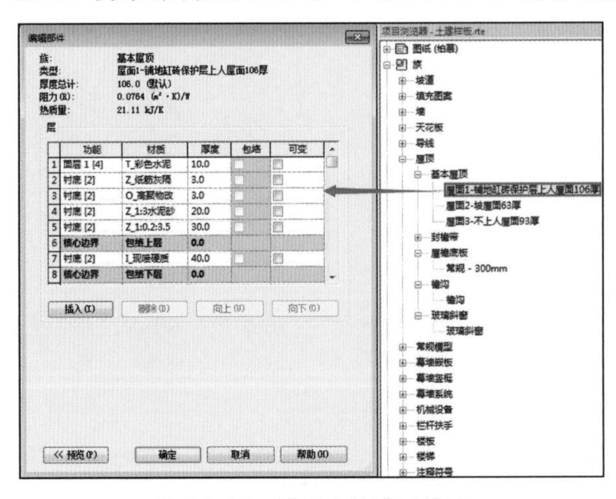

图 1.3-19　屋面 1 构造层修改

“屋面 2”对应“坡屋 4- 砂浆卧瓦屋面 2-57 厚”。见图 1.3-20 的修改。

“屋面 3”对应“屋 21- 刚性防水混凝土面层 102 厚”。见图 1.3-21 的修改。

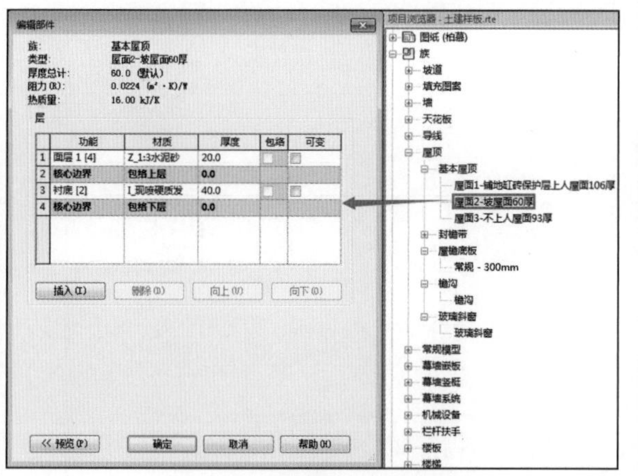

图 1.3-20 屋面 2 构造层修改

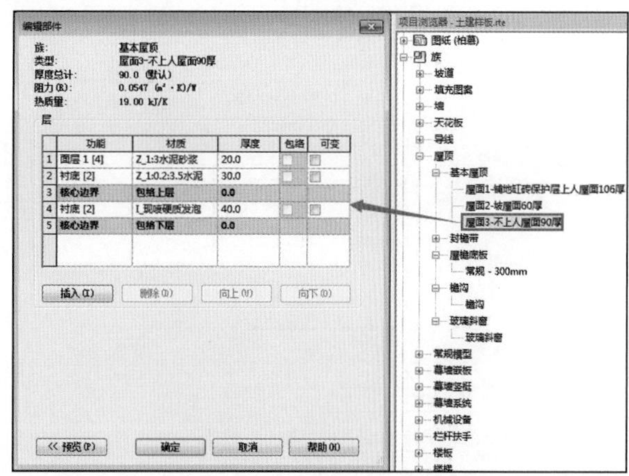

图 1.3-21 屋面 3 构造层修改

1.3.3 构件族整理

（1）结构构件 柱、梁 根据设计说明结构柱的类型有：现浇混凝土矩形柱 -C25-600×600、现浇混凝土矩形柱 -C30-600×600、现浇混凝土异形柱 1-C30、现浇混凝土异形柱 2-C30、现浇混凝土异形柱 3-C30、现浇混凝土异形柱 4-C30、现浇混凝土异形柱 5-C30、现浇混凝土异形柱 6-C30、现浇混凝土 L 形柱 -C30、现浇混凝土 T 形柱 -C30、现浇混凝凝土圆形柱 -C30-850。

结构梁类型有：现浇混凝土矩形梁 -C15、现浇混凝土矩形梁 -C25、现浇混凝土矩形梁 -C30，梁截面尺寸可以在建模的时候根据项目新建。

在样板文件中，选择结构柱中 BM_ 现浇混凝土矩形柱 - C30 放置一个实例（见图 1.3-22），然后编辑族，将族另存为，命名为 BM_ 现浇混凝土矩形柱 - C25，然后修改族类型，重命名为 600×600，同时相应的修改 b、h 的尺寸。修改完成后将族载入到样板文件中。见图 1.3-22 ~ 图 1.3-24。

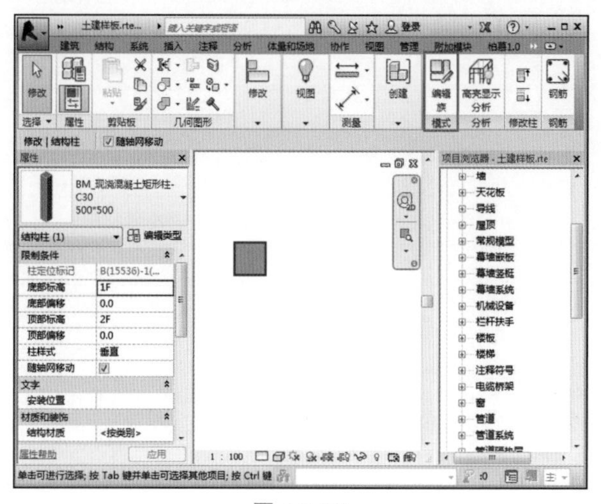

图 1.3-22

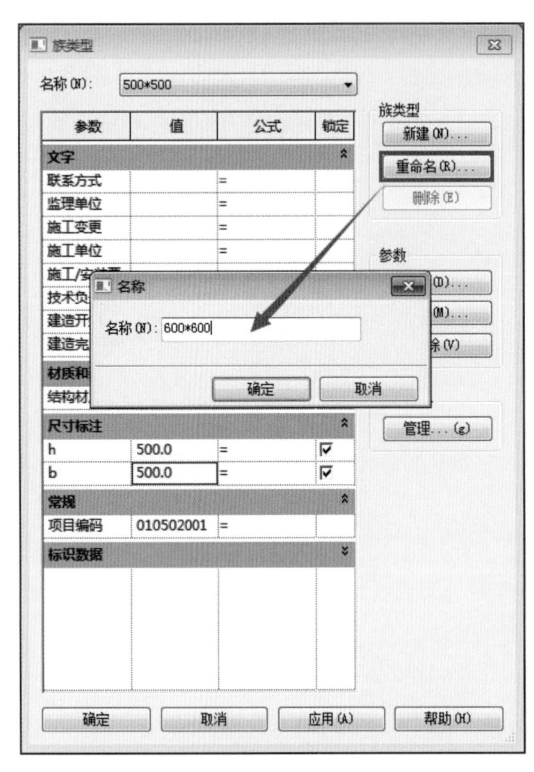

图 1.3-23

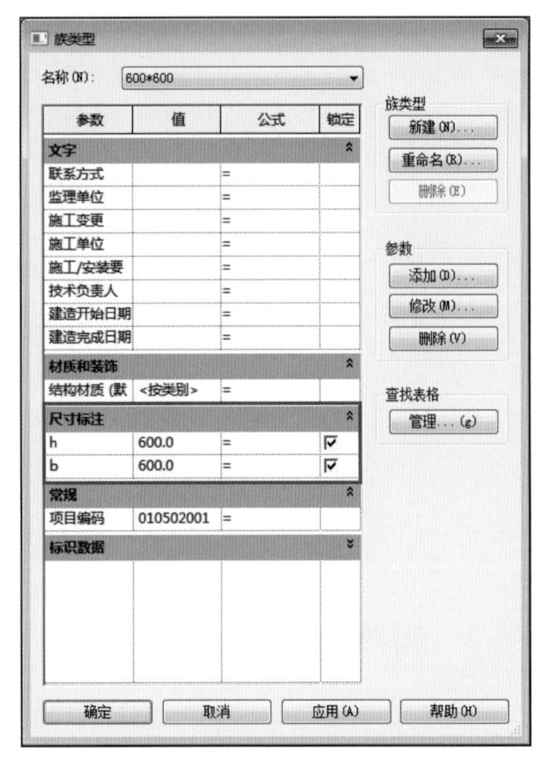

图 1.3-24

单击“插入">“载入族”命令，选择“结构柱”文件中所有结构柱族载入，如图 1.3-25。

图 1.3-25

载入后如图 1.3-26 所示。

结构梁同结构柱，新建类型之后重新载入项目，如图 1.3-27 所示。

图 1.3-26

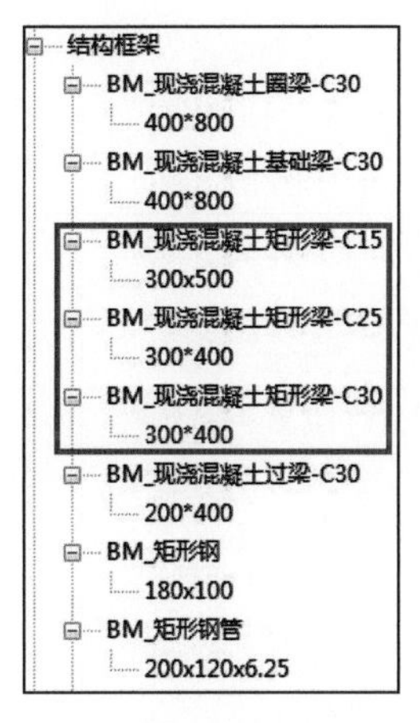

图 1.3-27

（2）建筑构件　门、窗　同结构柱族，单击“插入”>“载入族”将准备好的门窗族载入到样板文件中，如图 1.3-28 所示。

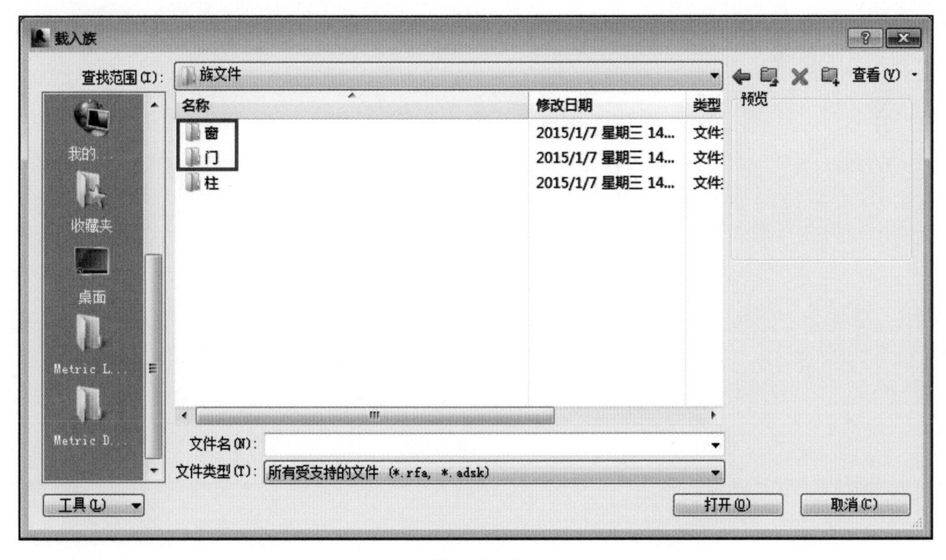

图 1.3-28

1.3.4　标高轴网的创建

在 Revit 中，“标高”命令必须在立面和剖面视图中才能使用，所以在绘制标高之前，必须事先打开一个立面视图。在项目浏览器中展开“BM_建筑”在“出图”菜单下找到立面，双击视图名称进入“建筑 - 东”进入东立面视图。如图 1.3-29 所示。

调整“2F”标高，双击标高尺寸，将一层与二层之间的层高修改为 3.9m，如图 1.3-30 所示。

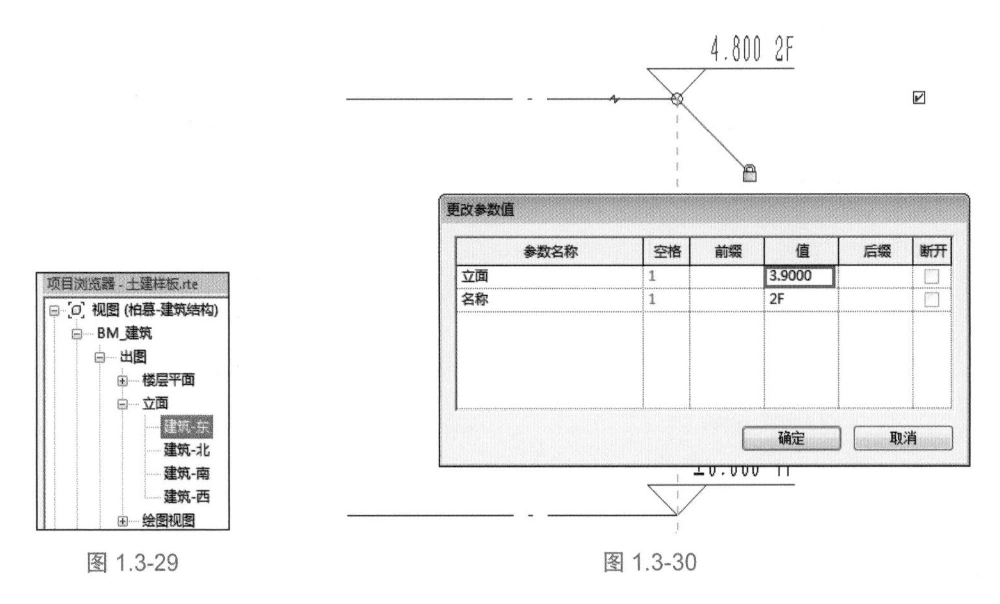

图 1.3-29　　　　图 1.3-30

用同样的方法将室外地坪标高改为 –0.450，–1F 标高改为 –3.600。如图 1.3-31。

图 1.3-31

单击“建筑”>“标高”命令，绘制标高“3F”，调整其间隔使间距为 3900mm，双击标高名称将其改为 3F，单击确定后如有更改视图名称提示点击“确定”即可，如图 1.3-32 所示。

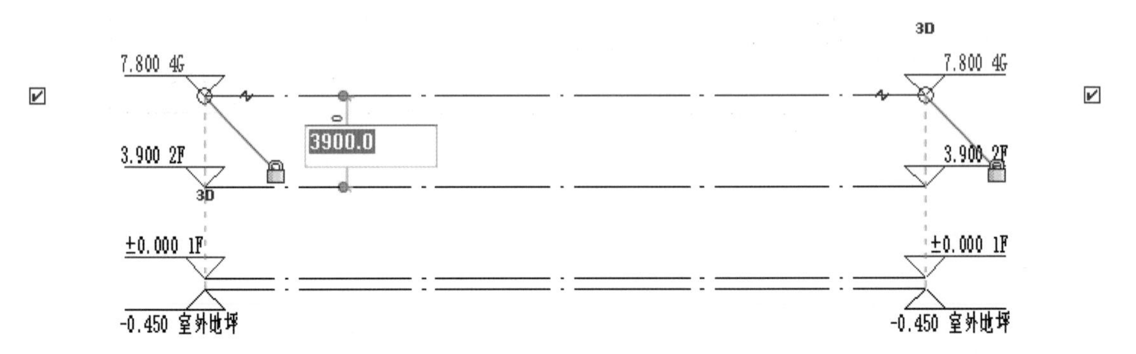

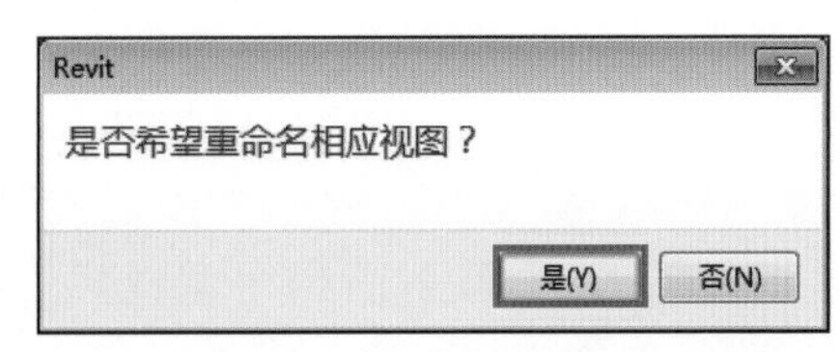

图 1.3-32

利用“复制”命令，创建4F、机房层和屋顶层。选择标高“3F”，单击“修改标高”选项卡下“修改”>“复制”命令，选项栏勾选多重复制选项“多个” 修改|标高 ☑约束 □分开 ☑多个 移动光标在标高“3F”上单击捕捉一点作为复制参考点，然后垂直向上移动光标，输入间距值3900后按“Enter”键确认后复制新的标高。如图1.3-33所示。

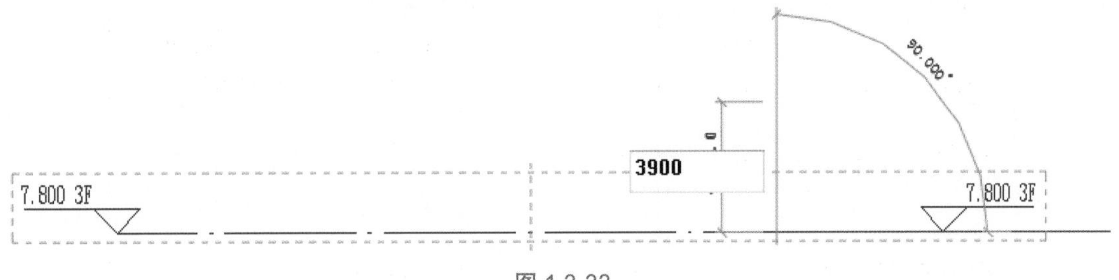

图 1.3-33

继续向上移动光标，分别输入间距值3900、4000后按“Enter”键确认后复制另外3根新的标高，并将复制的标高名称依次改为4F、机房层、屋顶层。如图1.3-34所示。

图 1.3-34

至此建筑的各个标高就创建完成。

注意

在 Revit 中复制的标高是参照标高，因此新复制的标高标头都是黑色显示，而且在项目浏览器中的“楼层平面”项下也没有创建新的平面视图。

单击选项卡“视图” > “平面视图” > “楼层平面” 命令，打开“新建平面”对话框，如图 1.3-35 所示。从下面列表中选择“4F”、“机房层”、“屋顶层”，单击“确定”后，在项目浏览器中创建了新的楼层平面，并自动打开“机房层”作为当前视图。

结构平面的新建方式与楼层平面相同，单击选项卡“视图” > “平面视图” > “结构平面”命令，打开“新建平面”对话框，从下面列表中选择“ –1F”、“1F”、“2F”、“4F”、“机房层”、“屋顶层”，单击“确定”后，在项目浏览器中创建了新的结构平面，并自动打开“机房层”作为当前视图。如图 1.3-36 所示。

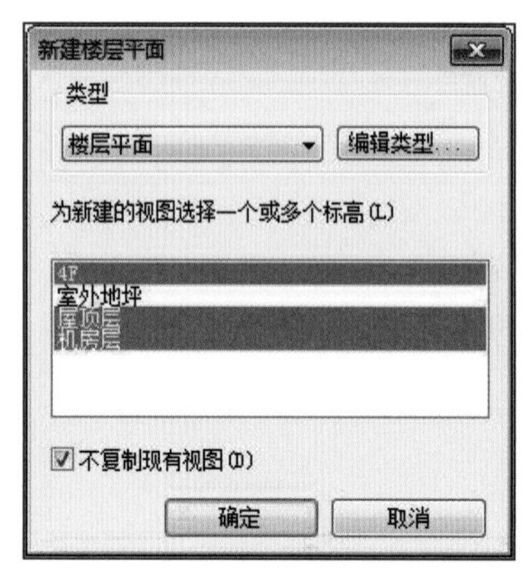

图 1.3-35

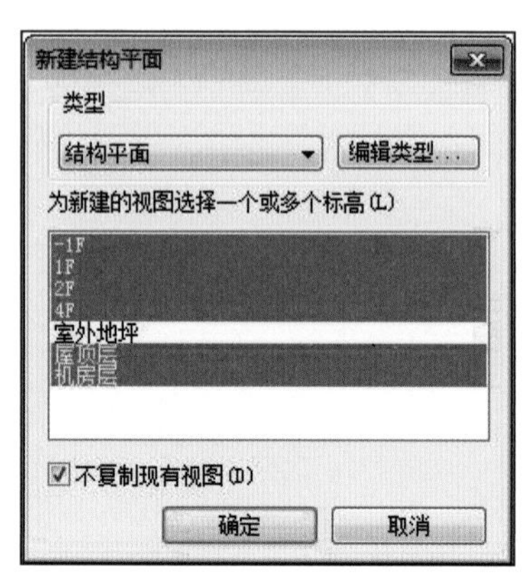

图 1.3-36

平面视图新建后，在项目浏览器中会出现“？？？”的平面视图标题，如图 1.3-37 所示。在“天花板平面”中的“3F”处单击右键选择“删除”命令，如图 1.3-38 所示。

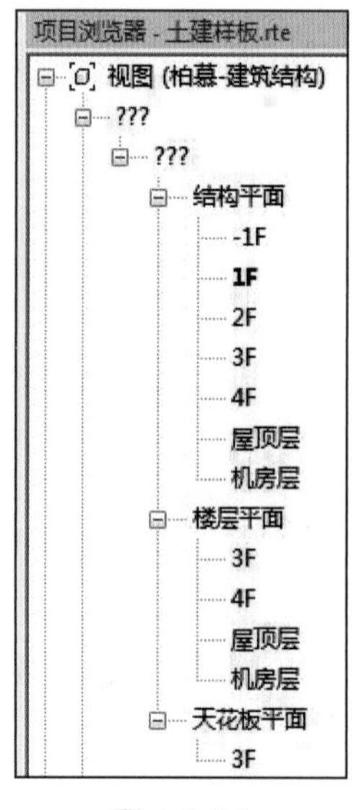

图 1.3-37

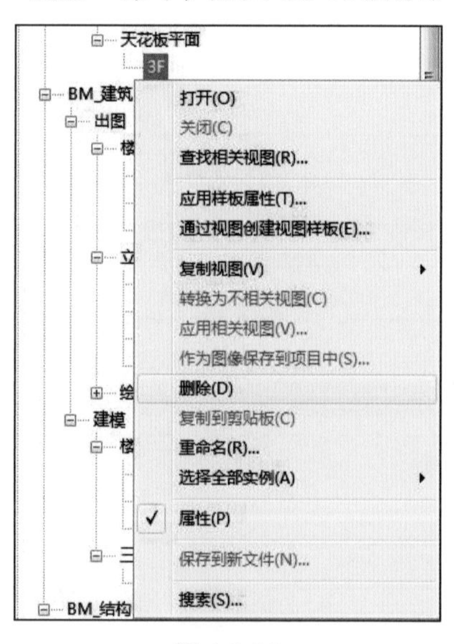

图 1.3-38

选中“？？？”>“楼层平面”下所有视图平面，在属性面板中将“视图分类 - 父”改为“BM_ 建筑”，“视图分类 - 子”改为“建模”。如图 1.3-39 所示。

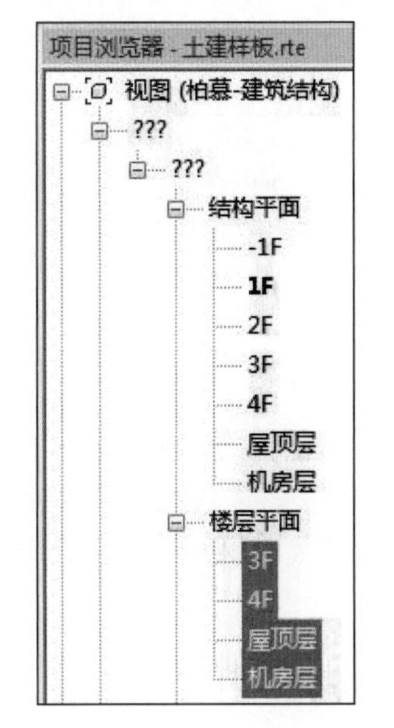

图 1.3-39

选中“？？？”>“结构平面”下所有视图平面，在属性面板中将“视图分类 - 父”改为“BM_ 结构”，“视图分类 - 子”改为“建模”。如图 1.3-40 所示。

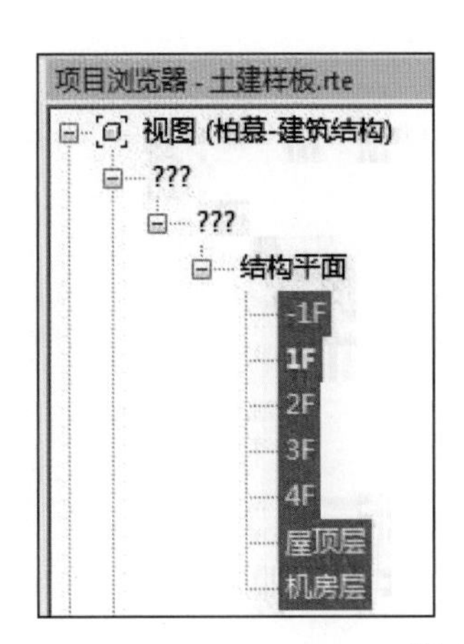

图 1.3-40

在项目浏览器中右键单击“BM_ 建筑”>“建模”>“楼层平面”下“模型 _0-B1F”视图，选择“重命名”命令，将视图名称命名为 –1F。

同上将“模型 _1-1F”改为“1F”，“模型 _2-2F”改为“2F”。结果如图 1.3-41 所示。

下面将在平面图中创建轴网。在 Revit 中轴网只需要在任意一个平面视图中绘制一次，其他平面和立面、剖面视图中都将自动显示。

在项目浏览器中双击“楼层平面”项下的“1F”视图，打开首层平面视图，将样板文件自带的轴网和说明删除。如图 1.3-42。

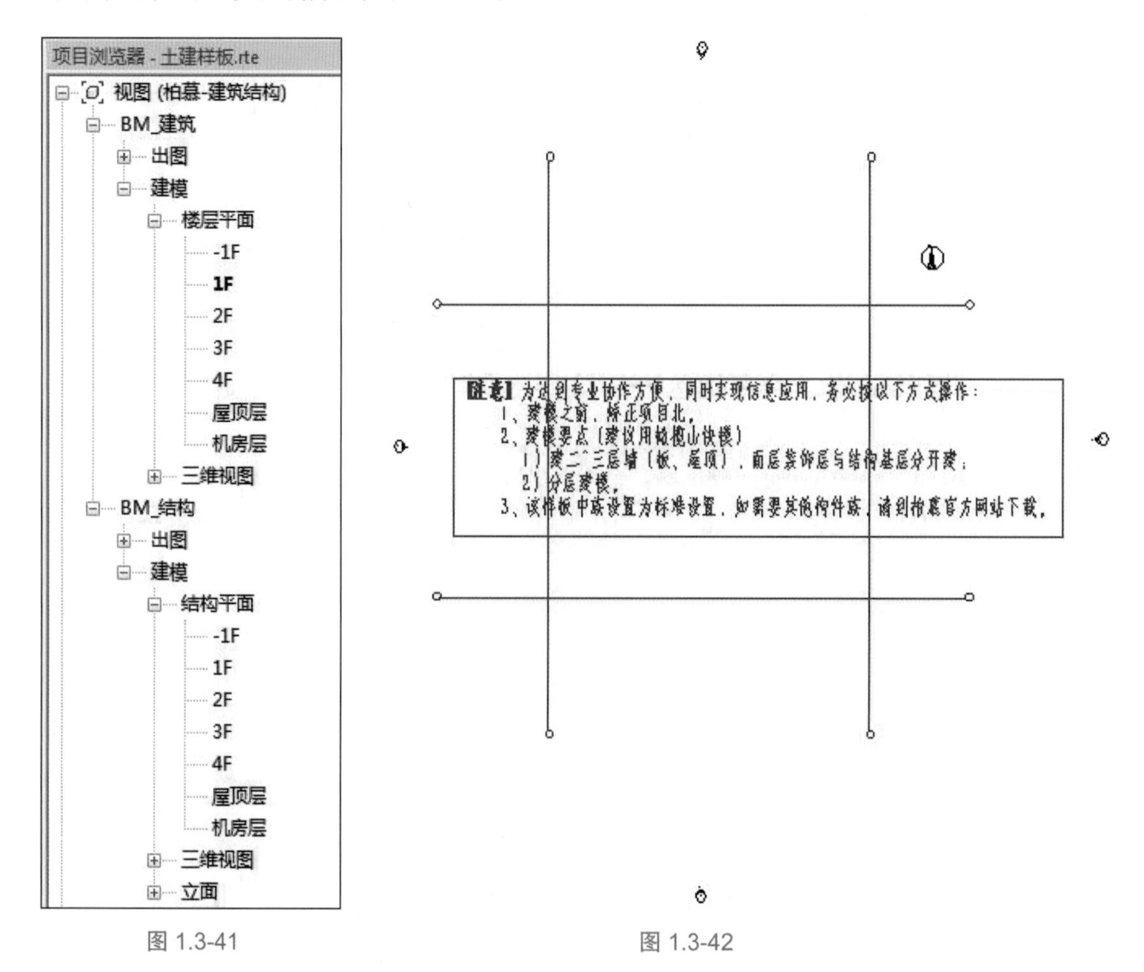

图 1.3-41　　　　图 1.3-42

单击选项卡“建筑”>“基准”>“轴网”命令，绘制第一条垂直轴线，轴号为 1。利用“复制”命令创建②~⑪号轴网。单击选择①号轴线，移动光标在①号轴线上单击捕捉一点作为复制参考点，然后水平向右移动光标，输入间距值 4800 后按“Enter”键确认后复制②号轴线。保持光标位于新复制的轴线右侧，分别输入 4800、4800、7200、7200、7200、4800、4800、1900、2900 后按“Enter”键确认，绘制③-⑪号轴线。如图 1.3-43 所示。

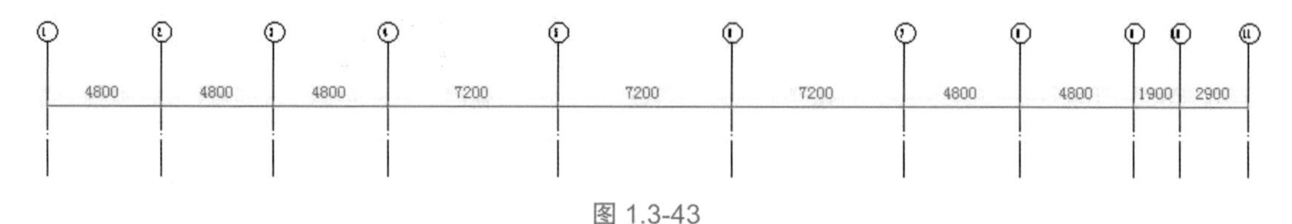

图 1.3-43

单击选项卡“建筑”>“基准”>“轴网”命令，移动光标到视图中①号轴线标头左上方位置单击鼠标左键捕捉一点作为轴线起点。然后从左向右水平移动光标到⑪号轴线右侧一段距离后，再次单击鼠标左键捕捉轴线终点创建第一条水平轴线。

选择刚创建的水平轴线，单击轴线标号，修改标头文字为“A”，创建Ⓐ号轴线。如图1.3-44所示。

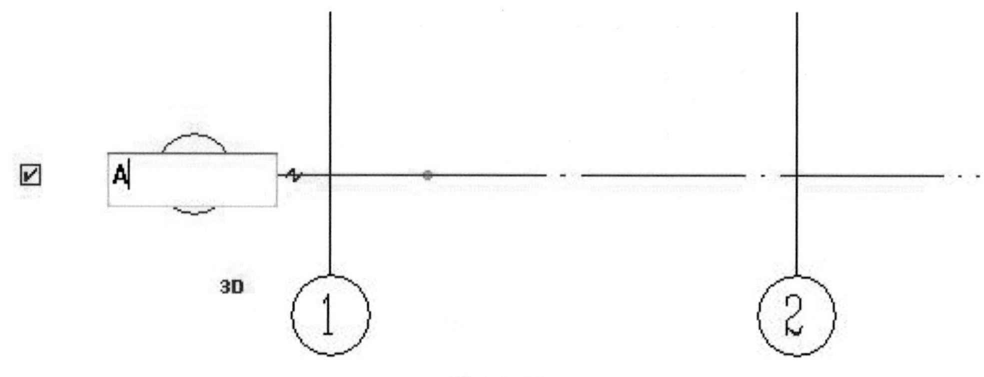

图 1.3-44

利用“复制”命令，创建Ⓑ~Ⓔ号轴线。移动光标在Ⓐ号轴线上单击捕捉一点作为复制参考点，然后垂直向上移动光标，保持光标位于新复制的轴线右侧，分别输入7200、6000、2400、6900后按“Enter”键确认，完成复制。如图1.3-45所示。

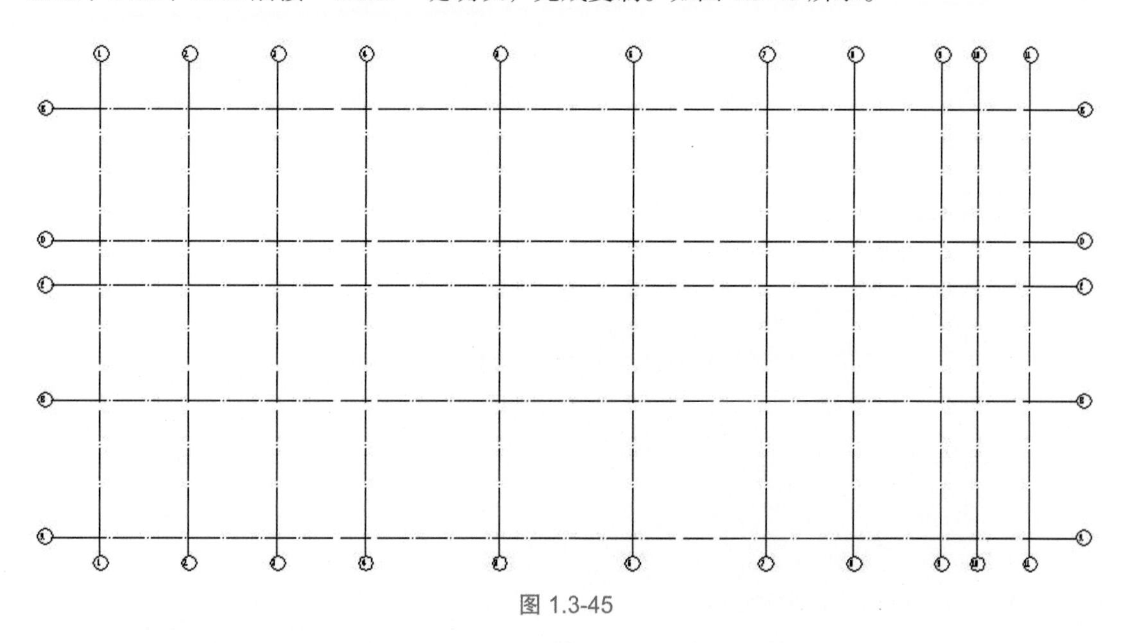

图 1.3-45

绘制完轴网后，需要在平面图和立面视图中手动调整轴线标头位置，修改⑩号轴线，以满足出图需求。单击⑩号轴线，在高亮显示状态下单击“创建或删除长度或对齐约束”使其成为可修改状态，此时拖动轴线标头上方的拖拽点，将其拖拽到Ⓓ轴，在轴线标头下方单击隐藏编号，使⑩号轴线下半部轴线标头不可见。如图1.3-46所示。

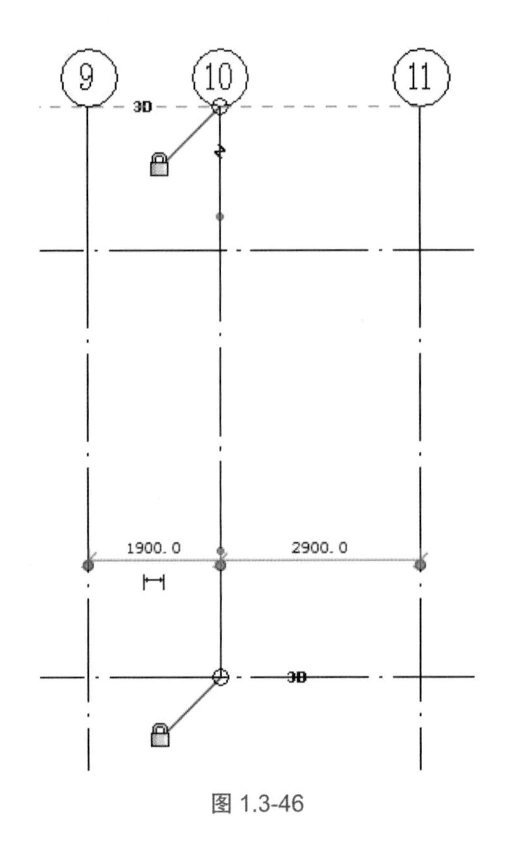

图 1.3-46

单击⑩号轴线，在上下文选项卡单击“影响范围”，按住 Shift 键选中全部视图单击勾选，确定完成。如图 1.3-47 所示。

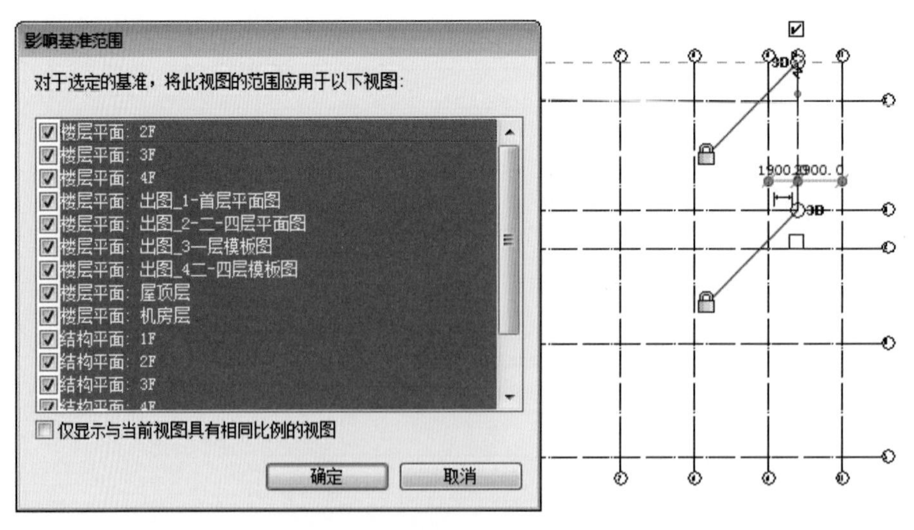

图 1.3-47

打开“建筑 - 东”视图，用同样的方法将Ⓐ轴顶部拖动至 2F 处。如图 1.3-48 所示。

至此，标高轴网全部创建完成，选中所有标高单击修改选项卡“锁定”命令。如图 1.3-49 所示。

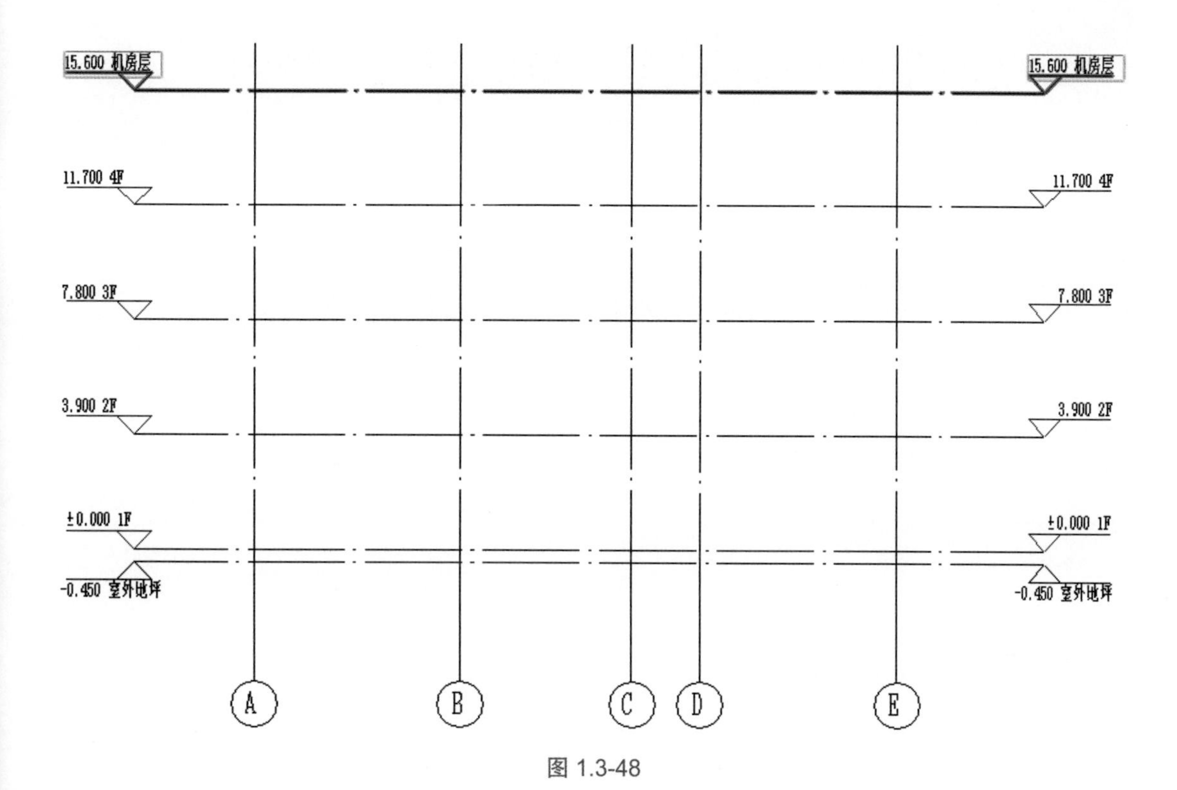
15.600 机房层
11.700 4F
7.800 3F
3.900 2F
±0.000 1F
-0.450 室外地坪
15.600 机房层
11.700 4F
7.800 3F
3.900 2F
±0.000 1F
-0.450 室外地坪
A
B
C
D
E

图 1.3-48

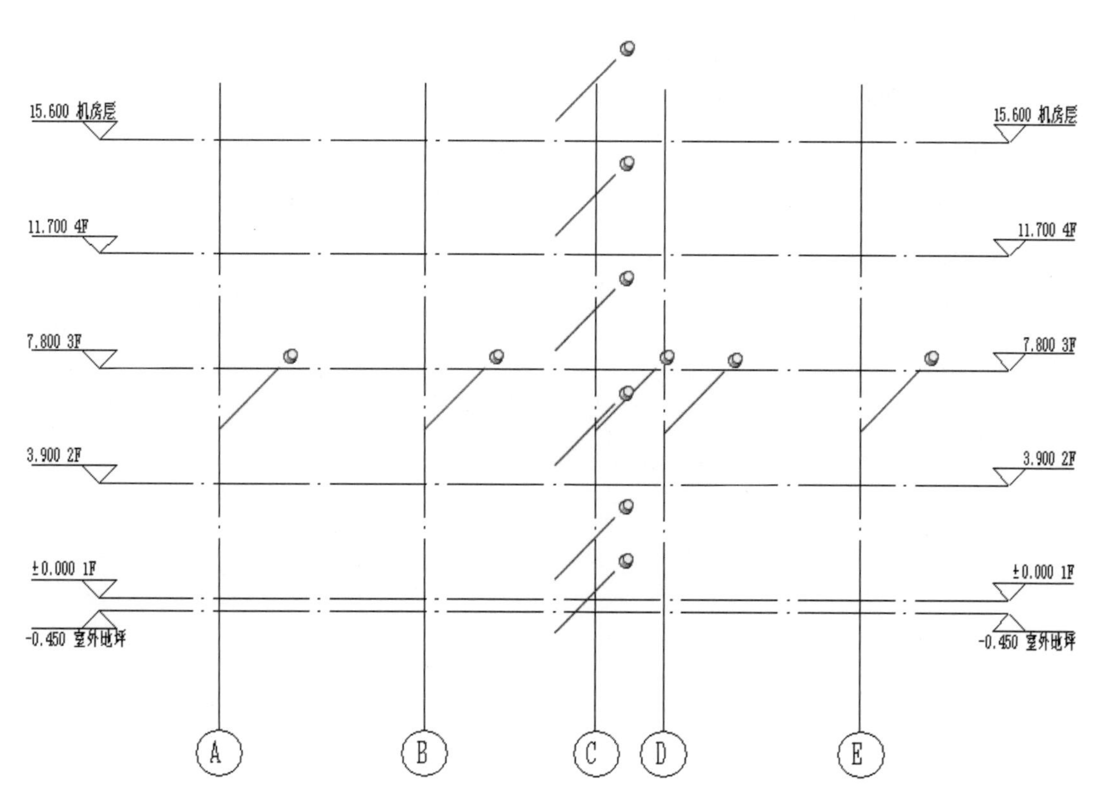
15.600 机房层
11.700 4F
7.800 3F
3.900 2F
±0.000 1F
-0.450 室外地坪
15.600 机房层
11.700 4F
7.800 3F
3.900 2F
±0.000 1F
-0.450 室外地坪
A
B
C
D
E

图 1.3-49

进入 1F 平面中将轴网全部选中，锁定，保存文件。如图 1.3-50 所示。

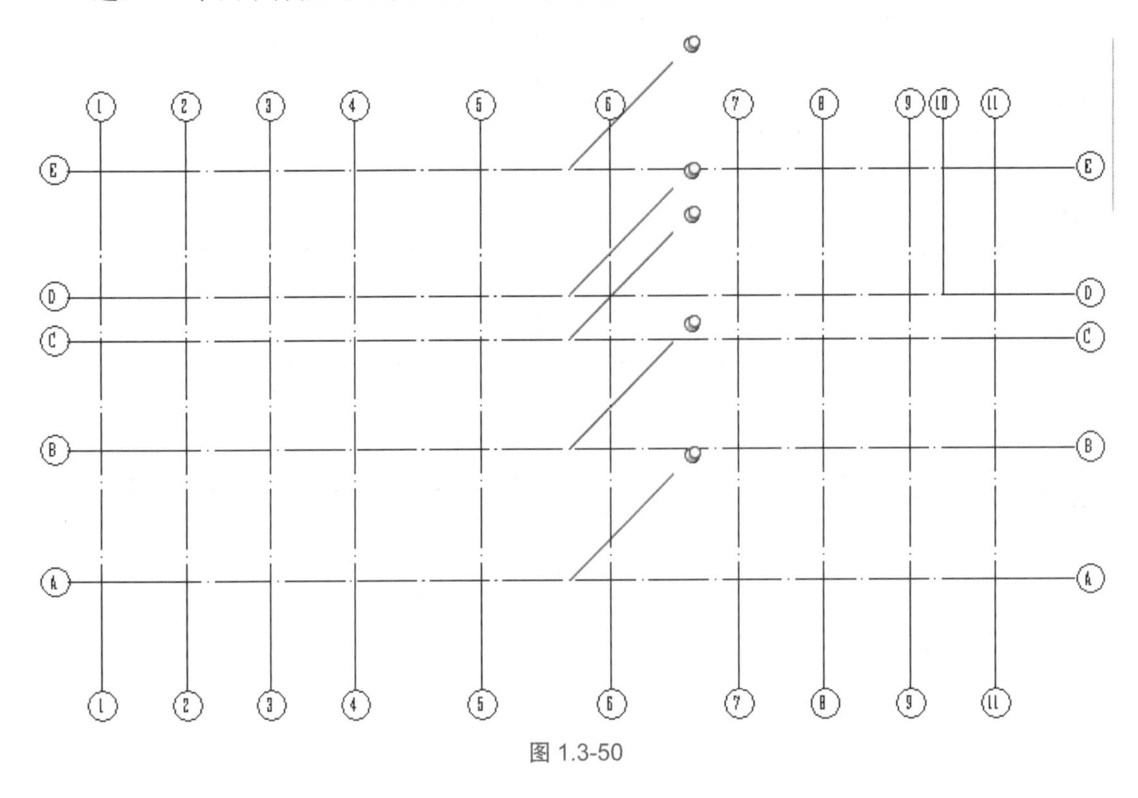

图 1.3-50

第 2 章 模型搭建

2.1 结构模型搭建

2.1.1 任务说明

根据《办公大厦建筑工程图》，在 Revit Architecture 中完成结构模型的搭建。

2.1.2 任务分析

在 Revit Architecture 中如何搭建结构基础？
在 Revit Architecture 中如何搭建结构梁？
在 Revit Architecture 中如何搭建结构板？
在 Revit Architecture 中如何搭建结构柱？

2.1.3 任务实施

（1）搭建基础结构及地下室结构

①搭建前的准备。双击桌面图标“”，进入如下“Autodesk Revit 2014”界面。

注意

本教材使用的图形软件版本号为 Autodesk Revit 2014，其他版本 Revit 同以下操作步骤基本一致。

在项目栏中，鼠标左键单击“新建”进入新建工程界面，选择“土建样板文件”单击确定。如图 2.1-1、图 2.1-2 所示。

在新建的项目中，单击左上角运用程序菜单，点击“另存为 > 项目”，将其命名为“办公大厦结构模型”（如图 2.1-3、图 2.1-4 所示）。

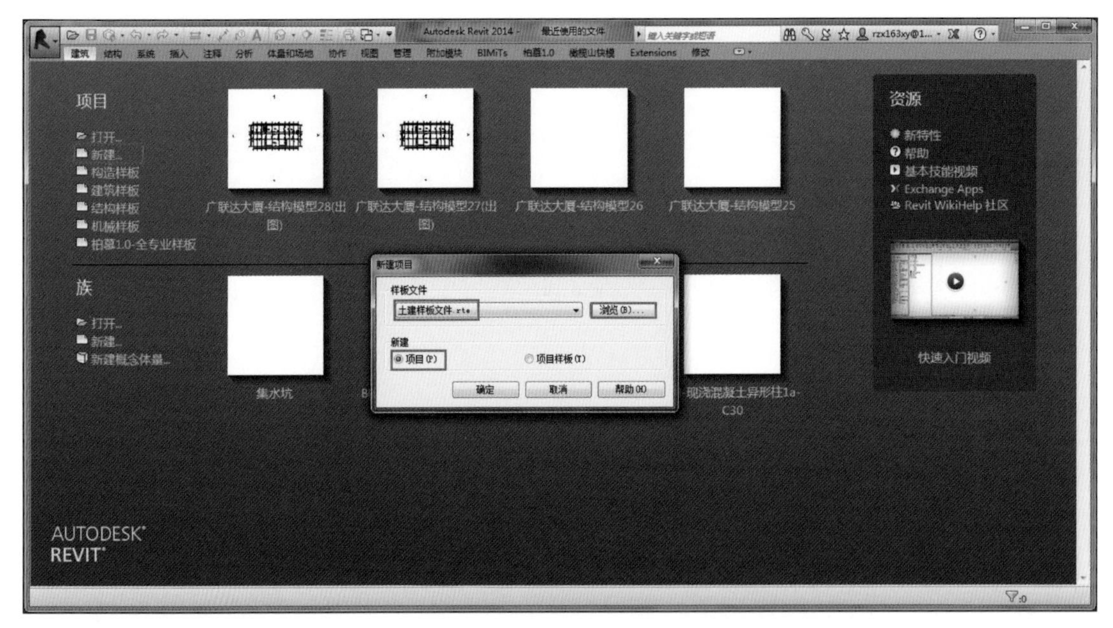

图 2.1-1

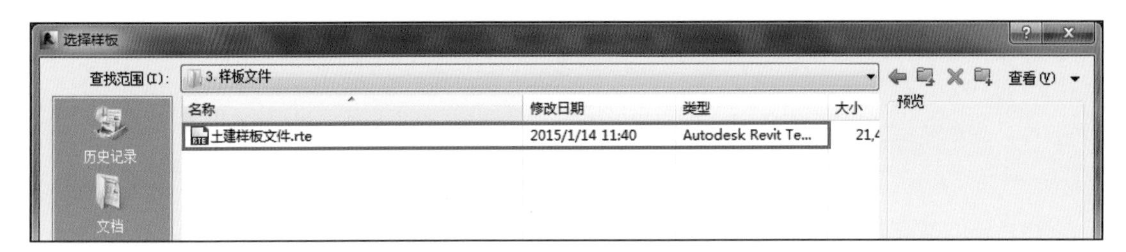

图 2.1-2

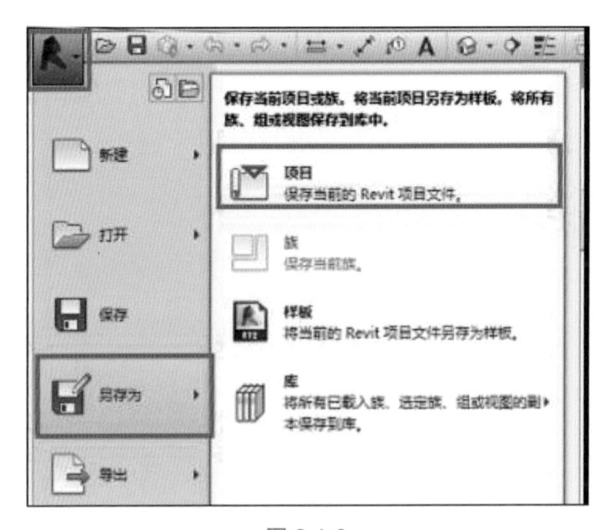

图 2.1-3

打开“视图选项卡”>“用户界面”，勾选“项目浏览器”和“属性”，并将“属性栏”和项目浏览器拖拽至视图左右两侧（如图 2.1-5、图 2.1-6 所示）。

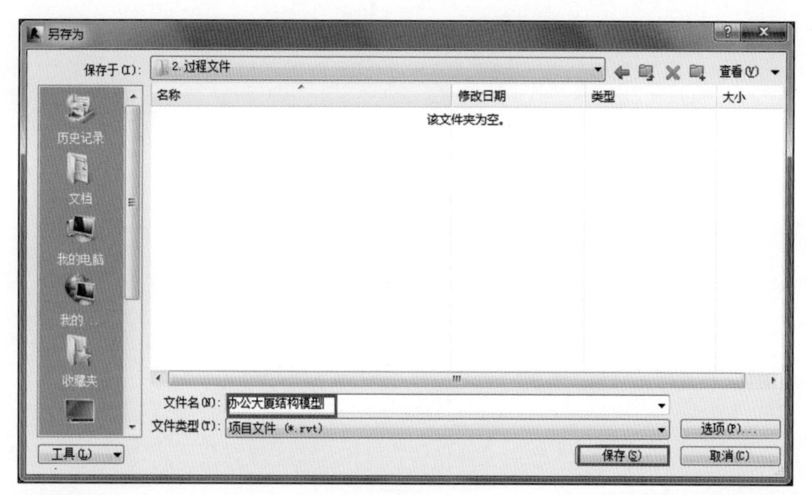

图 2.1-4

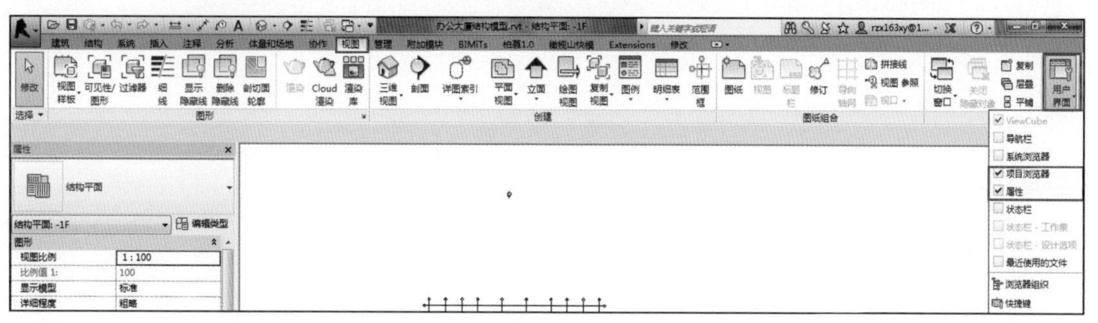

图 2.1-5

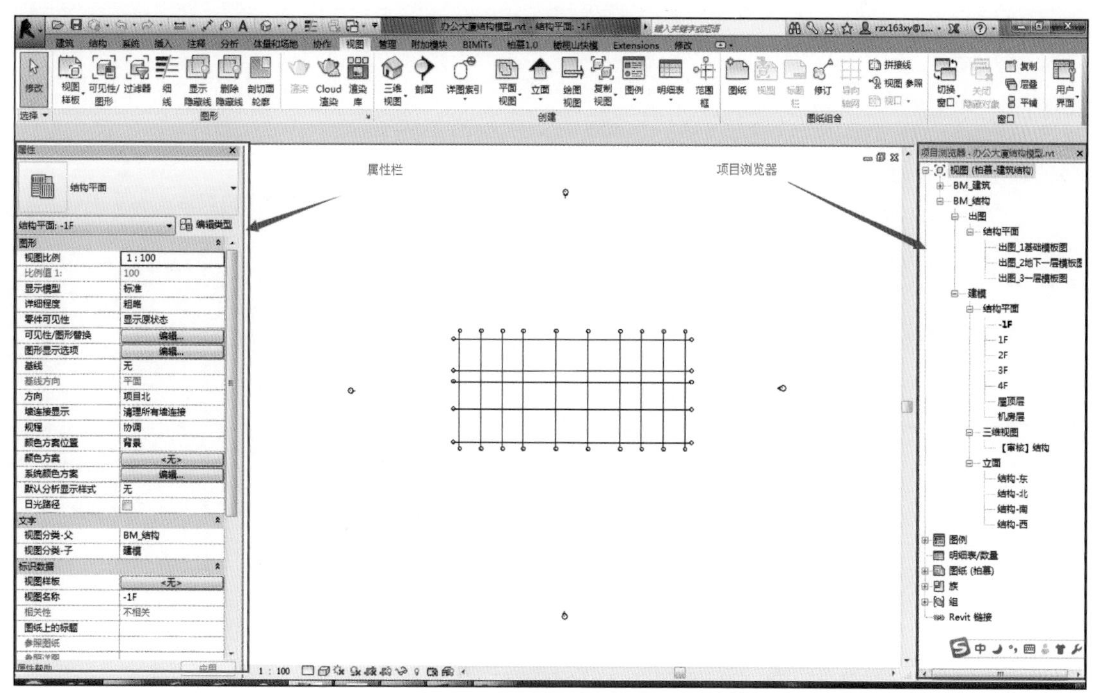

图 2.1-6

②搭建基础结构的设计。展开项目浏览器“BM_ 结构 > 立面 > 结构 - 南”，双击进入南立面视图（如图 2.1-7、图 2.1-8 所示）。

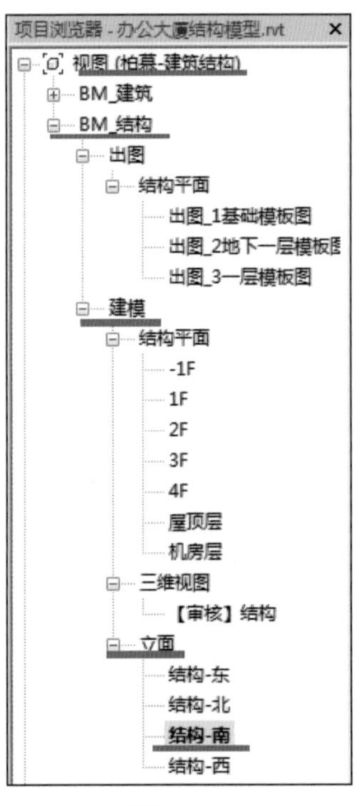

图 2.1-7

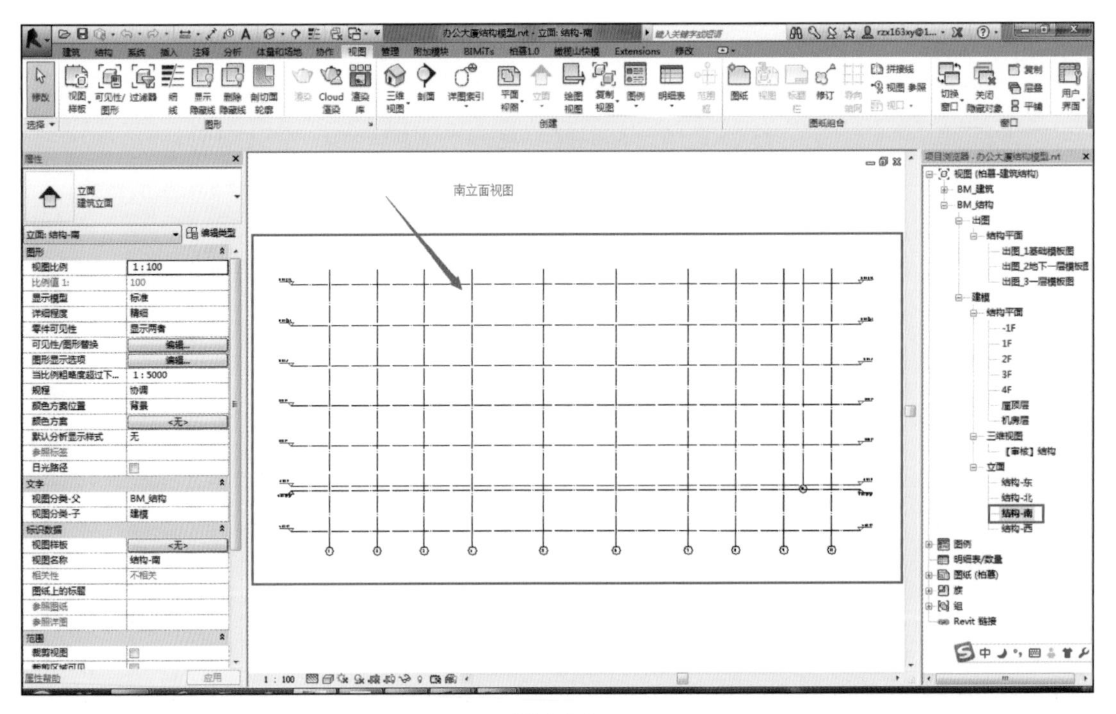

图 2.1-8

将 1F ~ 屋顶层标高向下移动 100mm。按住鼠标左键，左下框选 1F ~ 屋顶层标高，单击修改“选项卡”下解锁 >“移动”，按住 shit 向下移动鼠标，同时在键盘上输入 100(如图 2.1-9、图 2.1-10 所示)。

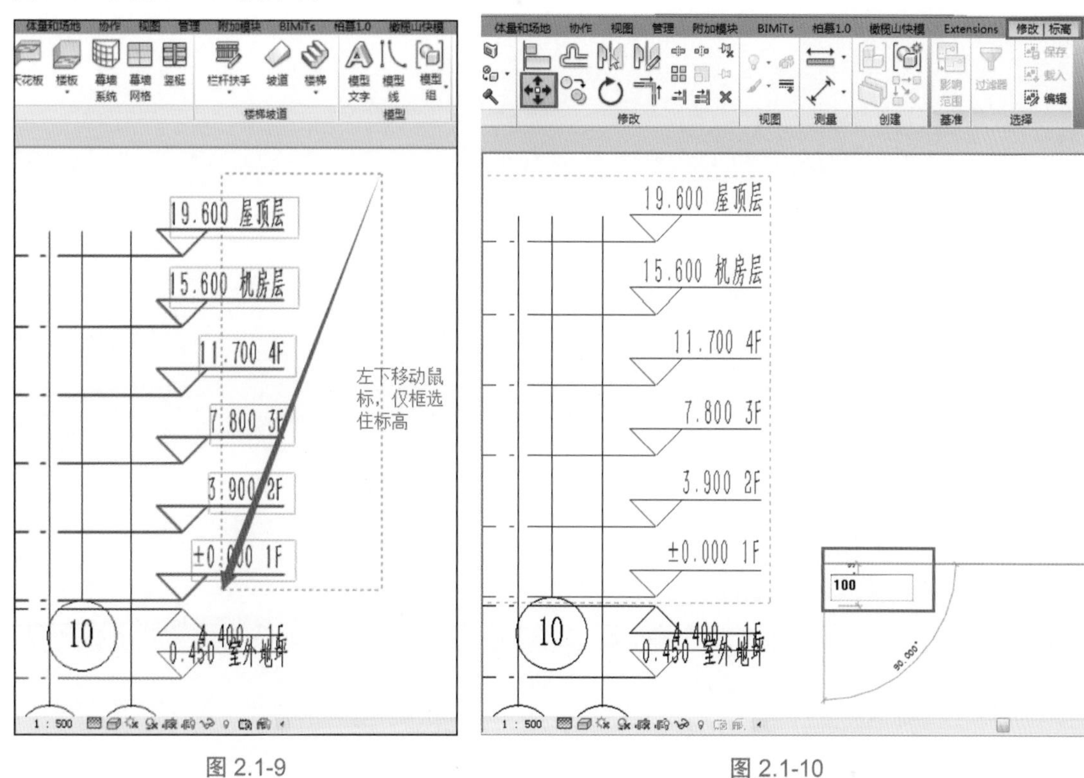

图 2.1-9　　　　图 2.1-10

双击项目浏览器中的“结构 > 建模 >-1F”，进入 –1F 楼层平面。

单击“结构”>“基础”，选择“结构基础：楼板”。在类型属性栏选择“现浇混凝土 C30-500 厚”，放置标高为 –1F，自标高的高度偏移为 0（如图 2.1-11 所示）。

图 2.1-11

在绘制选项卡下选择拾取线，设置偏移量 500，拾取Ⓔ轴（如图 2.1-12 所示）。

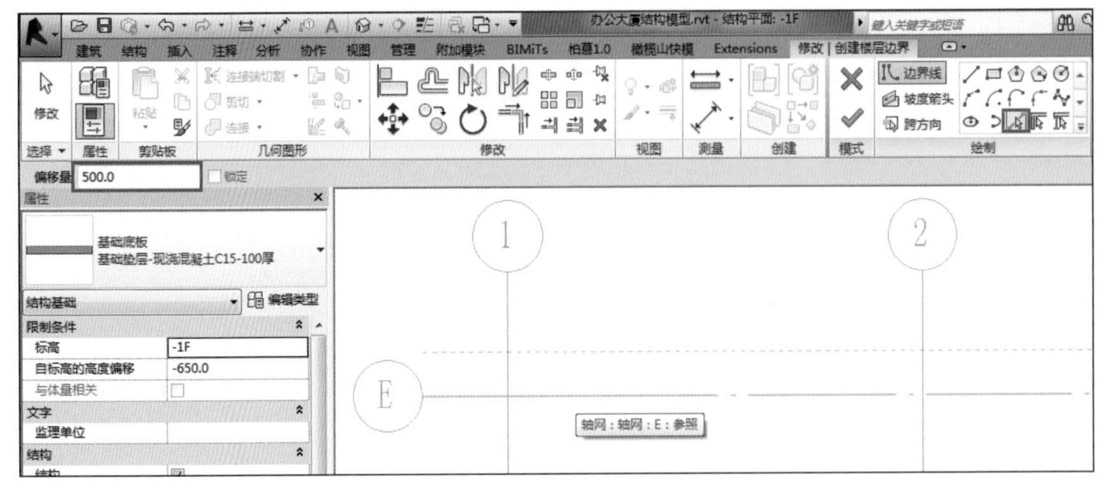

图 2.1-12

以同样的方式拾取①轴，向左偏移量 1200；Ⓑ轴向下偏移量 700；④轴向左偏移量 500；Ⓐ轴向下偏移量 600；⑦轴向右偏移量 500；⑪轴向右偏移量 1200。

使用修改下拆分命令将Ⓑ轴下偏移 700 的线在⑤～⑥间打断，然后用修剪依次选择 AB，BC，CD，DE，EF，FG，GH，HA（如图 2.1-13、图 2.1-14 所示）。

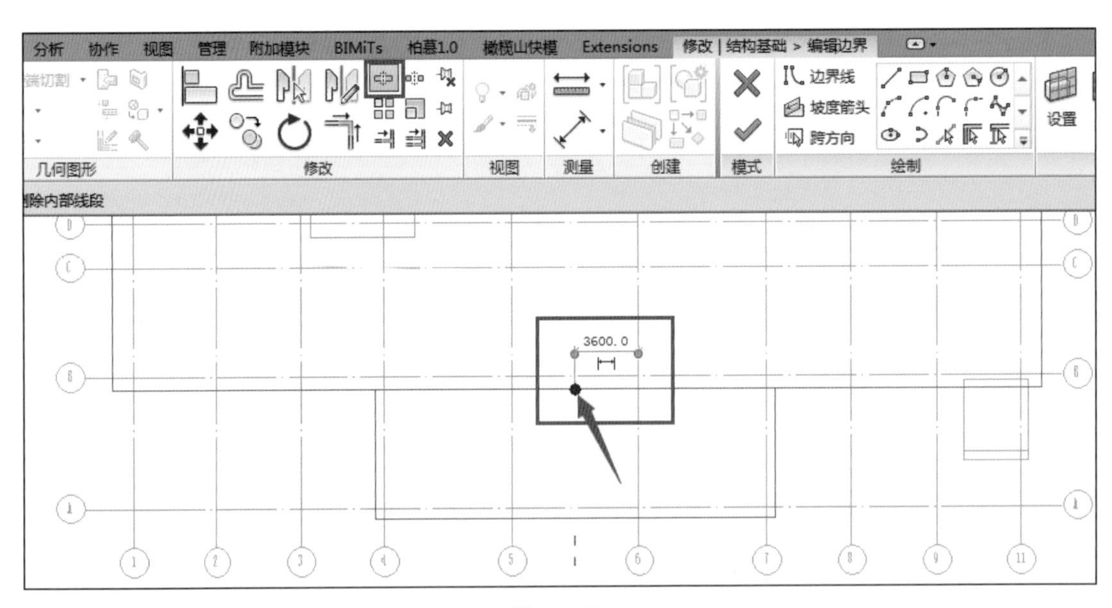

图 2.1-13

选择绘制线命令，绘制如图 2.1-15 所示电梯基坑、集水坑位置。

基础底板边界整体绘制如图 2.1-16 所示。

注意

绘制的轮廓线必须是闭合的，但不能交叉，可以使用“修改”选项卡下修剪命令修剪。

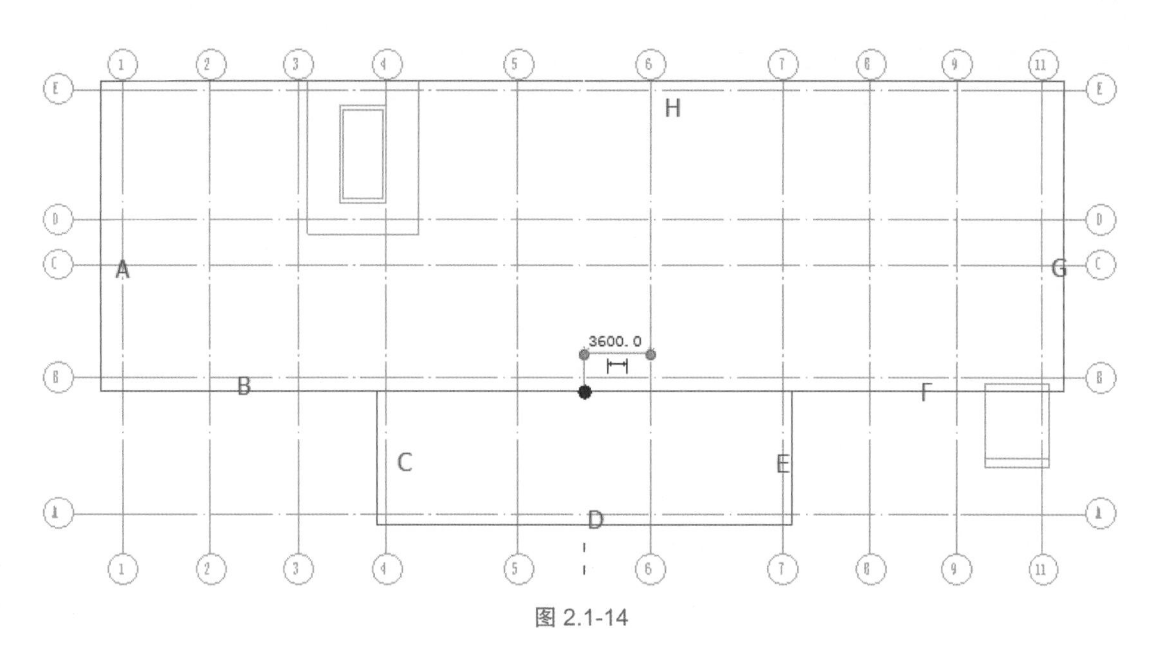

图 2.1-14

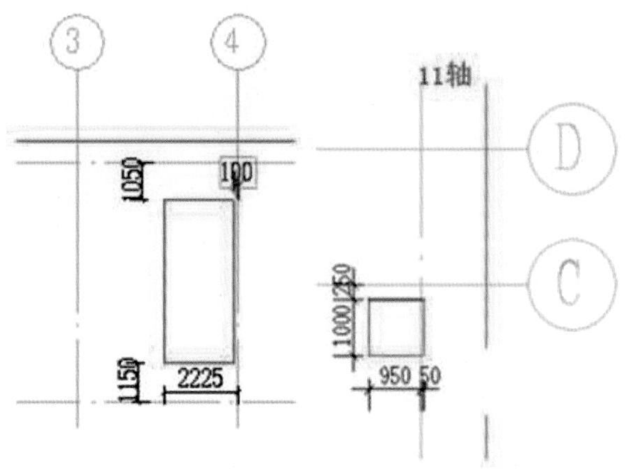

图 2.1-15

轮廓拾取绘制完成后，单击 ✔，完成基础底板编辑。

绘制完成后打开三维视图，将看到如图 2.1-17 所示的三维效果。

用同样的方式，选择基础底板，基础垫层 - 现浇混凝土 C15-100 厚，标高放置为 –1F，自标高的高度偏移 –500，拾取已绘制的基础底板的边界外偏移 100，单击对号，确定绘制完成。绘制完成后在三维视图查看基础底板与垫层详图如图 2.1-18 所示。

③地下室结构柱设计。打开 –1F 楼层平面，单击“结构 > 柱”，在属性栏下拉菜单下选择“ BM_ 现浇混凝土异形柱 1-C30 GDZ1”，选择放置方式为“高度”，顶部标高 1F。将鼠标移动至①轴与Ⓑ轴交点处，轴线显示浅蓝色时单击左键确定，如图 2.1-19 所示。

用同样的方法，依据“ –4.00 ～ –0.100 地下室结构柱定位图”，如图 2.1-20 所示，放置地下室其余结构柱。若放置的结构柱方向不正确，可选择需要修改的结构柱，按“空格”翻转其方向即可。结构柱类型选择见表 2.1-1，未标注的类型均为“ BM_ 现浇混凝土矩形柱 -C30 KZ1”。

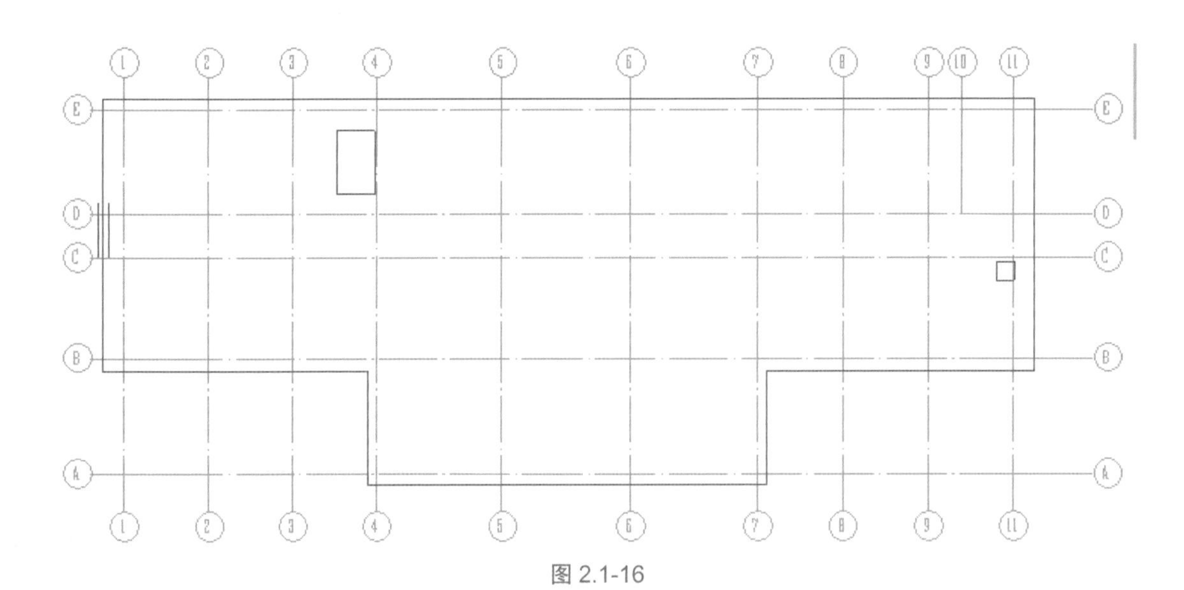

图 2.1-16

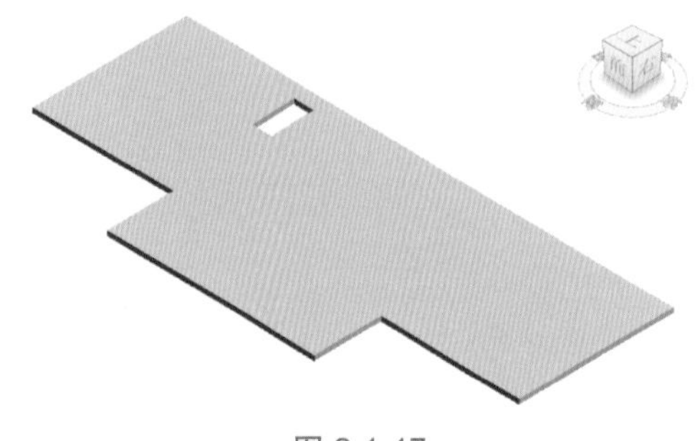

图 2.1-17

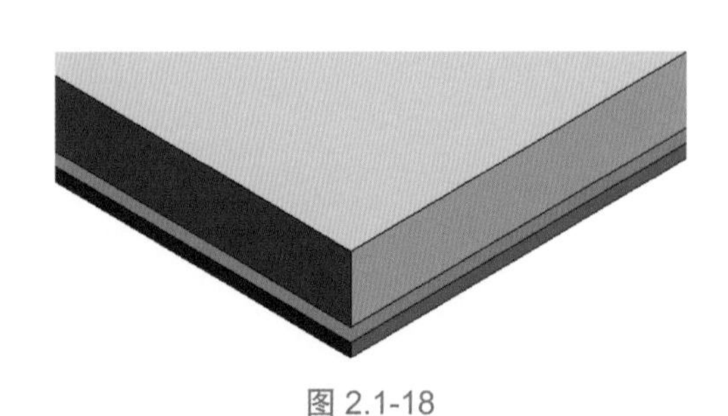

图 2.1-18

出图-结构模型（文档出图出处理 RAO）.rvt - 结构平面: -1F
键入关键字或短语
建筑 结构 插入 注释 分析 协作 视图 管理 附加模块 BIMiTs 柏慕1.0 橄榄山快模 Extensions 修改 | 放置 结构柱
修改 梁 墙 柱 楼板 桁架 支撑 梁系统 独立 条形 板 钢筋 区域 路径 钢筋网 保护层 构件 模型文字 模型线 模型组 按面 竖井 墙 垂直 老虎窗
选择 结构 基础 钢筋 模型 洞口
修改 | 放置 结构柱 放置后旋转 高度: 1F 4000.0 房间边界
属性
BM-现浇混凝土异形柱1-C30 GDZ1
新建 结构柱 编辑类型
限制条件
随轴网移动
房间边界
文字
监理单位
安装位置
材质和装饰
结构材质 混凝土，现场浇注 - C...
结构
启用分析模型
钢筋保护层 - 顶面 钢筋保护层 1 <25>
钢筋保护层 - 底面 钢筋保护层 1 <25>
钢筋保护层 - 其他面 钢筋保护层 1 <25>
尺寸标注
体积 2.040
4800.0
B
最近点 和 最近点
1

图 2.1-19

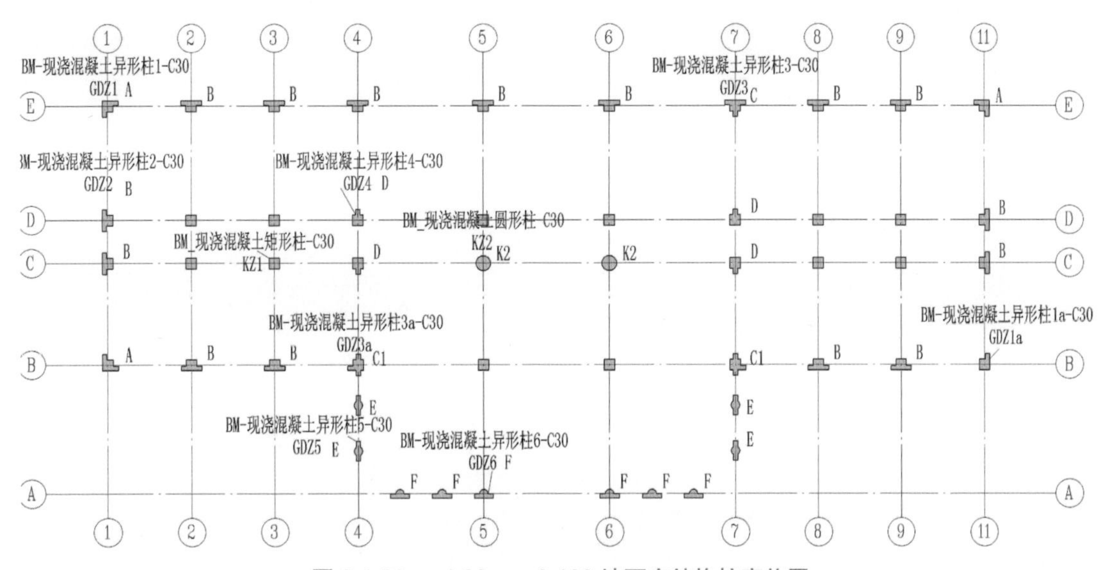

图 2.1-20　–4.00 ~ –0.100 地下室结构柱定位图

表 2.1-1　地下室结构柱类型选择

结构柱族	结构柱类型	代号
BM_ 现浇混凝土矩形柱 -C30	KZ1	K1
BM_ 现浇混凝土圆形柱 -C30	KZ2	K2
BM_ 现浇混凝土异形柱 1-C30	GDZ1	A
BM_ 现浇混凝土异形柱 1a-C30	GDZ1a	A1
BM_ 现浇混凝土异形柱 2-C30	GDZ2	B
BM_ 现浇混凝土异形柱 3-C30	GDZ3	C
BM_ 现浇混凝土异形柱 3a-C30	GDZ3a	C1
BM_ 现浇混凝土异形柱 4-C30	GDZ4	D
BM_ 现浇混凝土异形柱 5-C30	GDZ5	E
BM_ 现浇混凝土异形柱 6-C30	GDZ6	F

放置完成后，打开三维视图查看模型搭建成果，如图 2.1-21 所示。

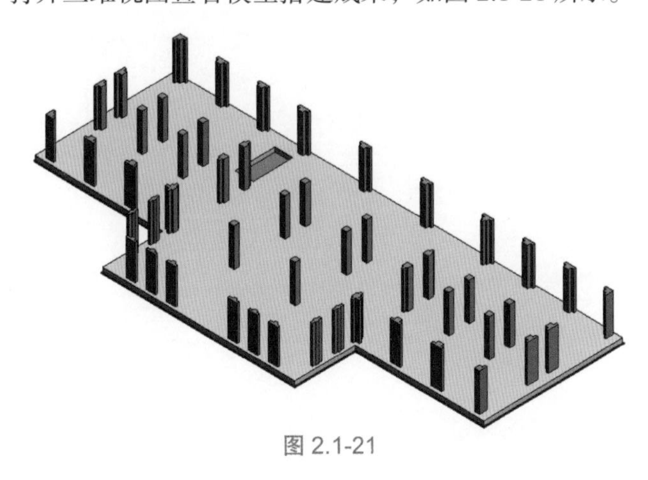

图 2.1-21

④地下室基础深的绘制。打开 –1F 楼层平面，绘制地下室基础梁。

单击“结构”>“梁”，选择 BM_ 现浇混凝土基础梁 -C30。单击“属性栏”>“编辑类型”，复制创建 JZL2（3B）500×1200 的梁类型，修改 b 值为 500，h 值为 1200。在属性栏实例属性中，将 Z 轴对正改为底，Z 轴偏移值 –500，如图 2.1-22 所示。

注意

基础梁为上反梁，且基础梁底与基础板底齐平。

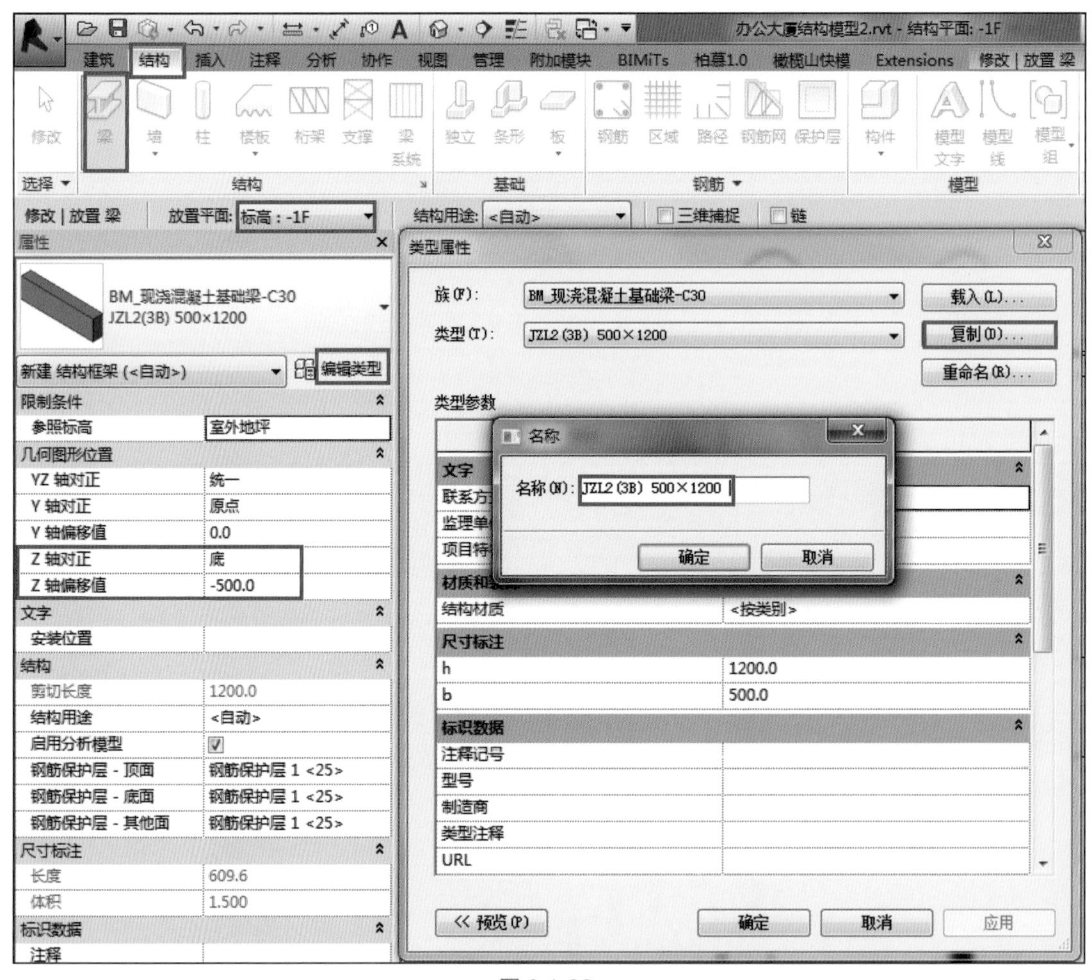

图 2.1-22

用同样的方式复制创建如图 2.1-23 所示的其余基础梁。

选择已经创建的基础梁 JCL1（1）在“修改”选项卡下选择直线，在距 B 轴 1950，⑤轴 ~ ⑥轴间绘制 JCL1（1）(如图 2.1-24 所示)。

用同样的方式在 –1F 上绘制如图 2.1-25 上的其余基础梁。

注意

JCL1（1）表示命名为基础梁 1，括号内 1 表示一跨。如 JCL4（3）表示该梁有 3 跨。JCL2（3A）表示有 3 跨外加单面悬挑，JCL2（3B）表示 3 跨外加双面悬挑。

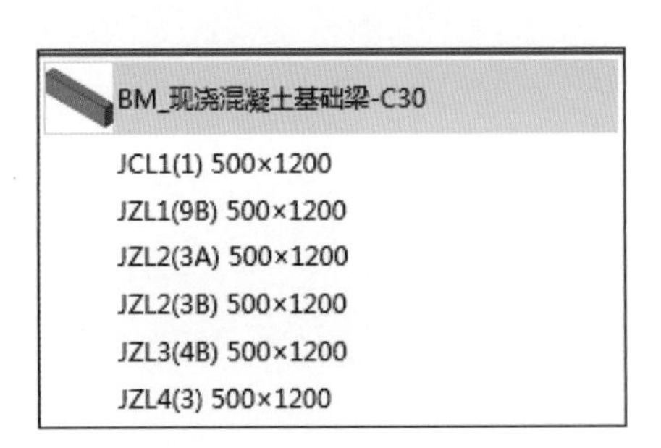

图 2.1-23

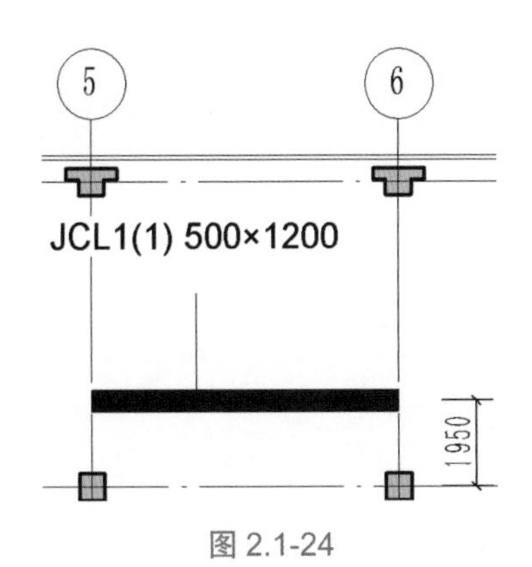

图 2.1-24

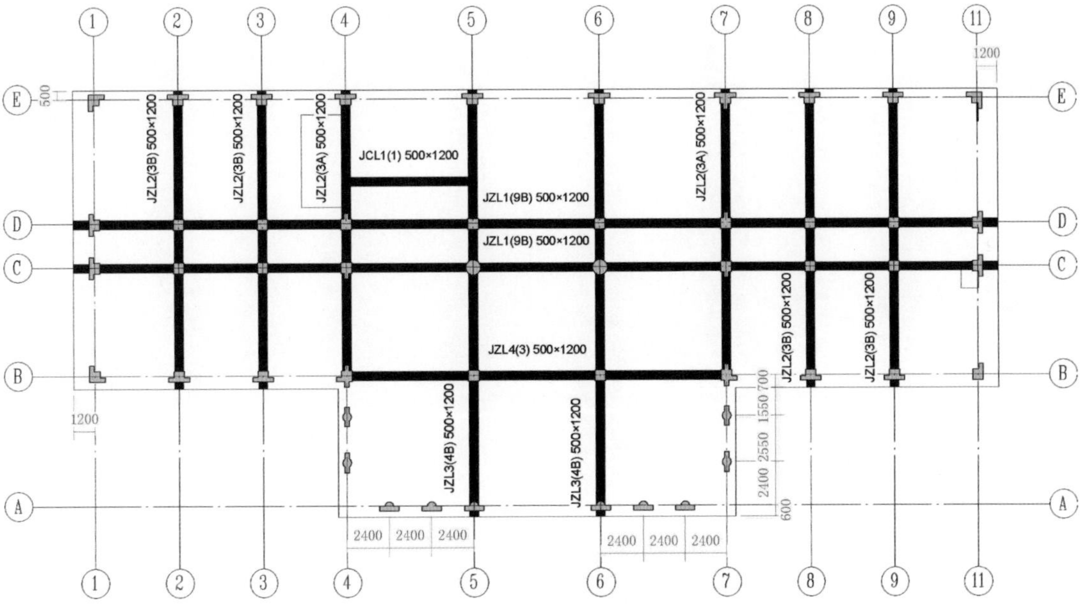

图 2.1-25 -4.00 基础梁结构平面图

绘制完成后打开三维视图，在三维视图里看到如图 2.1-26 所示的效果图。

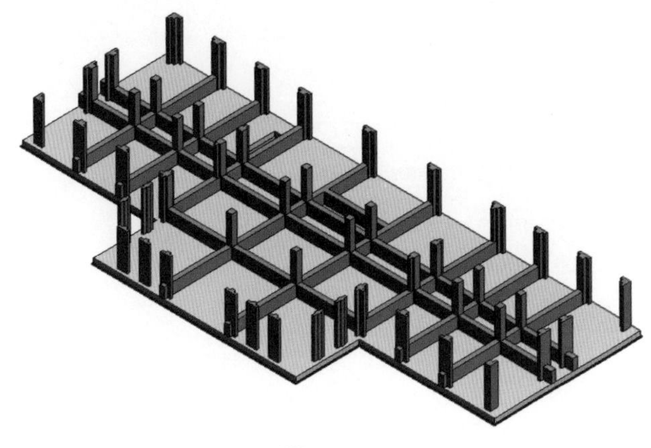

图 2.1-26

⑤ –1F 楼层的设计。打开 –1F 楼层平面，单击“插入”选项卡下的载入族，选择“案例文件 > 族 > 电梯基坑”族，在③轴—④轴—Ⓔ轴—Ⓓ轴间电梯间位置放置载入的“电梯基坑”族。设置其放置标高为 –1F，偏移量为 0（如图 2.1-27、图 2.1-28 所示）。

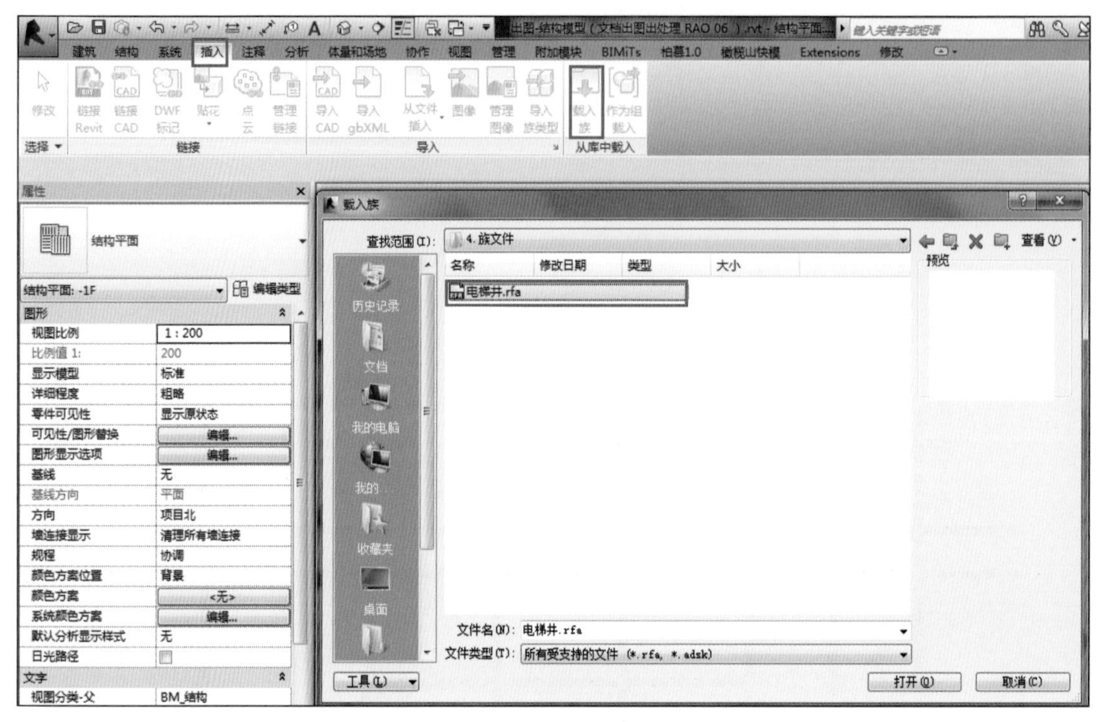

图 2.1-27

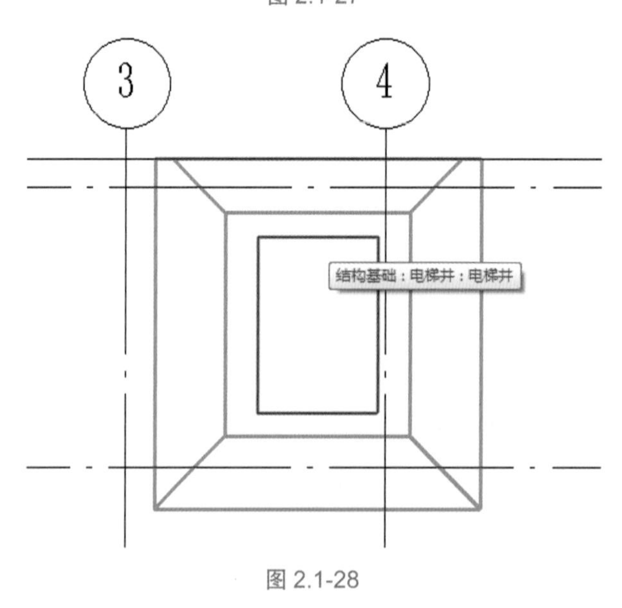

图 2.1-28

打开 –1F 楼层平面，单击“结构”>“基本墙”> 选择“基墙 - 钢筋混凝土 C30-250 厚”，设置其类型属性见图 2.1-29。

在①轴上，Ⓔ轴到Ⓑ轴间，绘制该墙。

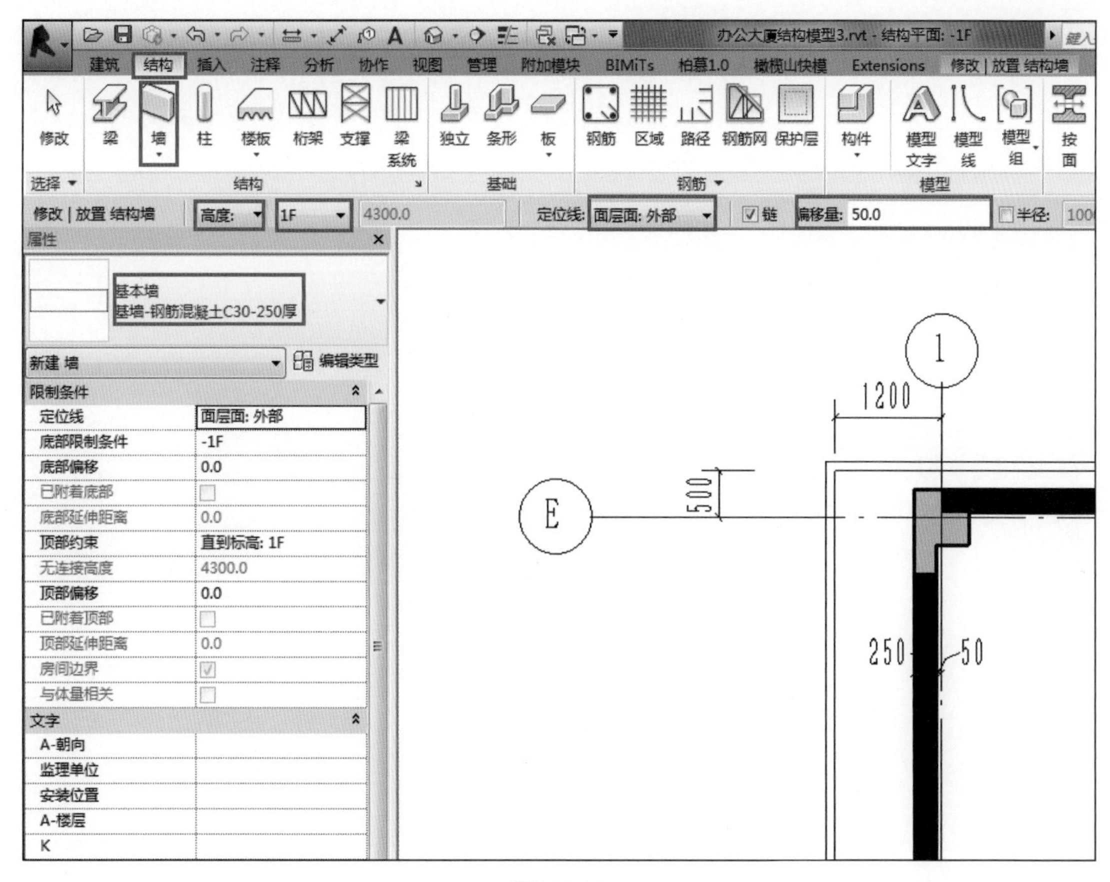

图 2.1-29

若绘制的墙将结构柱截断，出现如图 2.1-30 所示的情况。

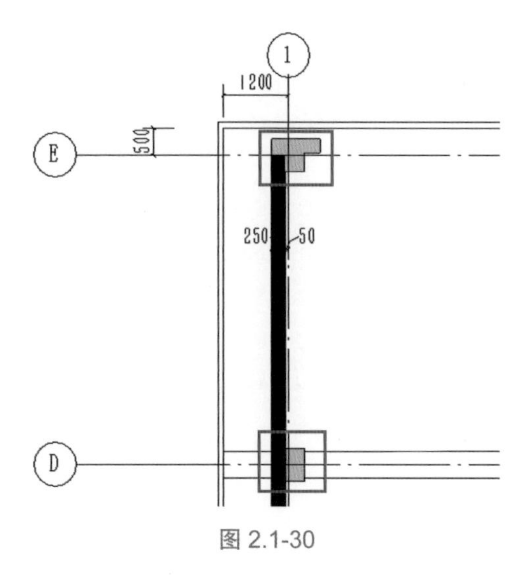

图 2.1-30

单击“修改 > 切换剪切顺序”。如图 2.1-31 所示。

依次选择需要切换剪切顺序的剪力墙、结构柱，以得到如图 2.1-32 所示的剪切效果。

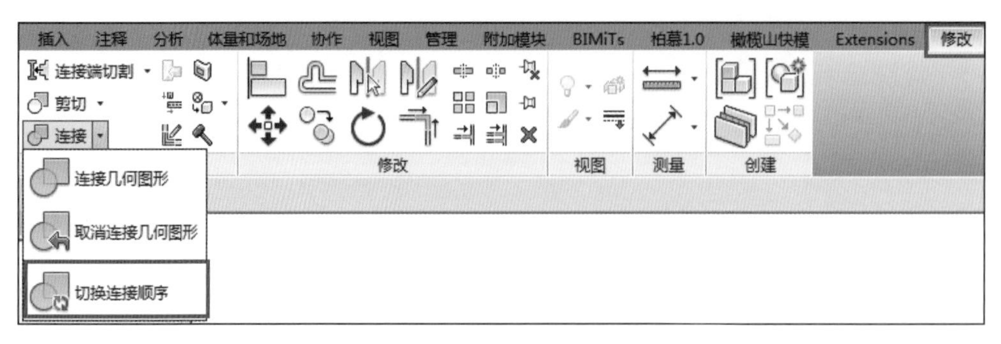

图 2.1-31

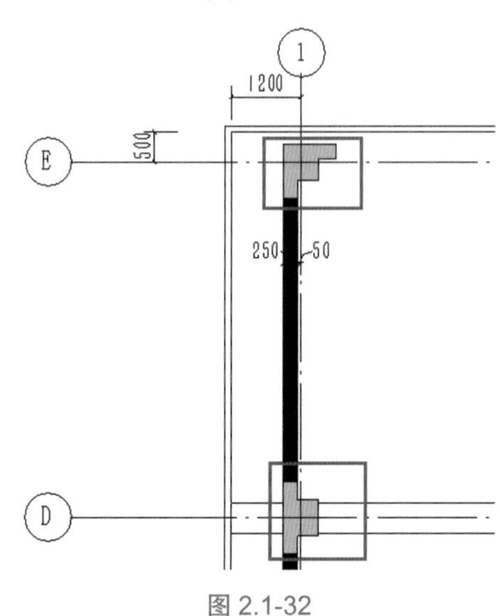

图 2.1-32

地下室剪力墙墙类型选择及放置定位如图 2.1-33 所示。除红色框选电梯间处剪力墙为 200 厚外，地下室其余剪力墙为 250 厚。

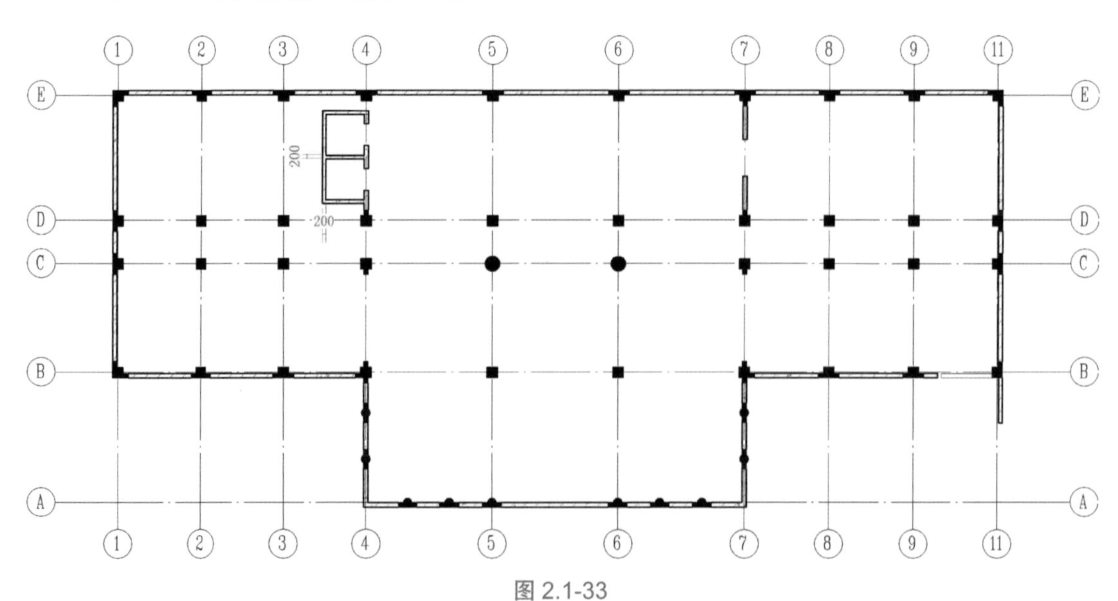

图 2.1-33

绘制完成后，在三维视图看到，如图 2.1-34 所示的效果。

⑥打开 1F 楼层平面，绘制地下室顶结构梁。单击“结构” > “梁”，选择“ BM_ 现浇混凝土矩形梁 C30”，单击类型属性对话框，复制命名“KL6（3）250×650”的梁类型，修改“ h=650，b=250”。在②轴上Ⓑ轴、Ⓔ轴间绘制 KL6（3）。如图 2.1-35、图 2.1-36 所示。

绘制完成后，打开三维视图，可以看到如图 2.1-37 所示的结果。

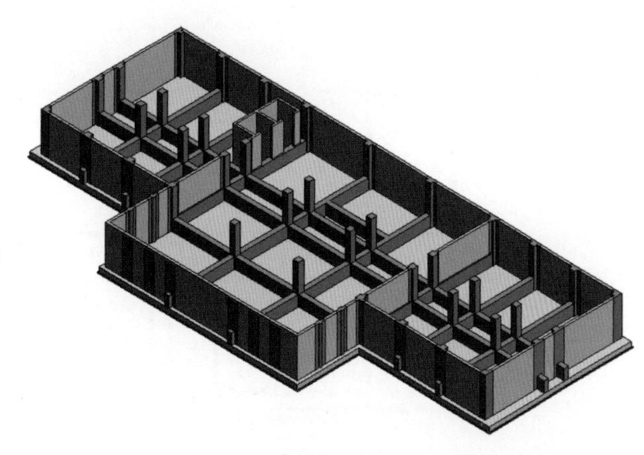

图 2.1-34

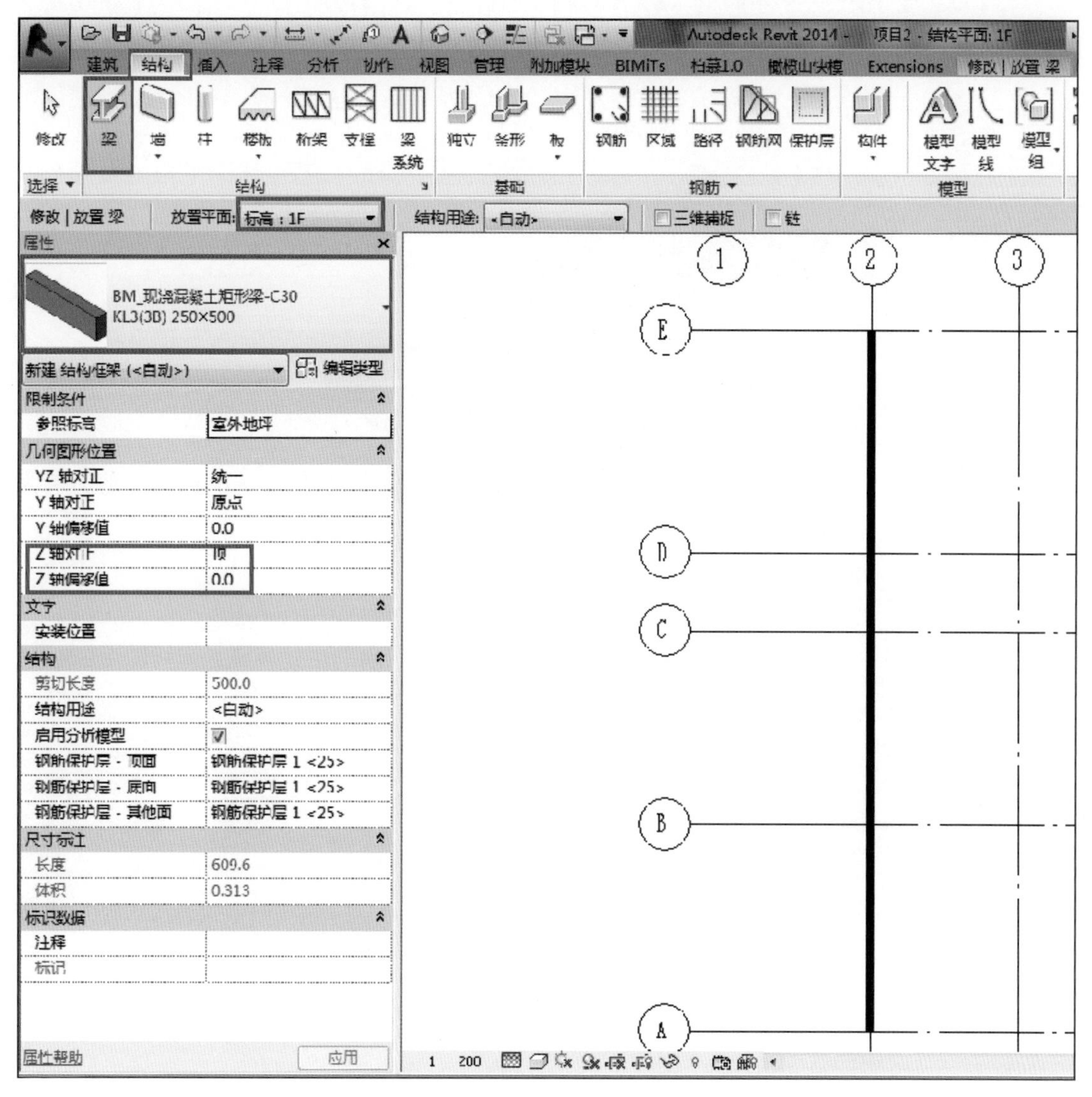

图 2.1-35

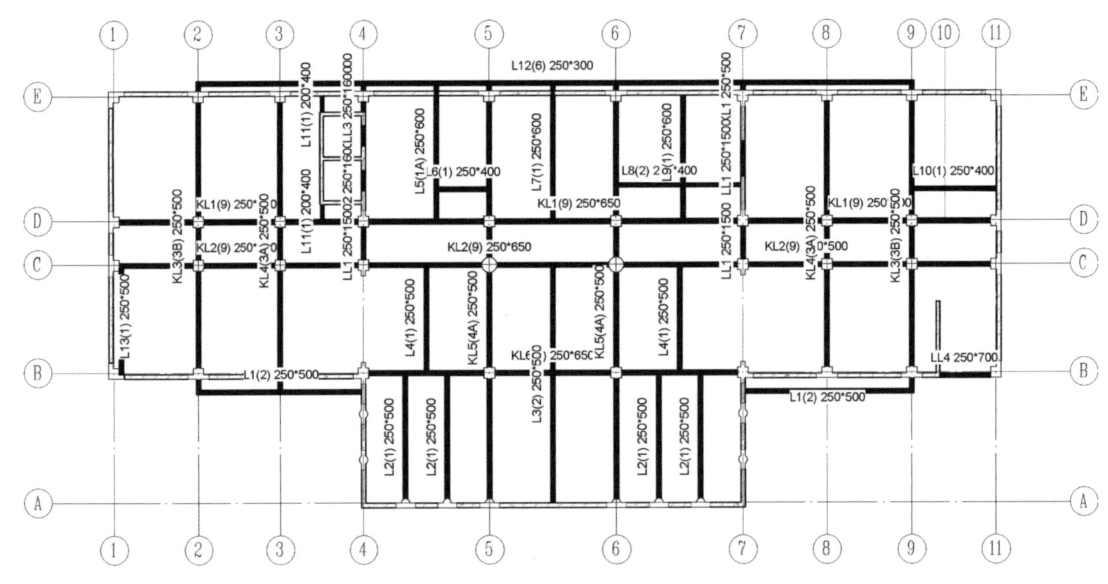

图 2.1-36 –0.100 结构梁平面布置图

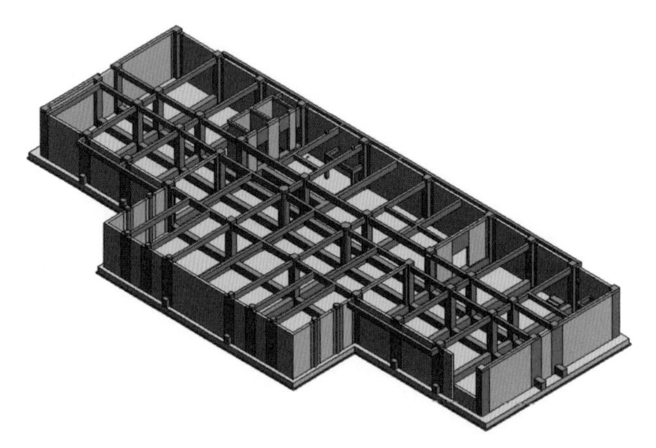

图 2.1-37

⑦打开 1F 楼层平面，绘制地下室结构顶板。单击结构选项卡“楼板”子选项卡“结构楼板”命令，选择“有梁板 - 现浇混凝土 C30-180 厚”。设置标高“1F”，自标高的高度偏移量“0”。如图 2.1-38 所示。

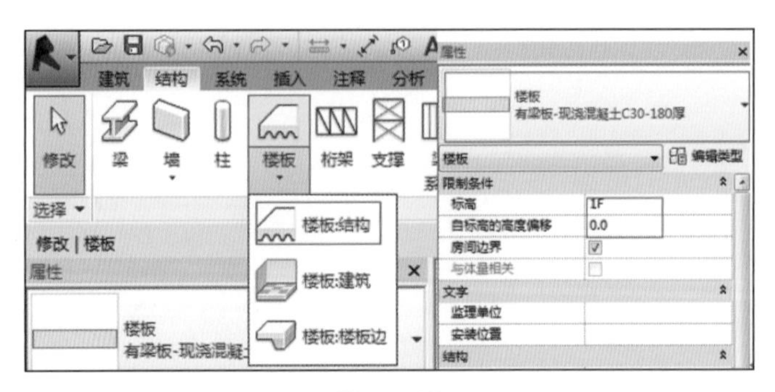

图 2.1-38

如图 2.1-39 选择“拾取线”，拾取地下室结构墙外边界、预留电梯井洞口、楼梯洞口、卫生间洞口轮廓，尺寸见图 2.1-40。

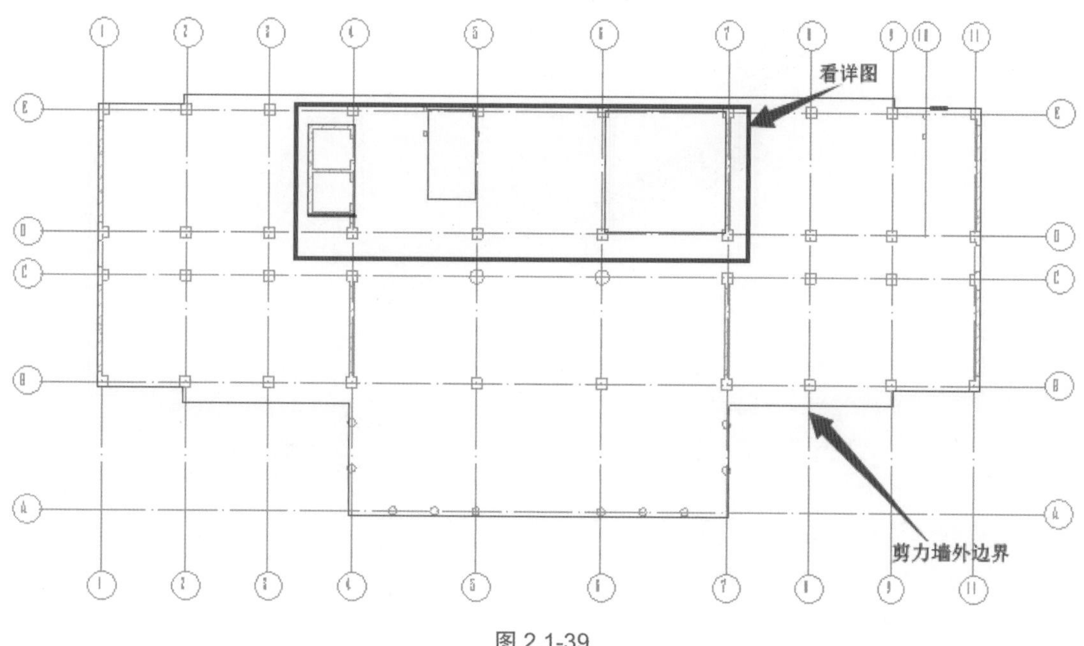

图 2.1-39

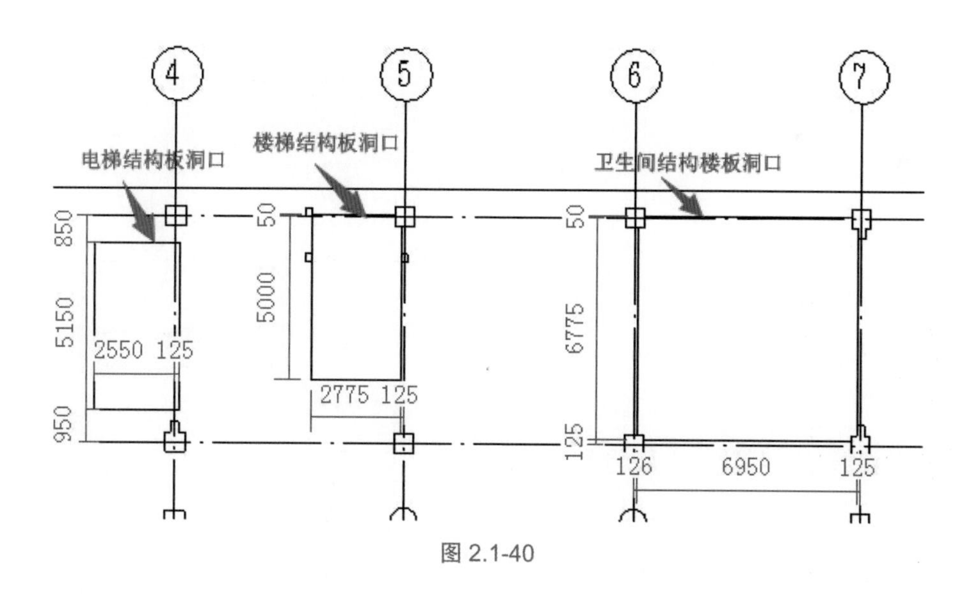

图 2.1-40

用同样的方式，点击“结构 > 楼板”，选择“有梁板 - 现浇混凝土 C30-180 厚”，设置标高为 1F，自标高的高度偏移量为 −50，在卫生间结构楼板处拾取洞口轮廓，完成轮廓拾取后单击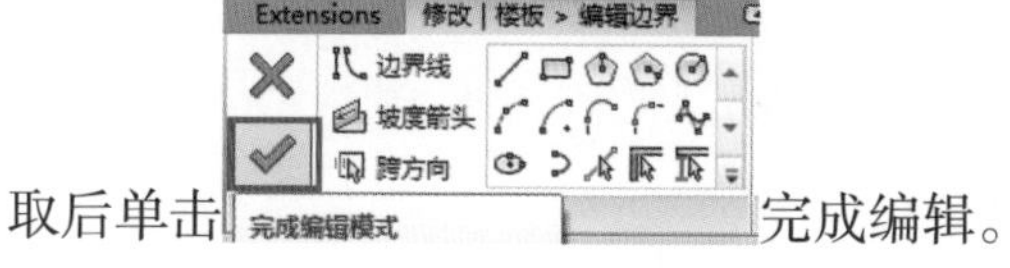完成编辑。

绘制完成后切换至三维视图。可以看到如图 2.1-41 所示的效果。

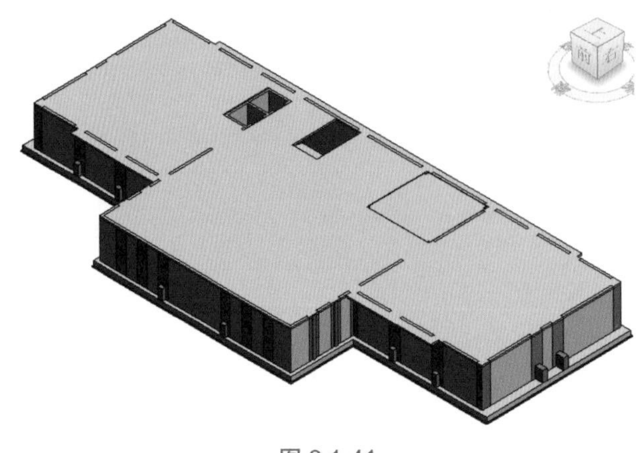

图 2.1-41

⑧地下室坡道处理。打开 –1F 楼层平面视图，在如图 2.1-42 所示位置绘制，A、B、C 三面墙，设置高度偏移为 –1F 到 1F。

其中墙 A，墙 B 为基本墙 C30-200 厚，墙 C 为基本墙 C30-250 厚。并将墙 A 与 B 轴剪力墙修剪。然后点击“结构 > 楼板 > 结构楼板”选择“有梁板现浇混凝土 C25-200 厚”，拾取绘制轮廓为 a-b-c-d 的坡道梁板。单击 ✔ ，完成坡道楼板绘制。再次点击选择该楼板，将其标高改为 –1F，标高偏移为 700。如图 2.1-43 所示。

选择该楼板，单击“修改 > 修改子图元”；点击浅绿色小方块 a，b，c，d；将其值分别修改为 0，0，3250，3250。修改完成后按“esc”退出，完成绘制。如图 2.1-44 所示。

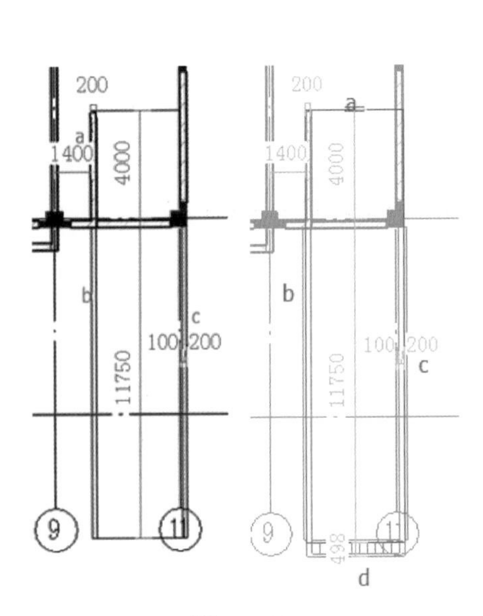

图 2.1-42

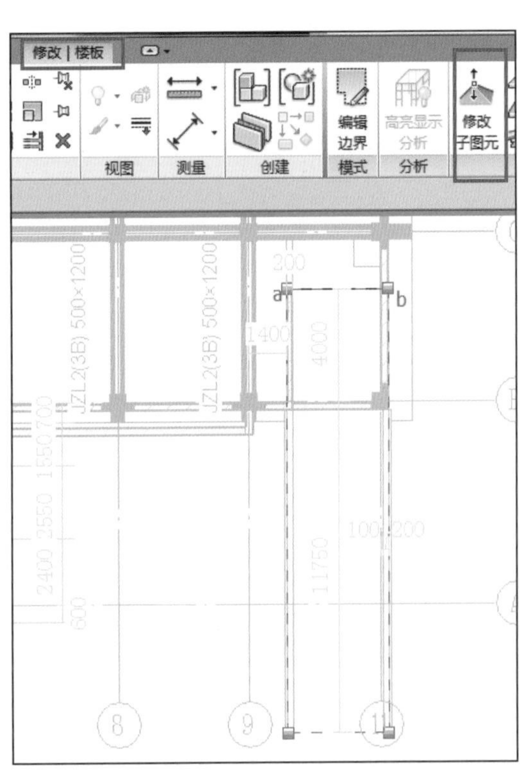

图 2.1-43

打开1F楼层平面，选择“结构 > 基础 > 结构基础楼板”，选择“基础垫层 - 现浇混凝土C15-100厚”，其中A段边界到Ⓑ轴上⑨～⑪轴间剪力墙外边界，B、C、D段边界较墙外边缘偏移100。标高设定为1F，偏移 –620。如图2.1-45、图2.1-46所示。

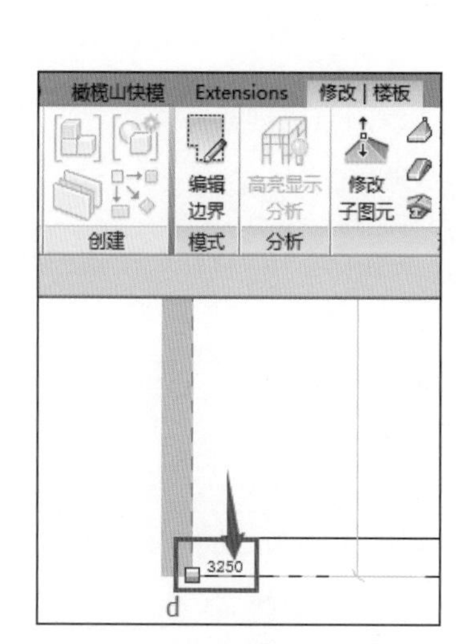

图2.1-44

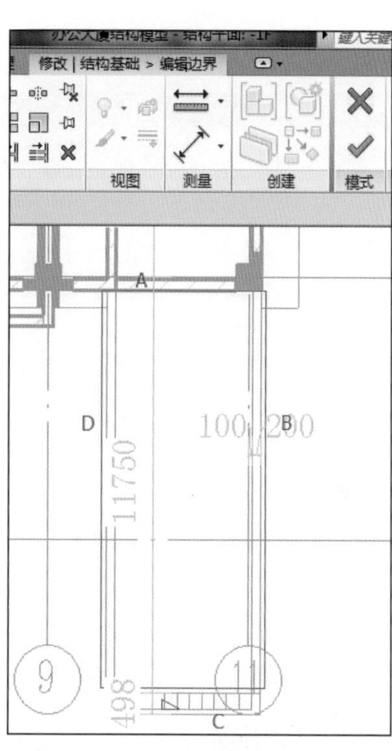

图2.1-45

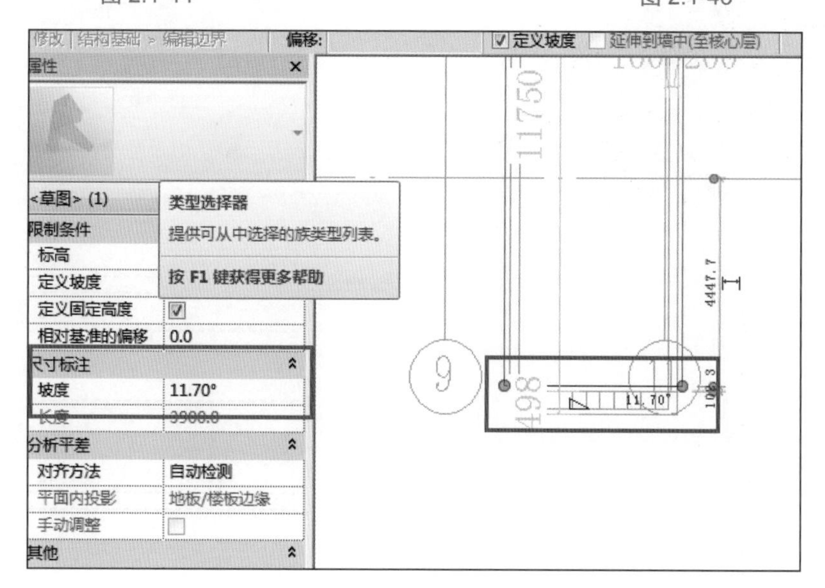

图2.1-46

单击C边，勾选“自定义坡度”，将坡度值修改为11.70。单击✔完成。此时会跳出如下对话框，单击“否”。如图2.1-47所示。

绘制完成后，打开三维视图，将视图缩放至地下室坡道处，可看到如图 2.1-48 所示的效果图。

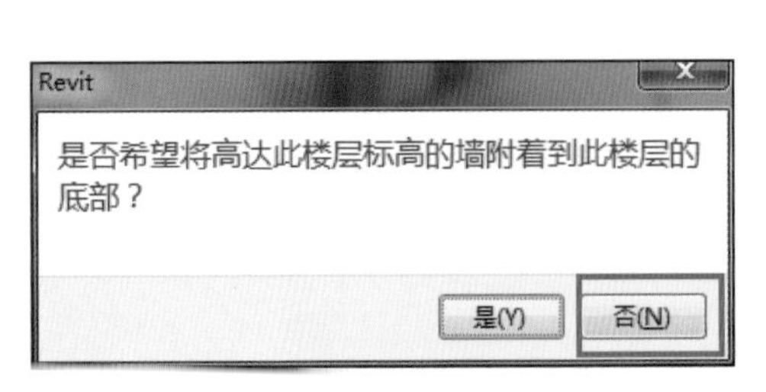

图 2.1-47

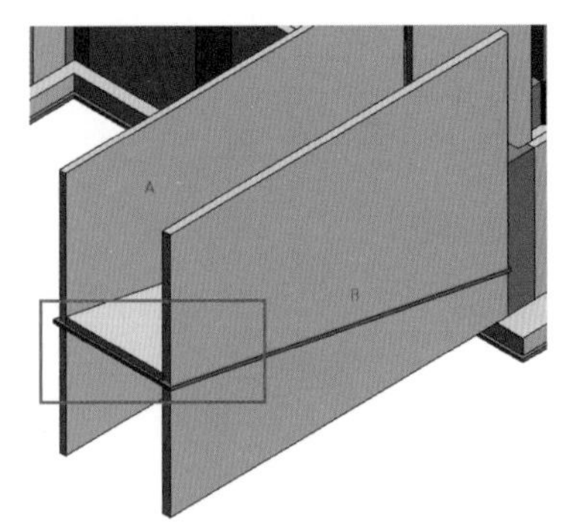

图 2.1-48

单击特写处墙 A，单击修改墙，“编辑轮廓”，单击“ ”右，换成三维右立面视图，如图 2.1-49、图 2.1-50 所示。

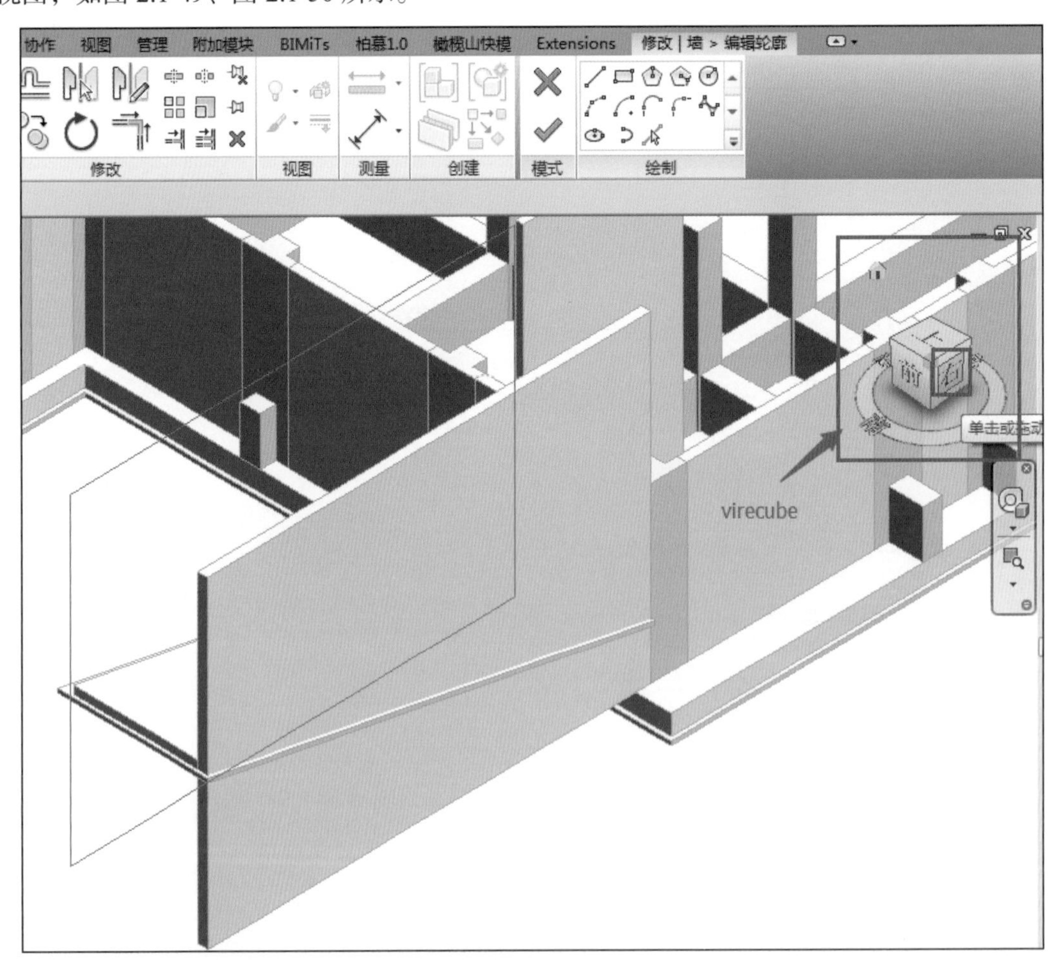

图 2.1-49

选择拾取垫层底边，并用修剪命令修剪轮廓如图，并将多余的轮廓线按“delete”删掉，单击“ ”完成。同理，将墙B轮廓修改使其底与垫层坡度变化一致。完成后可看到如图2.1-51，图2.1-52，图2.1-53所示的效果图。

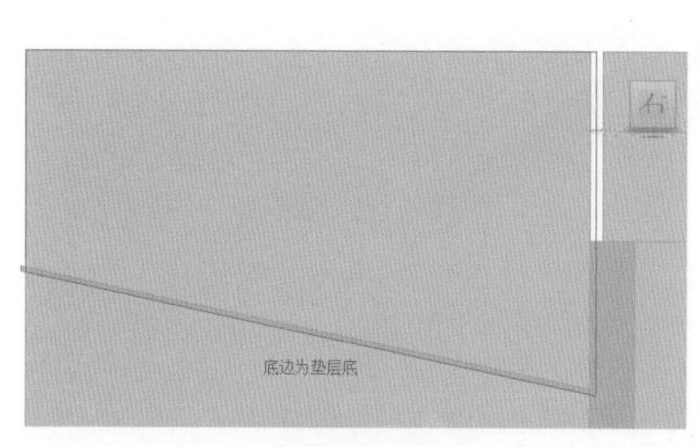

图2.1-50

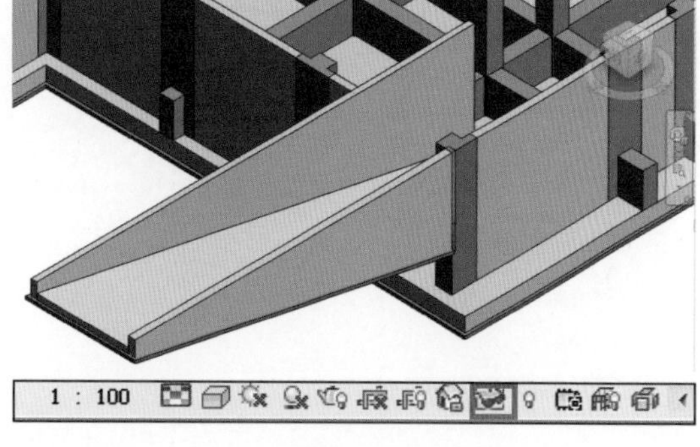

图2.1-51

小技巧

当编辑局部时，不需要显示其他构件（如楼板），选择楼板，点击临时隐藏图元。当需要恢复显示时，选择图元，单击 ，选择“重设临时隐藏隔离”，即可恢复图元显示。

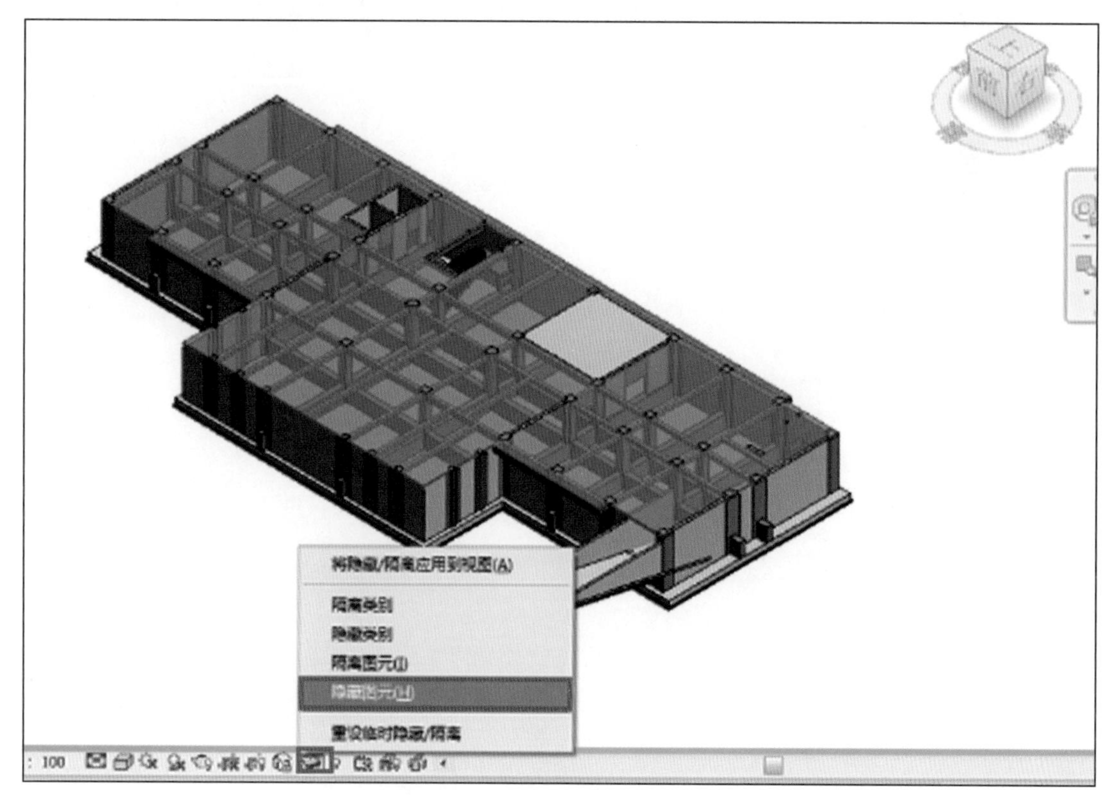

图2.1-52

绘制完成后将得到如图 2.1-54 所示的地下一层结构三维效果图。

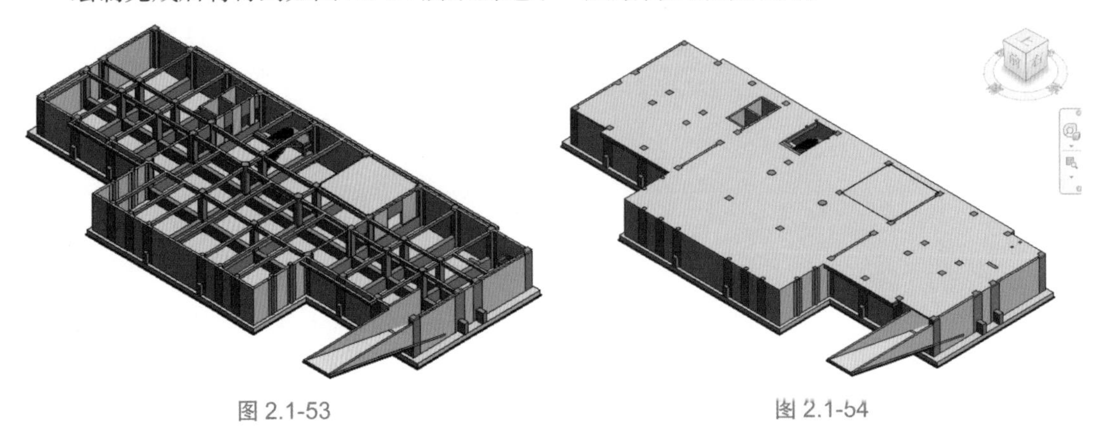

图 2.1-53　　　　图 2.1-54

（2）1F ~ 2F，2F ~ 3F 主体结构　打开 1F 楼层平面，单击“结构” > “结构柱”，选择“BM_ 现浇混凝土异形柱 1a-C30-GDZ1”，设置放置于 1F，顶部约束到 2F。放置于①轴与Ⓔ轴交点处。用同样的方法依据 –0.100 ~ 3.800 结构柱定位图，放置其余结构柱。见图 2.1-55，表 2.1-2 所示。

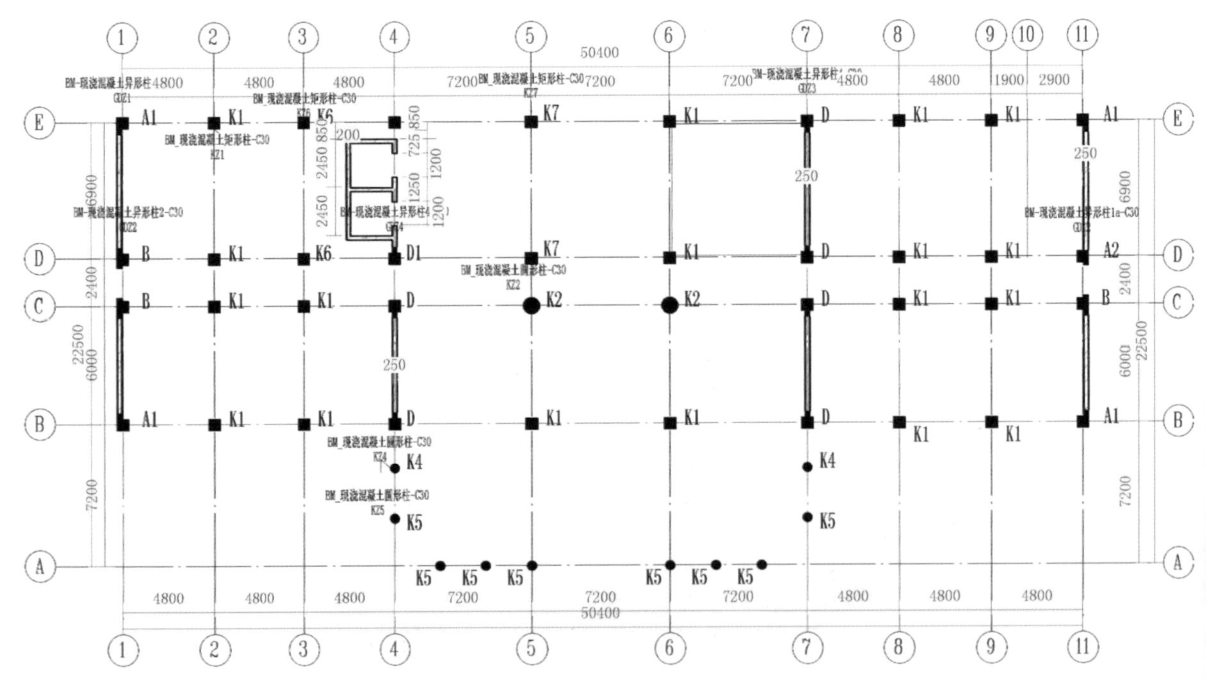

图 2.1-55　–0.100 ~ 3.800 一层结构墙、柱定位图

表 2.1-2　1F ~ 2F，2F ~ 3F 结构体类型选择

结构柱族	结构柱类型	代号
BM_ 现浇混凝土异形柱 1a-C30	GDZ1	A1
BM_ 现浇混凝土异形柱 2-C30	GDZ2	B
BM_ 现浇混凝土矩形柱 -C30	KZ1	K1
BM_ 现浇混凝土圆形柱 -C30	KZ2	K2

续表

结构柱族	结构柱类型	代号
BM_ 现浇混凝土矩形柱 -C30	KZ6	K6
BM_ 现浇混凝土矩形柱 -C30	KZ7	K7
BM_ 现浇混凝土异形柱 4-C30	GDZ3	D
BM_ 现浇混凝土异形柱 4-C30	GDZ4	D1
BM_ 现浇混凝土圆形柱 -C30	KZ4	K4
BM_ 现浇混凝土圆形柱 -C30	KZ5	K5

1F 一层结构柱中，①轴与Ⓒ轴，Ⓓ轴交点处的 GDZ2 的尺寸需要修改。选择 1F 楼层平面中的 GDZ2，在其属性栏将其实例属性修改为“A2=150，A3=300”，如图 2.1-56 所示。

图 2.1-56

本项目 -0.100 ~ 19.500 结构柱在很大程度上都是同一位置使用相同的族，且结构柱尺寸相同，可以通过复制已经完成的结构柱到其他楼层的方法快速完成建模。比如 1F 结构柱和 2F 结构柱仅有入口处结构柱布置不同，可将 1F 与 2F 相同位置的结构柱复制到标高 2F 即可快速完成。

打开 1F 楼层平面，鼠标左键从左上向右下框选至Ⓑ轴。如图 2.1-57 所示。

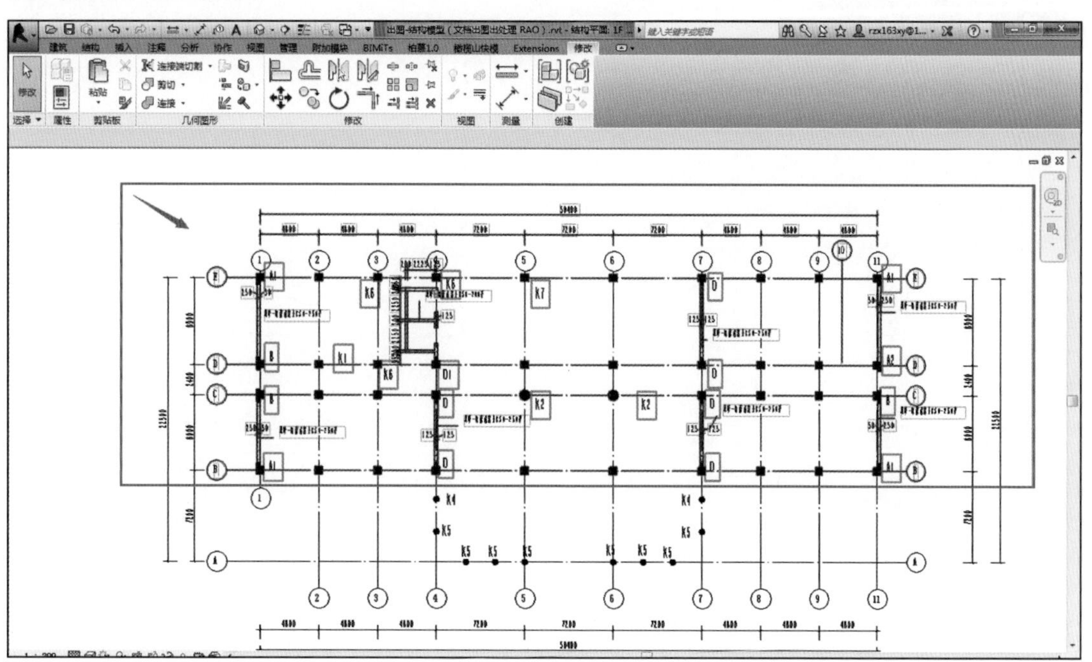

图 2.1-57

单击修改选项卡下过滤器“过滤器”，仅勾选“结构柱”前的对号，单击确定完成结构柱过滤选择。如图 2.1-58 所示。

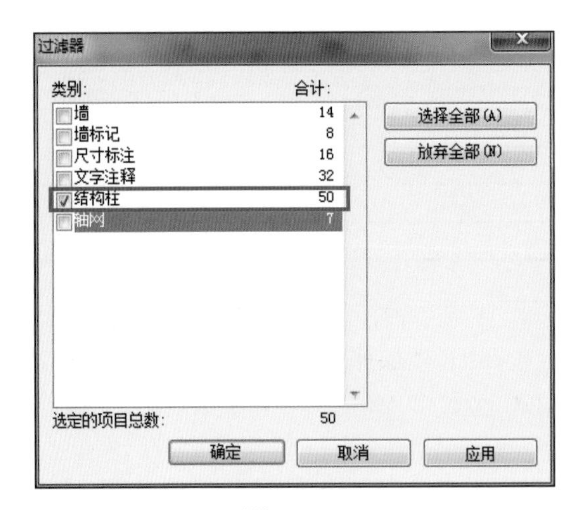

图 2.1-58

单击修改选项卡下复制到剪贴板，然后单击粘贴下拉箭头，选择与选定的“标高对齐”，选择需要复制到的 2F。单击确定完成复制。如图 2.1-59，图 2.1-60 所示。

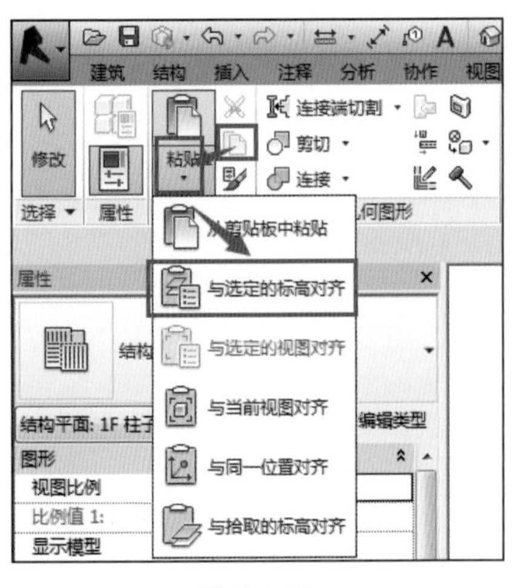

图 2.1-59

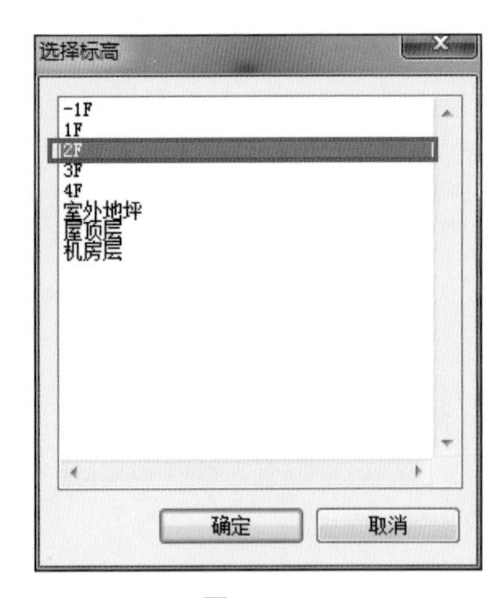

图 2.1-60

复制完成后打开三维视图（如图 2.1-61 所示），可以看到 1F 除为选择的入口处结构柱以外的全部柱子已经复制到 2F。当需要复制某一楼层平面的构件到其他楼层时，都可使用这一复制方法。

参照绘制地下室剪力墙的方法，绘制 1F 结构墙，1F 结构墙定位见图 2.1-8 和图 2.1-62。

绘制完成之后打开三维视图，可以看到如图 2.1-63 所示的效果。

如图 2.1-64、图 2.1-65 所示，打开楼层平面 2F，在“结构”>“梁”选项卡下选择“BM_现浇混凝土矩形 -C30KL4（7）250×650”在Ⓑ轴上④轴，⑦轴间绘 KL4（7）250×650，设置放置平面为 2F，Ⓩ轴对正为“顶”。参照图 2.1-19 和图 2.1-20、图 2.1-24 绘制 2F 其余结构梁。

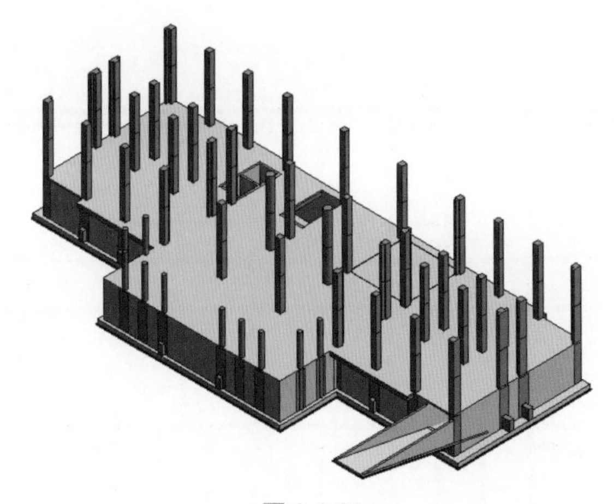

图 2.1-61

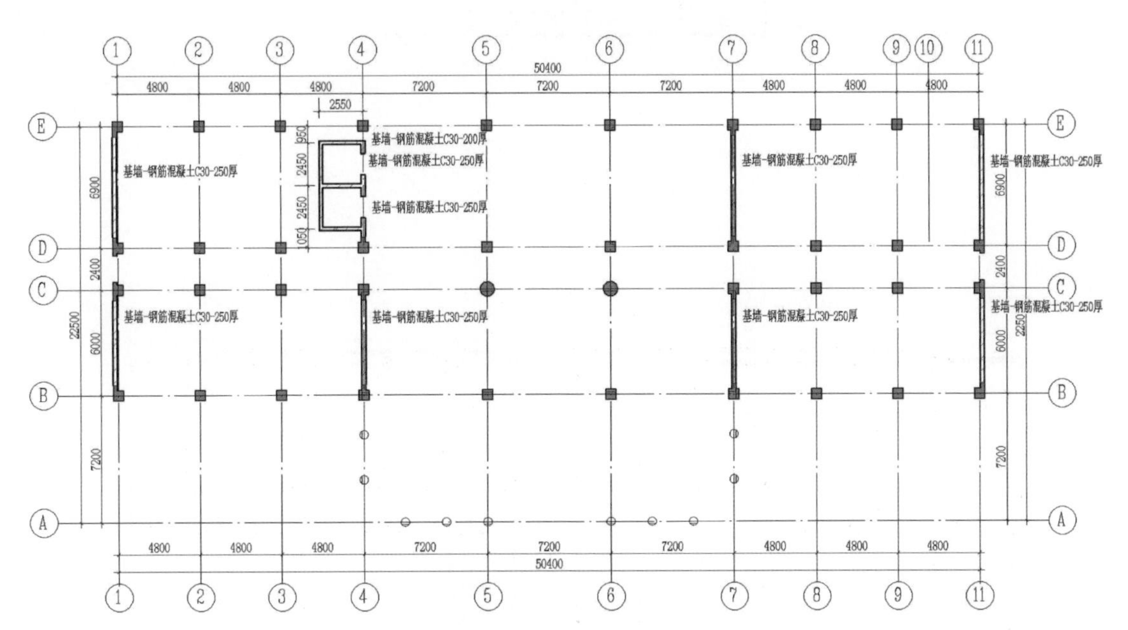

图 2.1-62

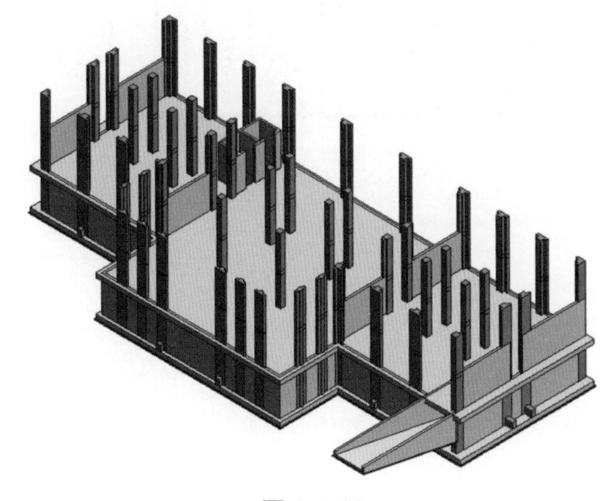

图 2.1-63

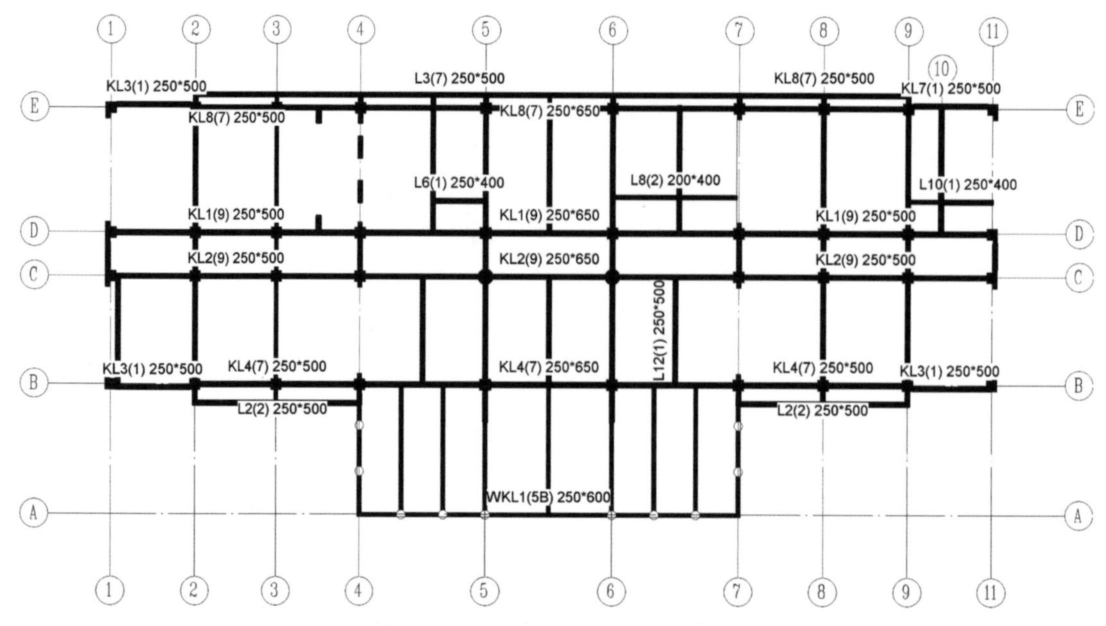

图 2.1-64　2F 梁平面布置图（横向）

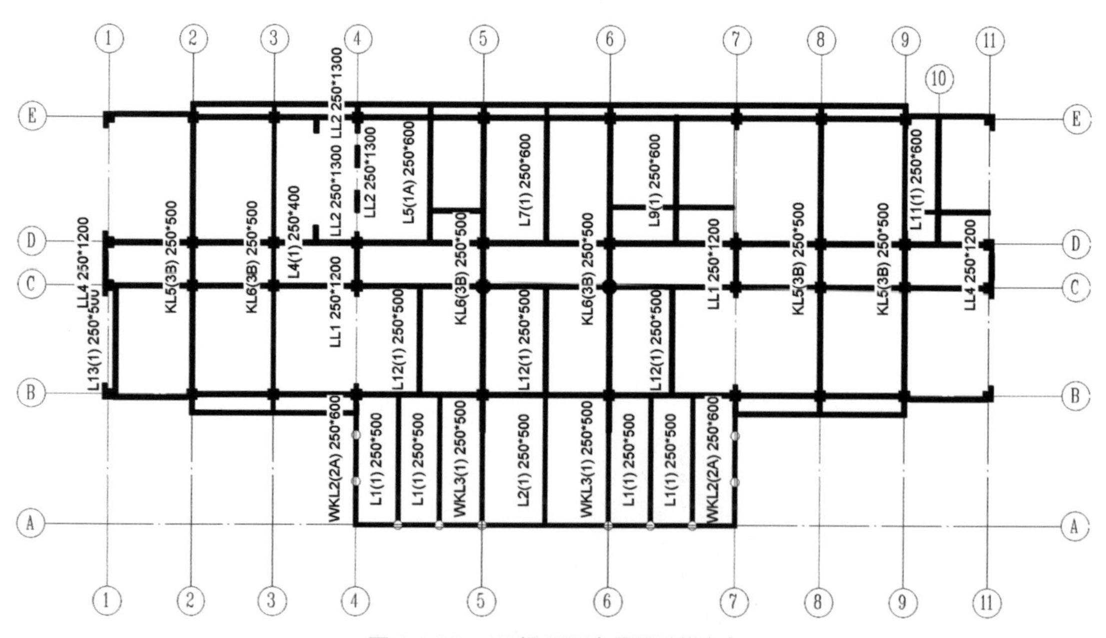

图 2.1-65　2F 梁平面布置图（纵向）

绘制完成后，打开三维视图，可以看到如图 2.1-66 所示的三维效果图。

打开 2F 楼层平面，在 2F 3.800 标高位置绘制 2F 结构楼板。包含入口楼板：有梁板 - 现浇混凝土 C30-100 厚；卫生间楼板：有梁板 - 现浇混凝土 C30-120 厚，其余楼板（去除电梯井洞口和 1$^{\#}$，2$^{\#}$楼梯间楼板洞口）：有梁板 - 现浇混凝土 C30-120 厚。尺寸详图参见 2F 现浇混凝土板平面布置图见图 2.1-67 ~ 图 2.1-70。

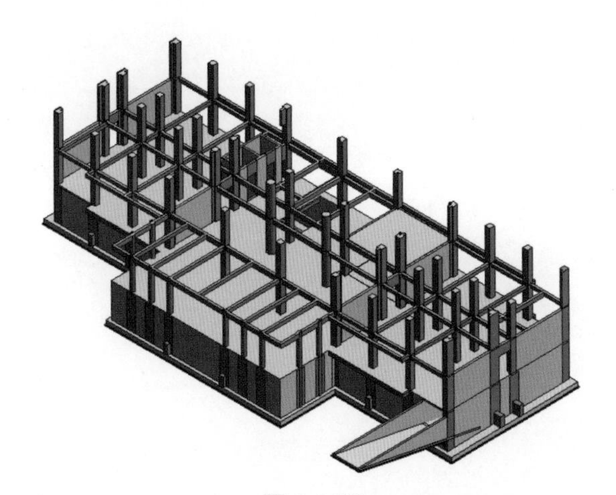

图 2.1-66

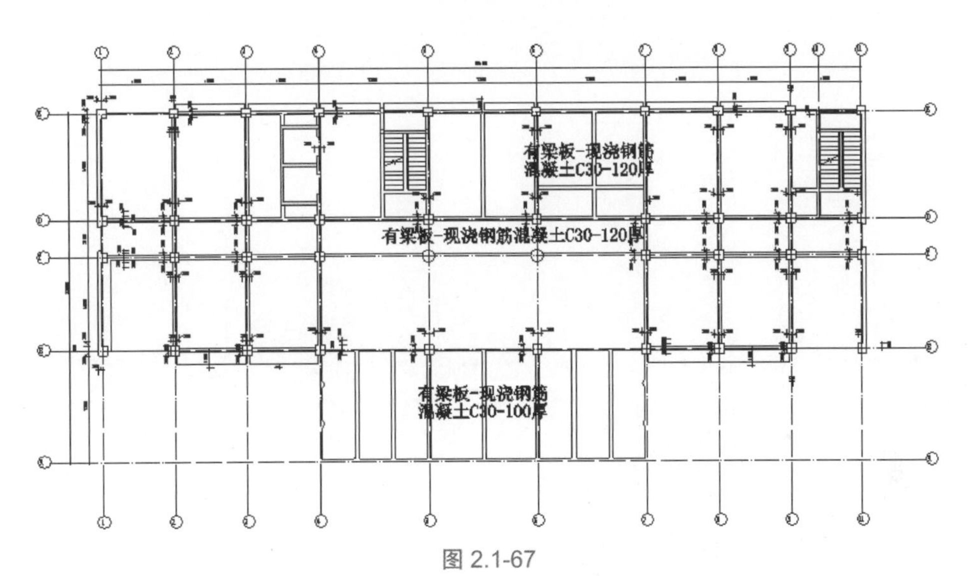

图 2.1-67

图 2.1-68

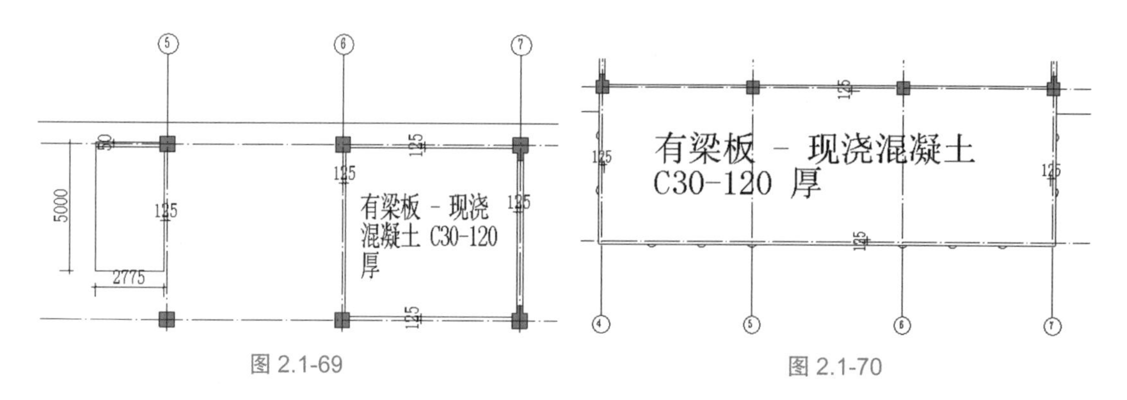

图 2.1-69　　图 2.1-70

绘制完成后，打开三维视图，可看到如图 2.1-71 所示的效果。

参照复制 1F 结构柱到 2F 结构柱的方式将 1F 剪力墙复制到 2F 上。在三维视图中点击“Viewcube”>“前立面”，框选 1F 所有构件（结构柱，剪力墙，结构梁，结构板），使用视图左下角辅助设计栏，选择临时隐藏隔离 ，点击隔离图元。即可将选择的 1F 所有构件隔离出来。

然后框选整个视图，单击过滤器选择剪力墙，复制到剪贴板，粘贴到指定楼层，选择“2F”。可以看到如图 2.1-72 所示的效果。

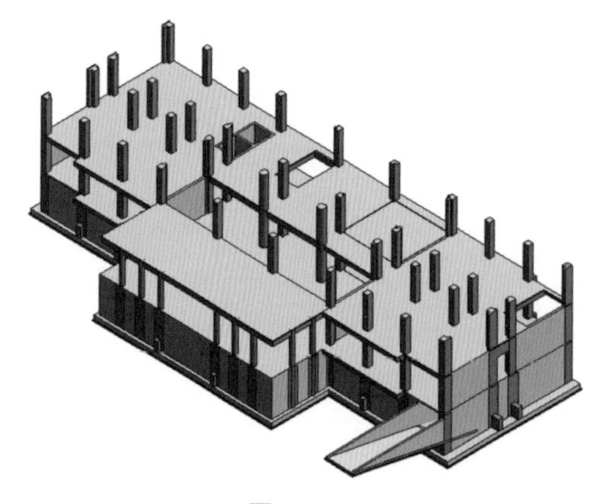

图 2.1-71

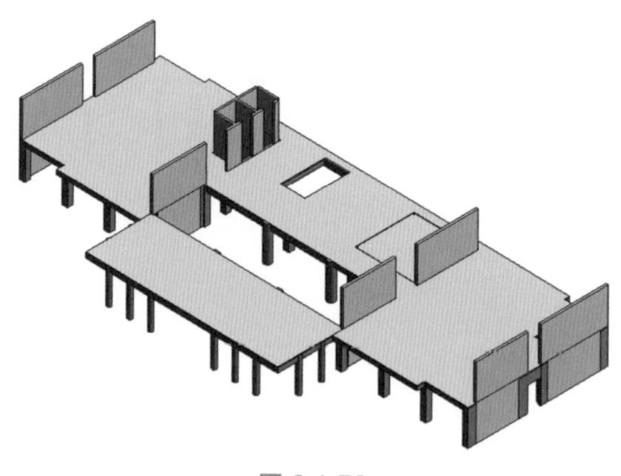

图 2.1-72

单击临时隐藏图元，选择“重设临时隐藏 / 隔离”。取消图元临时隐藏，效果图如图 2.1-73。

（3）3 F 7.700 ~ 机房层 15.500 结构主体　自 7.700 标高以上的结构主体混凝土均选用 C25，所以在选择构件族的时候，要对应选择混凝土强度等级为 C25 的族。

打开 3F 楼层平面，绘制如下梁布置图的 3F 结构梁。选择“BM_ 现浇混凝土矩形梁 -C25 KL4（7）250 × 650”在Ⓑ轴上①～⑦间绘制。设置放置标高为 3F 顶对齐。如图 2.1-74、图 2.1-75 所示。

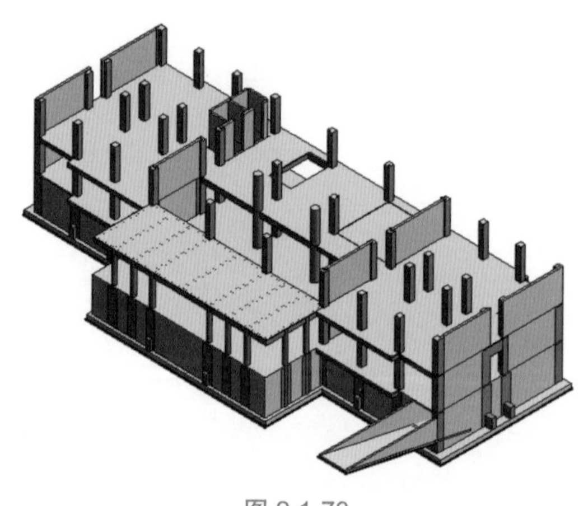

图 2.1-73

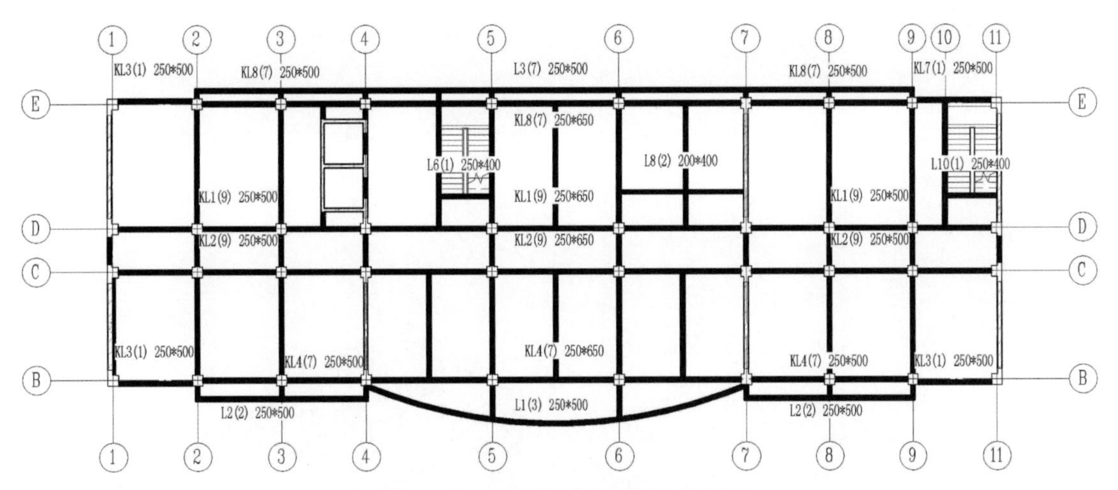

图 2.1-74　3F 梁平面布置图（横向）

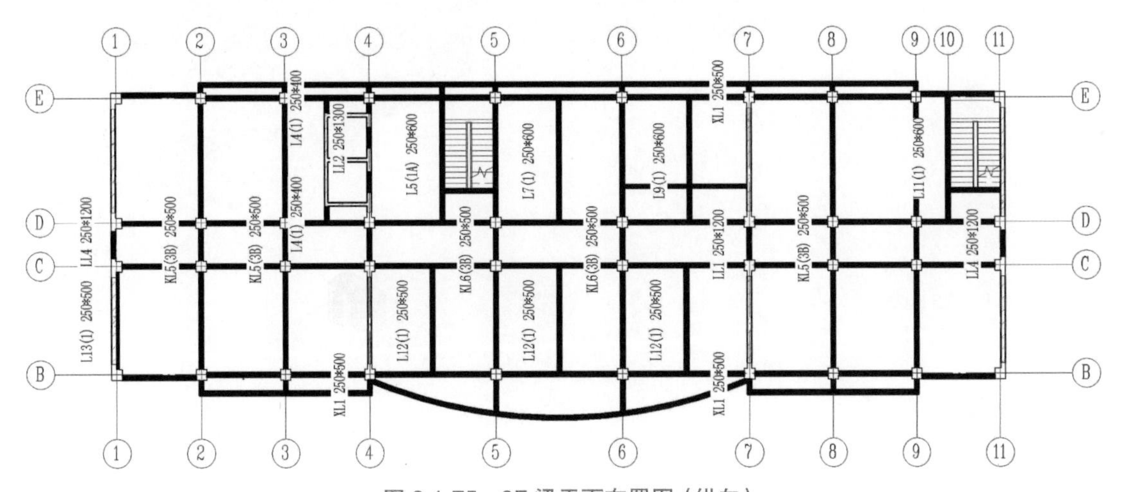

图 2.1-75　3F 梁平面布置图（纵向）

其中Ⓑ轴外④轴～⑦轴间弧形梁绘制如下：在 B 轴以外 2415 处绘制一条参照平面 aa，单击建筑选项卡下“参照平面”，选择绘制线的方式在距Ⓑ轴以外 2415 处④轴～⑦轴绘制横向参照平面；在Ⓑ轴附近⑤轴～⑥轴中间绘制一条参照线 bb，使 aa 和 bb 相交。如图 2.1-76、图 2.1-77 所示。

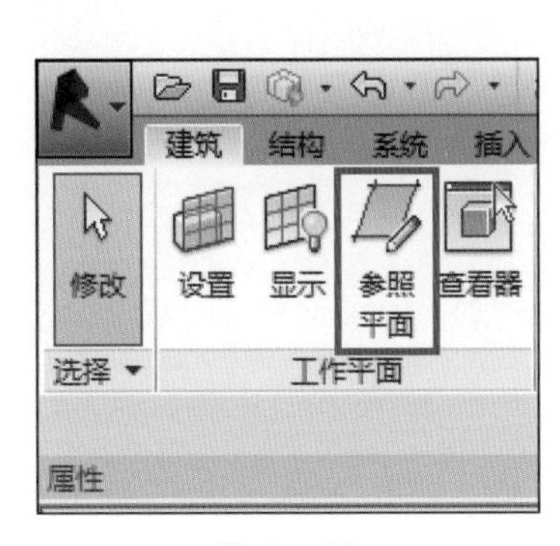

图 2.1-76

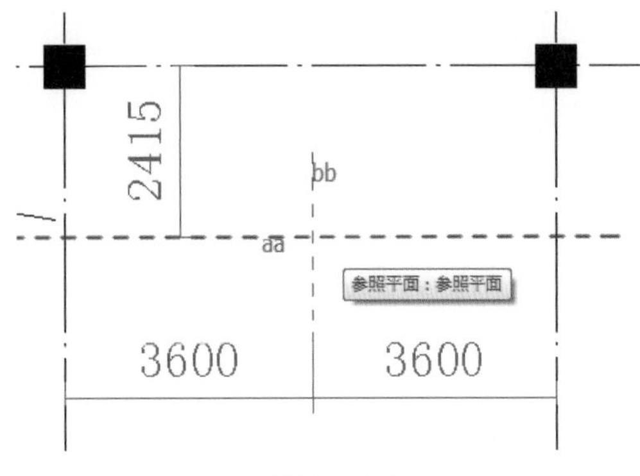

图 2.1-77

单击“结构”>“梁”，选择L1（3）250×500，设置放置标高为3F。在绘制选项卡下选择起点终点半径弧的绘制方式，依次点击④轴Ⓑ轴处结构柱下边界与④轴的交点，⑦轴Ⓑ轴交点处结构柱下边界与⑦轴的交点，及参照线aa与bb交点。如图2.1-78所示。

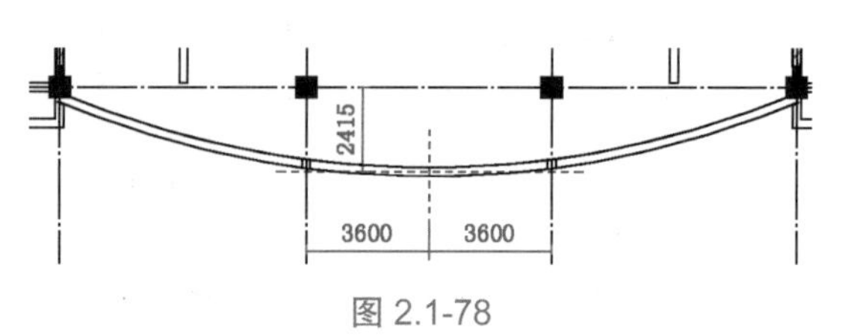

图2.1-78

绘制完成后打开三维视图，可看到如图2.1-79所示的效果。

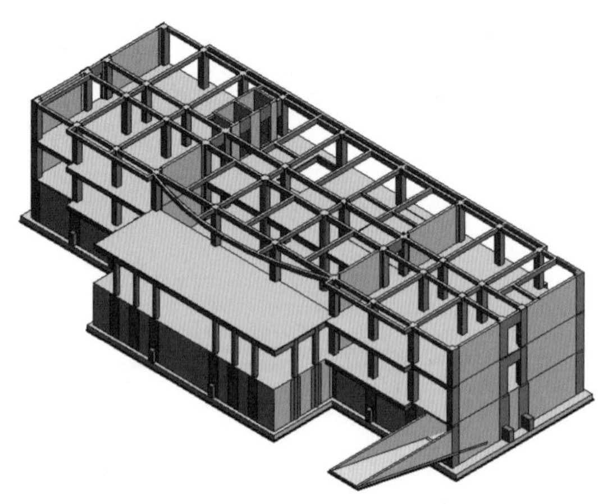
图2.1-79

绘制7.700标高3F处楼板。打开结构建模,3F楼层平面，在“结构”>“梁”选项卡下，选择“有梁板-现浇混凝土C25-120厚”，参照3F板布置平面图绘制楼板轮廓。详细尺寸见7.800 3F楼板平面图。如图2.1-80所示。

绘制3F 7.700 ~ 4F 11.600处结构柱。打开3F楼层平面视图，单击“结构”选项卡>“柱”，选择混凝土强度等级为C25的结构柱，参照7.700 ~ 11.600结构柱平面布置图，选择相应结构柱放置在结构建模3F平面。如图2.1-81所示。

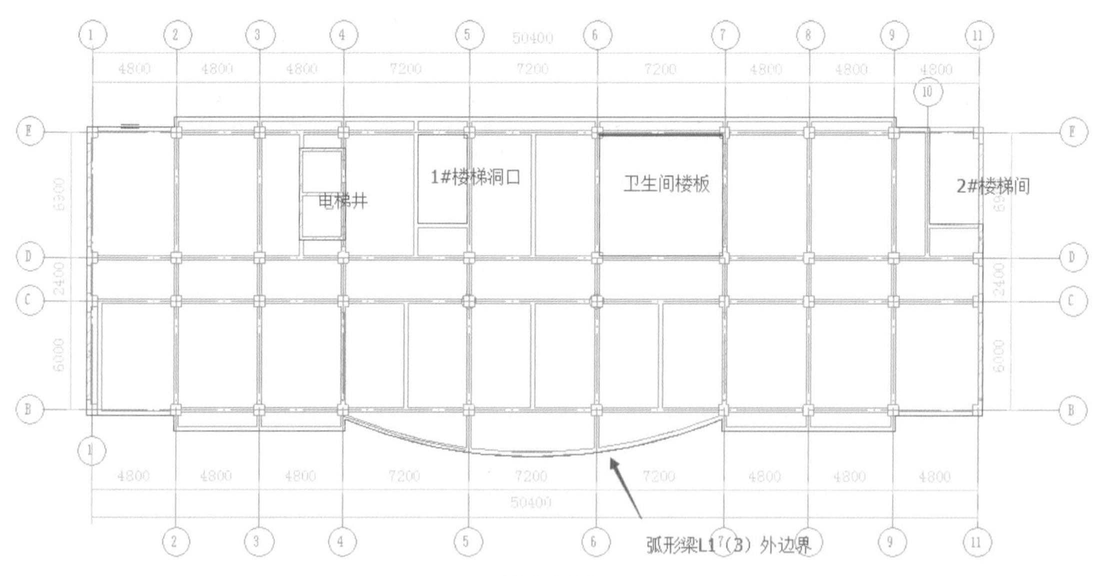

图2.1-80

在3F楼层平面绘制3F 7.700 ~ 4F 11.600结构剪力墙，选择“基墙-钢筋混凝土C25-250厚”。具体尺寸和位置见7.700 ~ 11.600结构剪力墙柱平面布置图，如表2.1-3所示。

绘制完成后打开三为视图，可以看到如图2.1-82所示的完成效果。

绘制4F11.600 ~机房层15.500结构剪力墙，梁，板，柱。因为4F11.600标高处，机房层15.500标高处结构梁板墙柱是一样的。可以通过复制的方式快速完成模型的搭建。

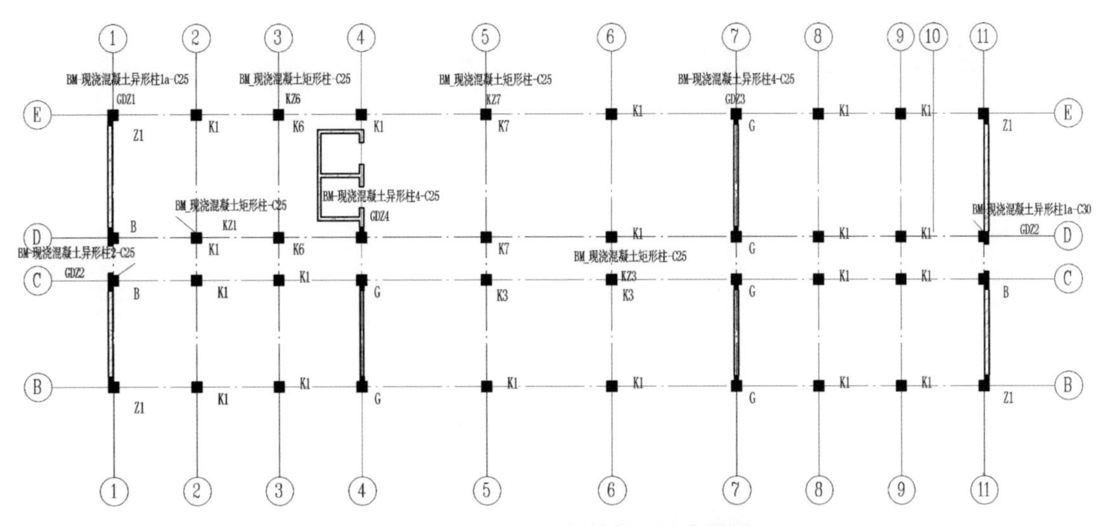

图 2.1-81　3F、4F 结构柱平面布置图

表 2.1-3　3F、4F 结构柱类型

结构柱族	结构柱类型	代号
BM_ 现浇混凝土矩形柱 -C25	KZ1	K1
BM_ 现浇混凝土圆形柱 -C25	KZ2	K2
BM_ 现浇混凝土圆形柱 -C25	KZ6	K6
BM_ 现浇混凝土圆形柱 -C25	KZ7	K7
BM_ 现浇混凝土异形柱 1a-C25	GDZ1	A1
BM_ 现浇混凝土异形柱 2-C25	GDZ2	B
BM_ 现浇混凝土异形柱 3-C25	GDZ3	C
BM_ 现浇混凝土异形柱 3a-C25	GDZ3a	C1

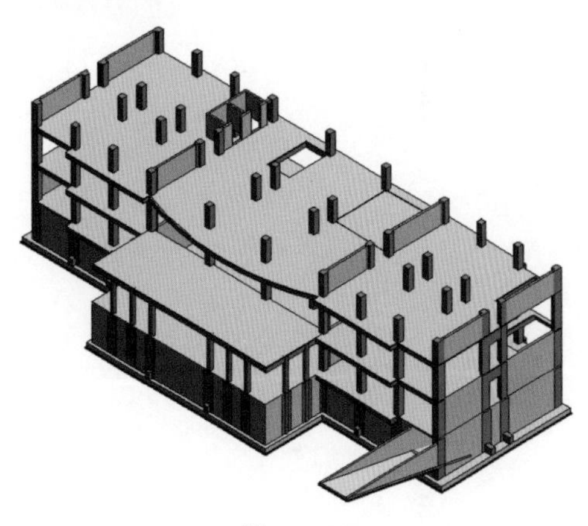

图 2.1-82

打开三维视图，使用 Viewcube 定位到前立面，框选 3F 处结构框架梁、板，使用过滤器选择楼板和结构框架。点击修改选项卡下“复制到粘贴板命令 ”，点击粘贴下拉箭头，选择与选定的标高对齐，选择 4F、机房层。

用同样的方式，选择 3F 结构柱、剪力墙，复制到 4F、机房层。如图 2.1-83 ~ 图 2.1-85 所示。

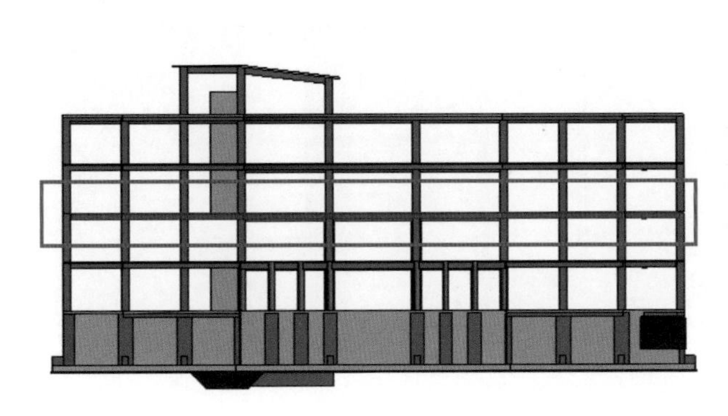

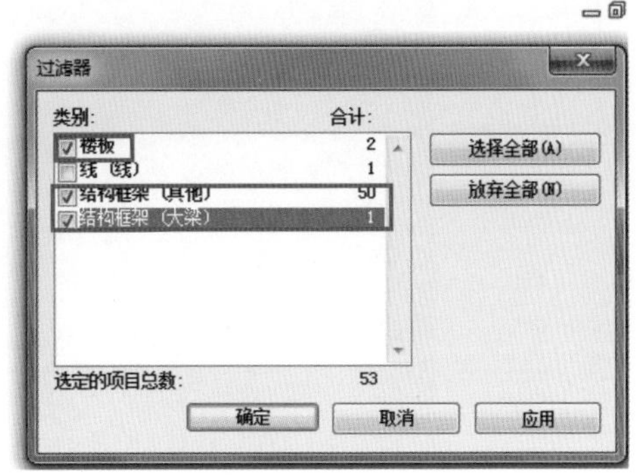

图 2.1-83

图 2.1-84

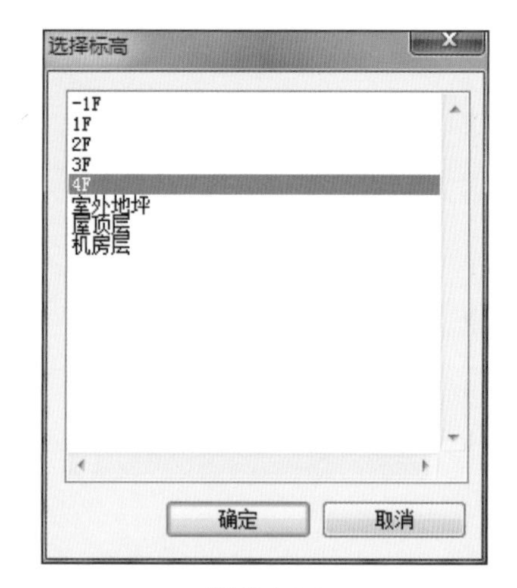

图 2.1-85

完成之后，点击 Viewcube 主视图，可以看到如图 2.1-86 所示的三维效果。

其中机房层①轴上Ⓒ轴Ⓓ轴间，⑪轴上Ⓒ轴Ⓓ轴间 LL4 250×1200 替换成 LL4 250×600。机房层电梯间处 LL2 250×1300 替换成 LL2 250×3100。

至此，3F7.700 ~ 机房层 15.500 处主体结构搭建完成。

（4）屋顶层　打开 4F 平面视图，选中Ⓔ轴与③、④、⑤轴及Ⓓ轴与③、④、⑤轴交点处的结构柱，单击“修改” > “剪贴板” > “复制到剪贴板”复制轴网，单击“修改” > “剪贴板” > “粘贴” > “与选定标高对齐”，在弹出的对话框中选择“屋顶层”。如图 2.1-87 所示。

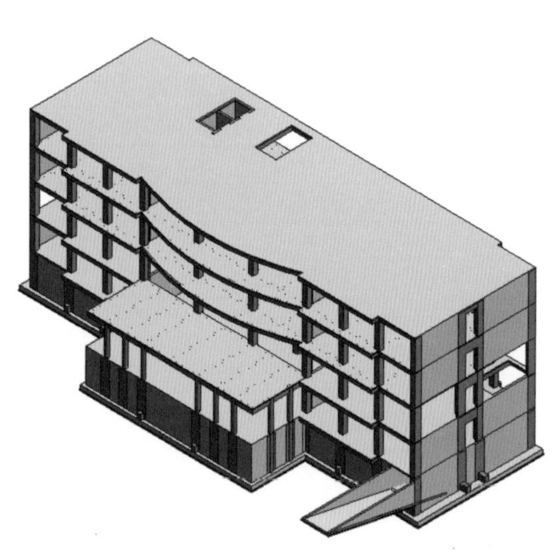

图 2.1-86

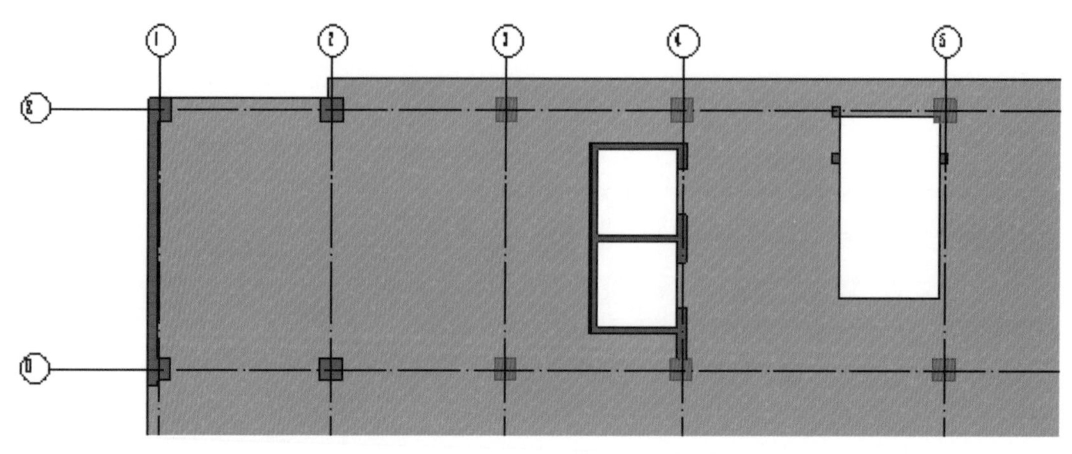

(a)

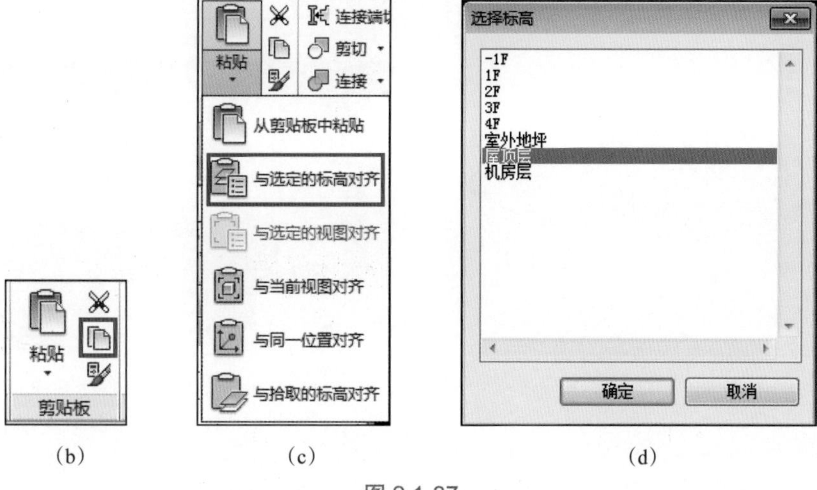

（b） （c） （d）

图 2.1-87

分别在③轴左侧 900、Ⓔ轴上方 850、Ⓓ轴下方 600、⑤轴右侧 900 处绘制参照平面。如图 2.1-88 所示。

单击“结构”>“楼板” 命令，新建类型“有梁板 - 现浇混凝土 C25-150 厚”，绘制如图 2.1-89 所示楼板轮廓。

绘制完成后单击“完成”命令 。重复楼板绘制命令，继续绘制如图 2.1-90 所示楼板。

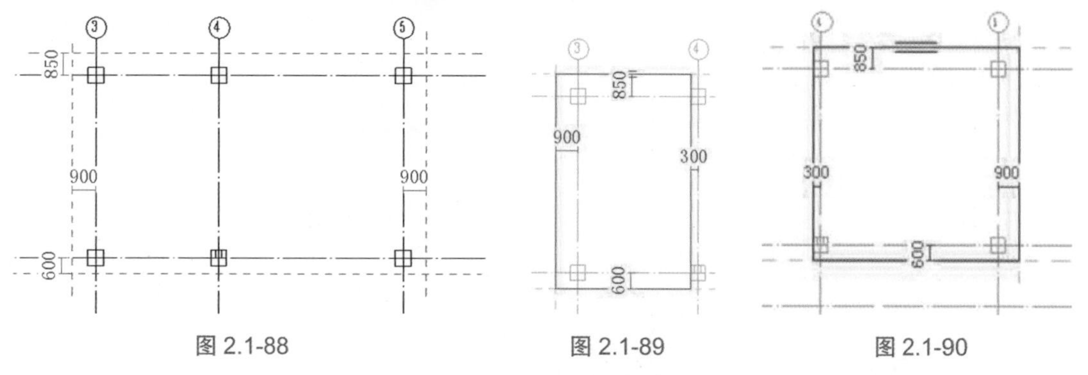

图 2.1-88 图 2.1-89 图 2.1-90

完成绘制后，进入三维视图中，选择刚刚绘制的楼板，单击上下文选项卡“修改”>“形状编辑”>“修改子图元”

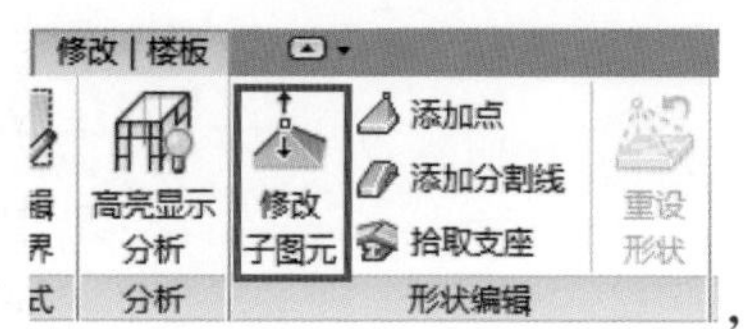

，选择如图 2.1-91 所示的编辑点，单击拉伸柄右侧的数值并输入 –1000。

用同样的方式将北侧另一个编辑点标高调整为 –1000，完成后效果如图 2.1-92 所示。

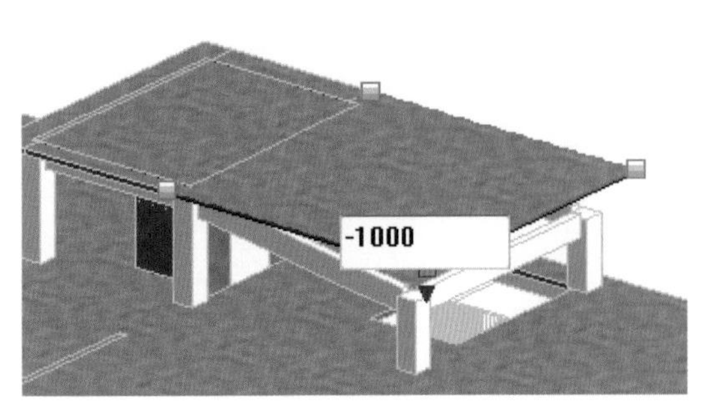

图 2.1-91

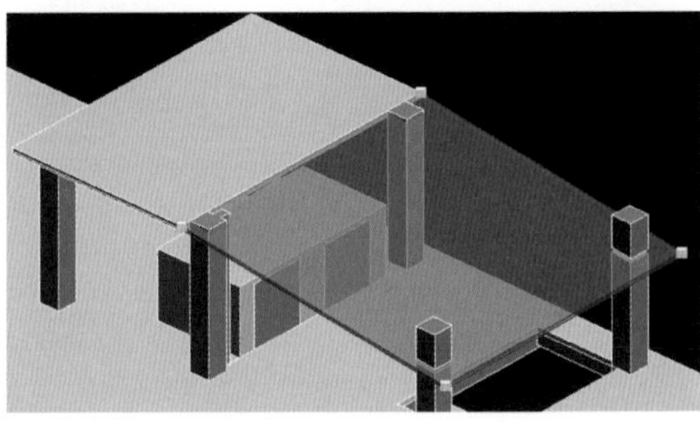

图 2.1-92

进入屋顶层平面图，选择④号轴线和⑤号轴线上四根结构柱，单击上下文选项卡“修改”>“附着顶部/底部”命令，在选项栏中设置，如图 2.1-93 单击④轴、⑤轴之间的楼板，完成附着，效果如图 2.1-94 所示。

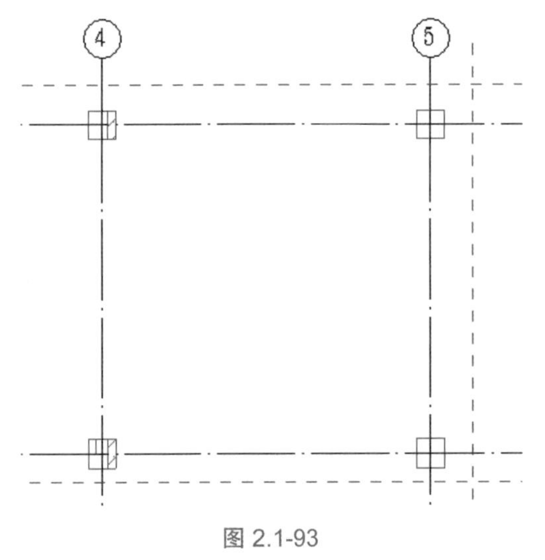

图 2.1-93

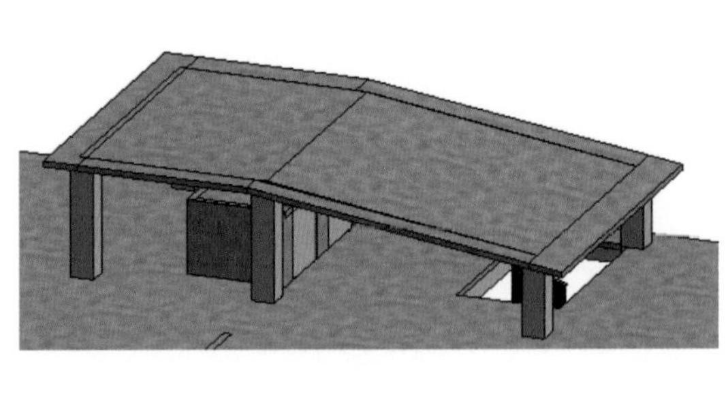

图 2.1-94

进入屋顶层平面图，单击“结构”>“梁”，在类型属性面板中新建类型“WKL1（2）250×600”，绘制Ⓓ、Ⓔ轴上③轴、④轴之间的梁。如图 2.1-95 所示。

单击“建筑”>“工作平面”>“参照平面”，将选项栏中偏移量改为 –300，沿着③轴绘制一条参照平面。如图 2.1-96 所示。

新建类型“WKL2（1）250×600”③、④、⑤轴上Ⓓ、Ⓔ轴之间的梁。如图 2.1-97 所示。

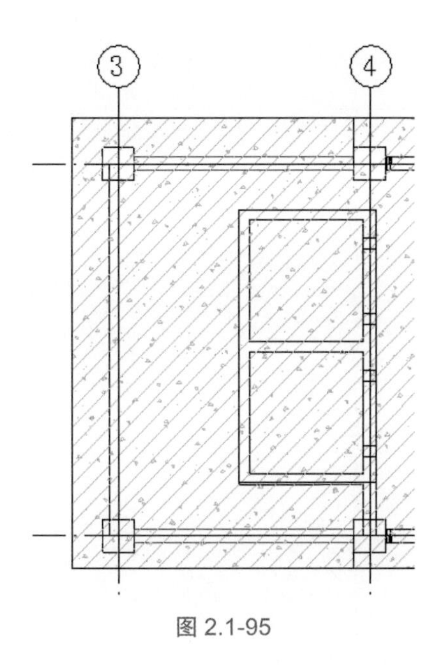

图 2.1-95

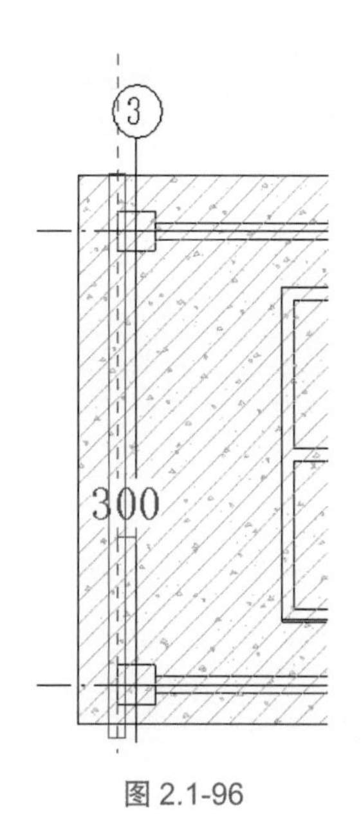

图 2.1-96

单击“修改”>“对齐”命令，将③轴上的梁左边缘线与参照平面对齐。如图 2.1-98 所示。

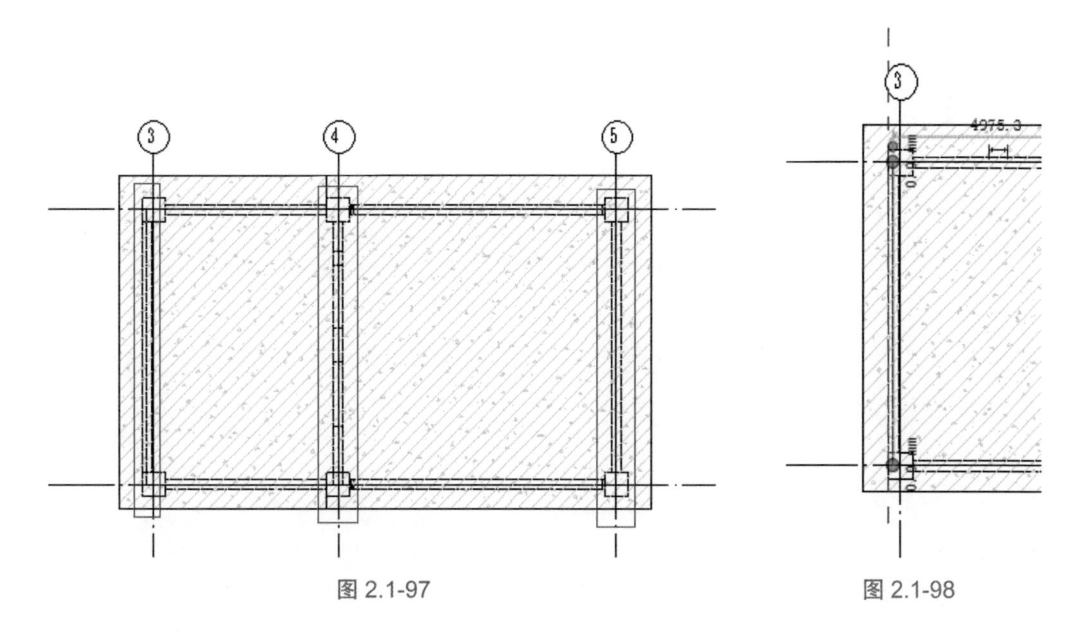

图 2.1-97

图 2.1-98

选择④轴上的梁，并将属性栏中“顶部标高偏移”和“底部标高偏移”都改为 –60。如图 2.1-99 所示。

选择⑤轴上的梁，并将属性栏中“顶部标高偏移”和“底部标高偏移”都改为 –1000。如图 2.1-100 所示。

图 2.1-99

图 2.1-100

进入三维视图中，单击“结构”>“结构”>“梁系统”命令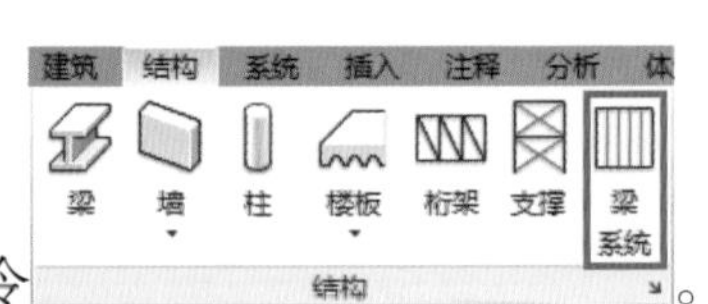

。

单击上下文选项卡“修改”>“工作平面”>“设置”命令，选择“拾取一个平面”，并用tab键切换拾取，如图 2.1-101 所示楼板下表面。

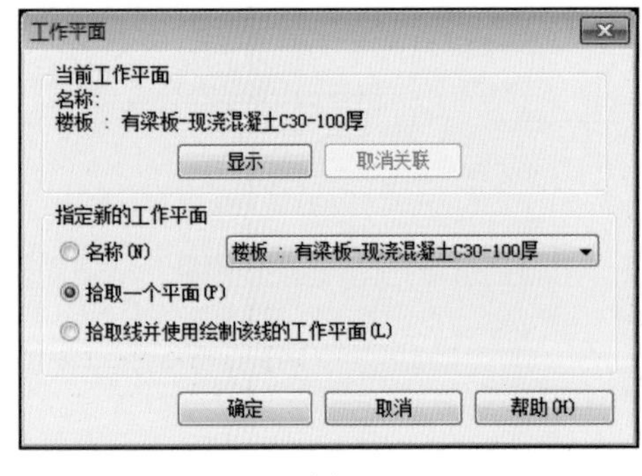

(a)

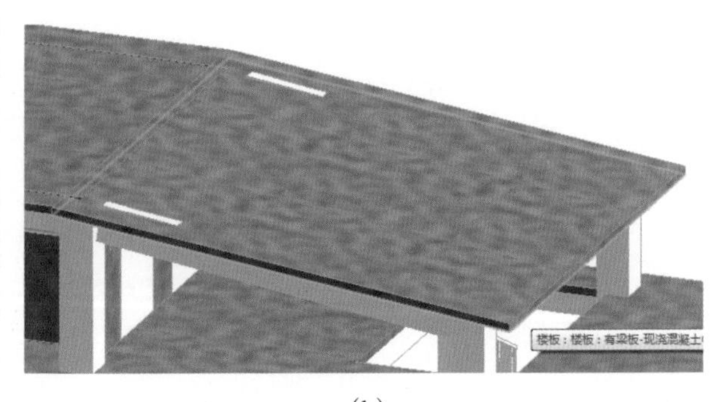

(b)

图 2.1-101

进入屋顶层平面图，绘制如图 2.1-102 所示轮廓。

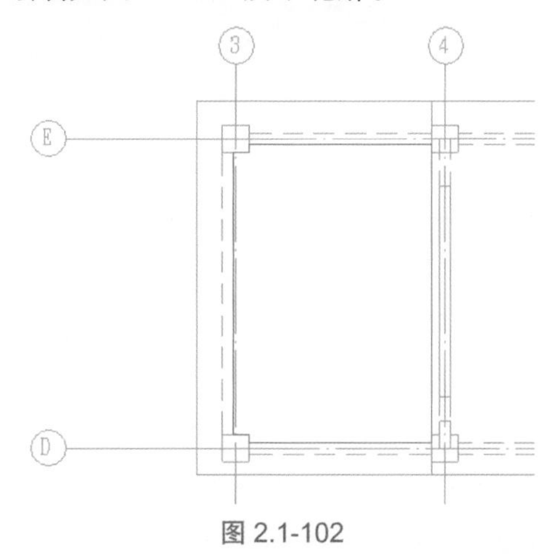

图 2.1-102

单击“修改”>“绘制”>“梁方向”>“拾取”命令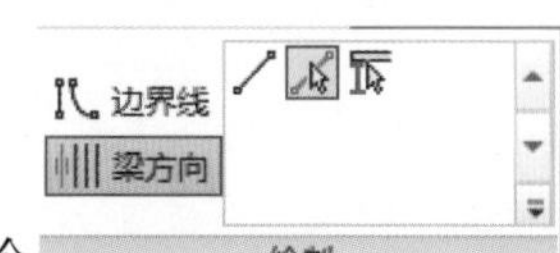

，拾取Ⓓ轴上方梁系统轮廓线，如图 2.1-103 所示。

在“属性”面板中将“布局规则”改为“固定数量”，“线数”改为 2。如图 2.1-104 所示。

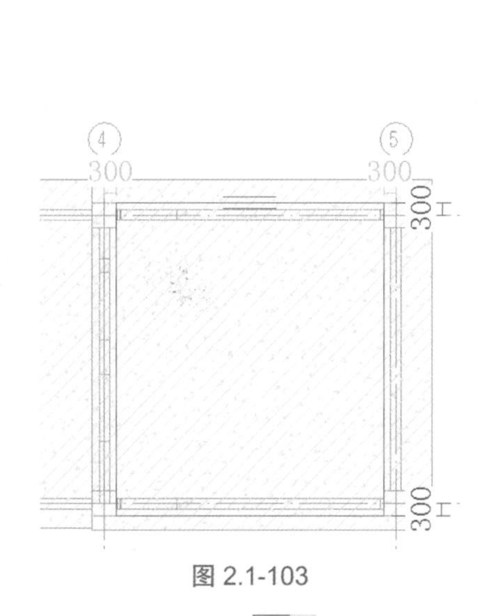

图 2.1-103

属性	
结构梁系统 结构框架系统	
结构梁系统	编辑类型
限制条件	
3D	☑
工作平面	楼板：有梁板-现...
文字	
监理单位	
安装位置	
填充图案	
布局规则	固定数量
线数	2
中心线间距	
对正	中心
梁类型	BM_现浇混凝...
标识数据	
在视图中标记新...	楼层平面: 屋...
注释	
标记	
阶段化	
创建的阶段	新构造
拆除的阶段	无

图 2.1-104

单击“完成”命令 模式 完成梁系统的绘制，进入三维视图中，选择刚刚绘制的梁系统，单击“修改”>“删除梁系统”命令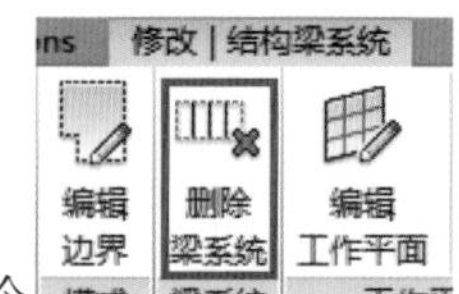

，此时梁系统被删除，但所绘制的梁并没有被删除。

进入屋顶层平面图，单击“修改”>“对齐”命令，将两根梁分别与Ⓓ轴、Ⓔ轴的结构柱外表面对齐，如图 2.1-105 所示。

至此结构模型绘制完成，保存文件。

（5）结构：楼梯　进入 1F 平面视图中，单击“建筑”>“工作平面”>“参照平面”命令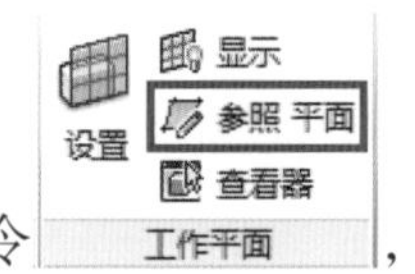

，在选项栏中将“偏移量”改为 –750，沿着⑤轴线绘制参照平面。如图 2.1-106 所示。

用同样的方法绘制出⑤轴左侧距离为 2250 和Ⓔ轴下方距离为 1400 的参照平面，效果如图 2.1-107 所示。

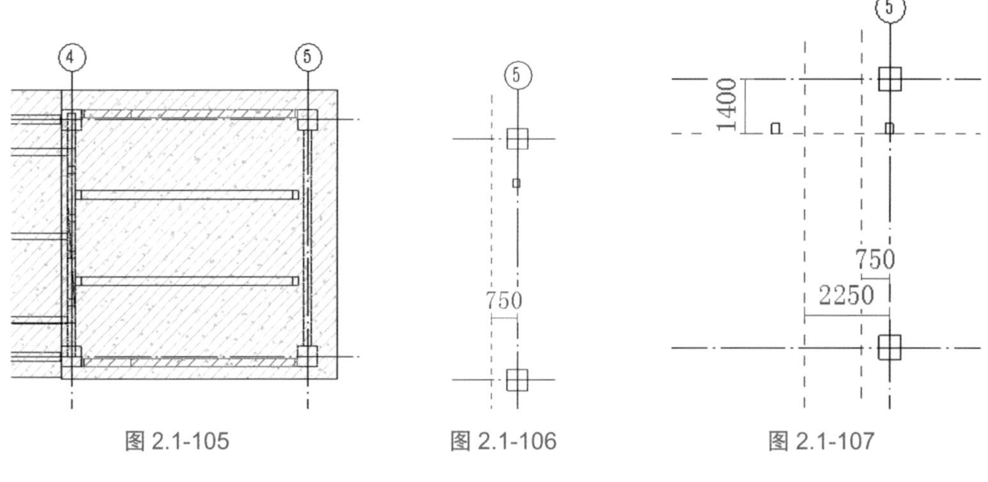

图 2.1-105　　图 2.1-106　　图 2.1-107

单击“建筑”>“楼梯坡道”>“楼梯”>“楼梯（按构件）”命令，开始绘制楼梯。

在“属性”中将“实际梯段宽度”改为 1300，将“实际踏板深度”改为 300。如图 2.1-108 所示。

单击“属性”面板 >“编辑类型”，将“最大踢面高度”改为 150，“最小踏板深度”改为 300。如图 2.1-109 所示。

图 2.1-108

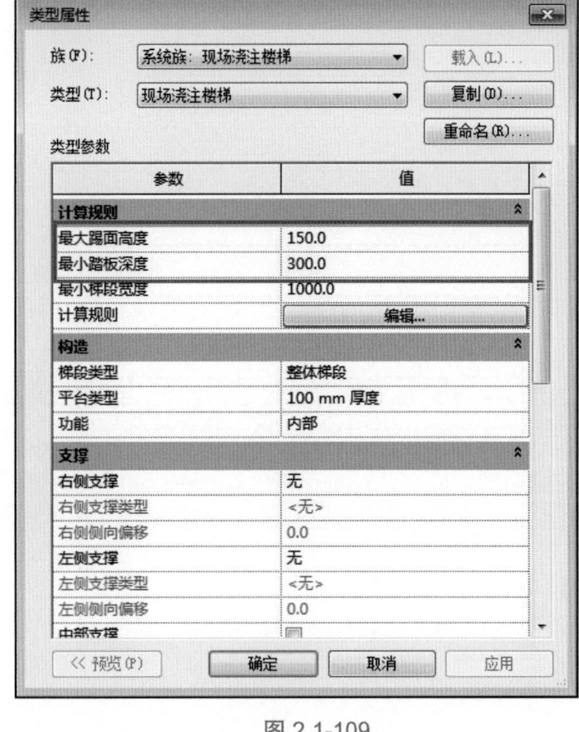

图 2.1-109

单击最左侧参照平面与梁的上表面交点作为第一跑起点，垂直向上移动光标，移动到最左侧参照平面与水平参照平面交点时，单击鼠标左键捕捉该点作为第一跑终点，水平向右移动鼠标到右侧参照平面与水平参照平面交点，单击鼠标左键作为第二跑起点，垂直向下移动鼠标到右侧参照平面与梁上表面交点，单击鼠标左键作为第二跑终点，按“Esc”键结束绘制命令。如图 2.1-110、图 2.1-111 所示。

单击“修改”>“模式”>“完成”命令 模式 完成绘制。

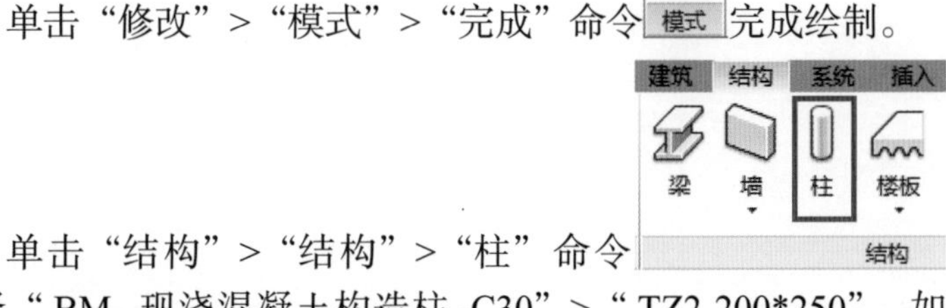

单击“结构”>“结构”>“柱”命令选择“BM_现浇混凝土构造柱-C30”>“TZ2 200*250”。如图 2.1-112 所示。

在选项栏中将绘制方式改为“高度”，顶部标高改为“未连接”，并输入数值 1950 高度: 未连接 1950.0 房间边界。

放置构造柱后单击“修改”>“移动”

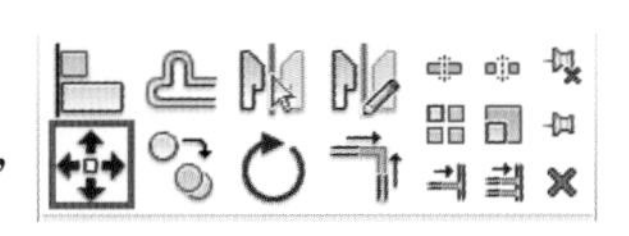

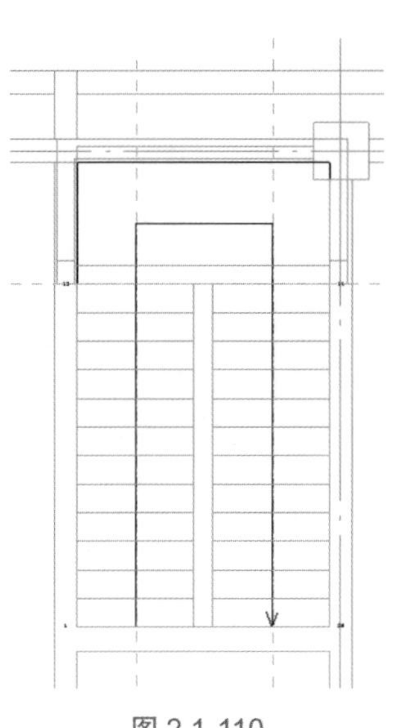

图 2.1-110

命令，将该构造柱移动至如图 2.1-113 所示的位置。

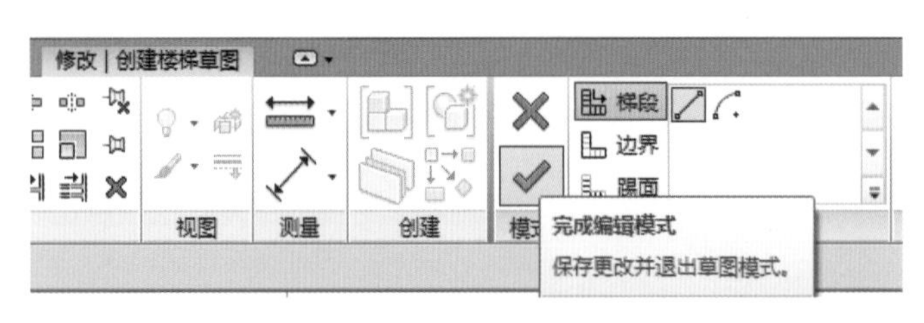

图 2.1-111

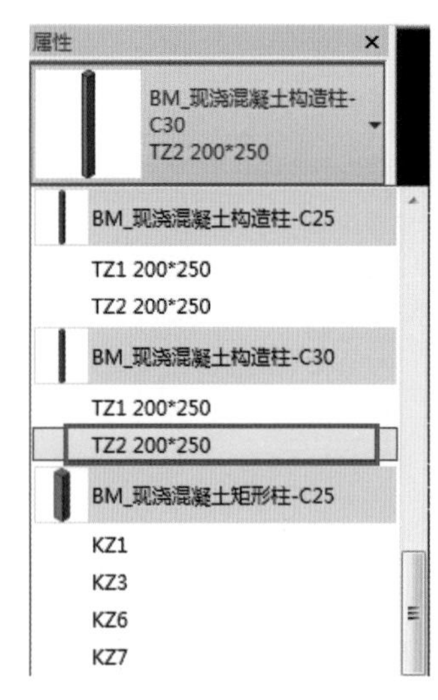

图 2.1-112

用同样的方法绘制如图 2.1-114 所示的两根结构柱“BM_现浇混凝土构造柱-C30”>“TZ1 200×250”。

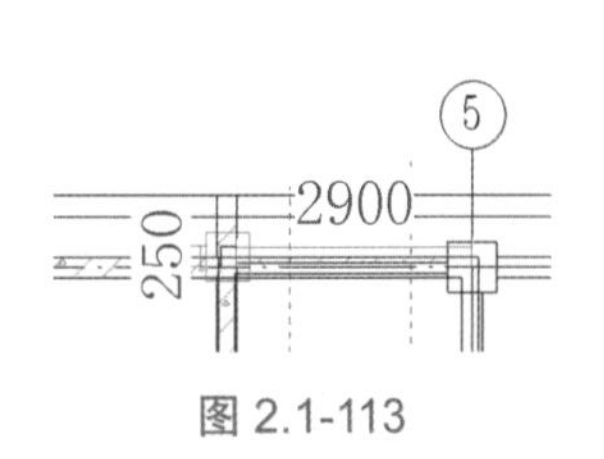

图 2.1-113

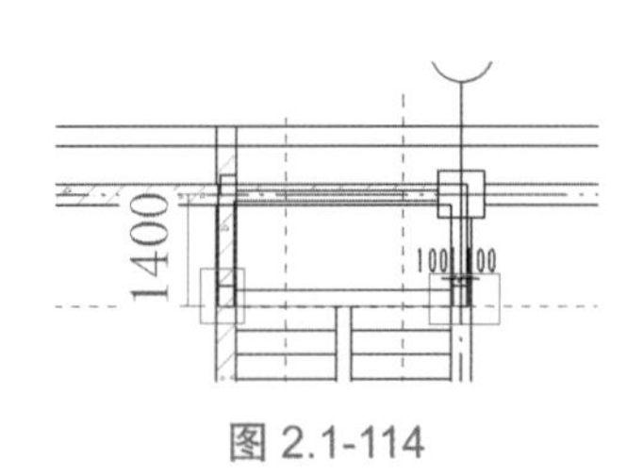

图 2.1-114

单击“结构”>“梁”命令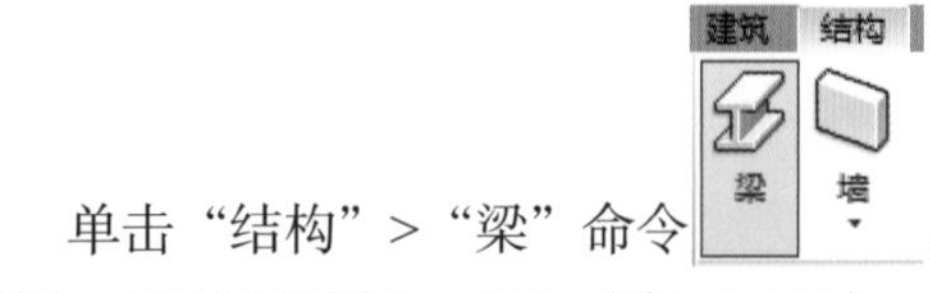，在“属性”面板中选择“BM_现浇混凝凝土矩形梁·C30”(见图 2.1-115，图 2.1-116)。

绘制如图 2.1-117 所示的梯梁。

用同样的方法绘制水平方向梯梁“BM_现浇混凝凝土矩形梁-C30”>“TL-1（1）200×400”，用移动命令将其表面分别与接触的结构柱表面对齐，如图 2.1-118 所示。

进入三维视图中，选中楼梯构件靠近构造柱一侧的栏杆，按“Delete”键删除栏杆。

选择楼梯中间的栏杆，单击“修改”>“编辑路径”命令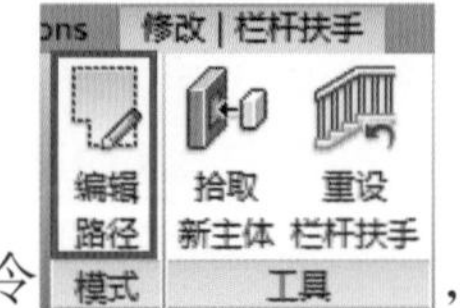，进入 1F 视图中用移动命令将如图 2.1-119 所示栏杆草图线向下移动 500，单击“完成”，完成修改。

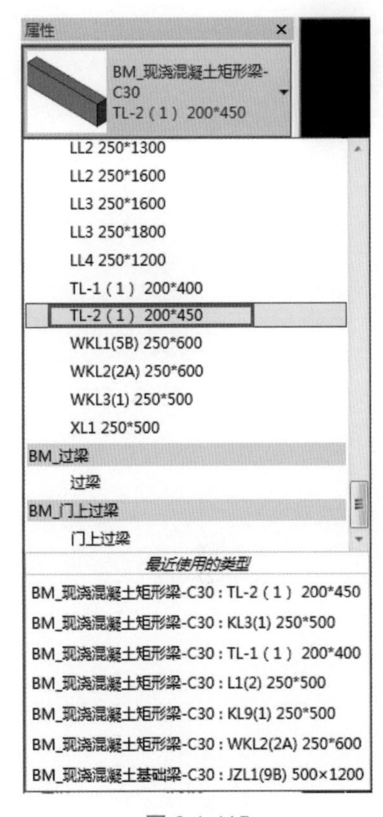

图 2.1-115

图 2.1-116

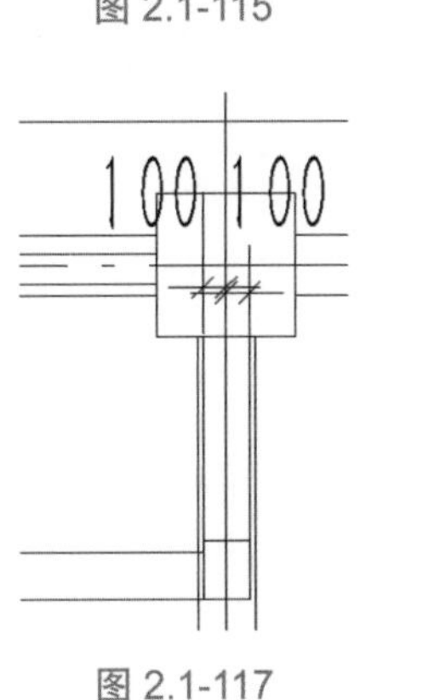

图 2.1-117

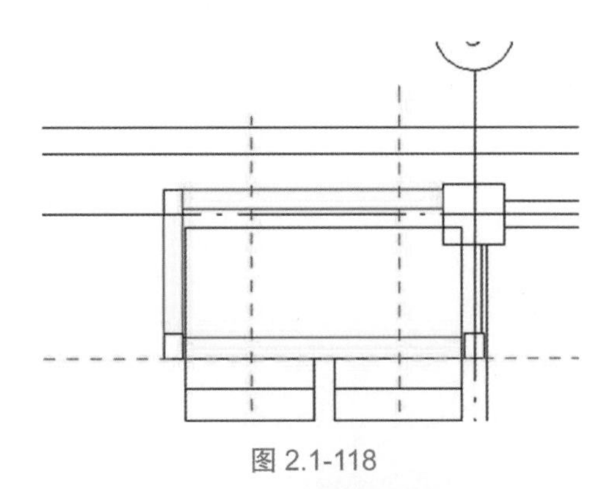

图 2.1-118

选择绘制的楼梯，单击“修改”>“编辑”>“编辑楼梯”命令，进入楼梯编辑界面。

选择楼梯平台，单击“修改”>“工具”>“转换”命令，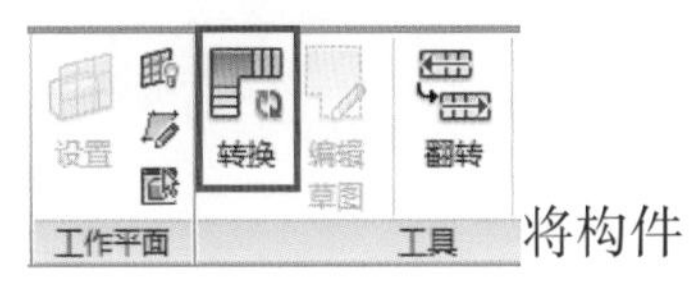将构件平台转换为草图平台，出现提示对话框是单击关闭即可。

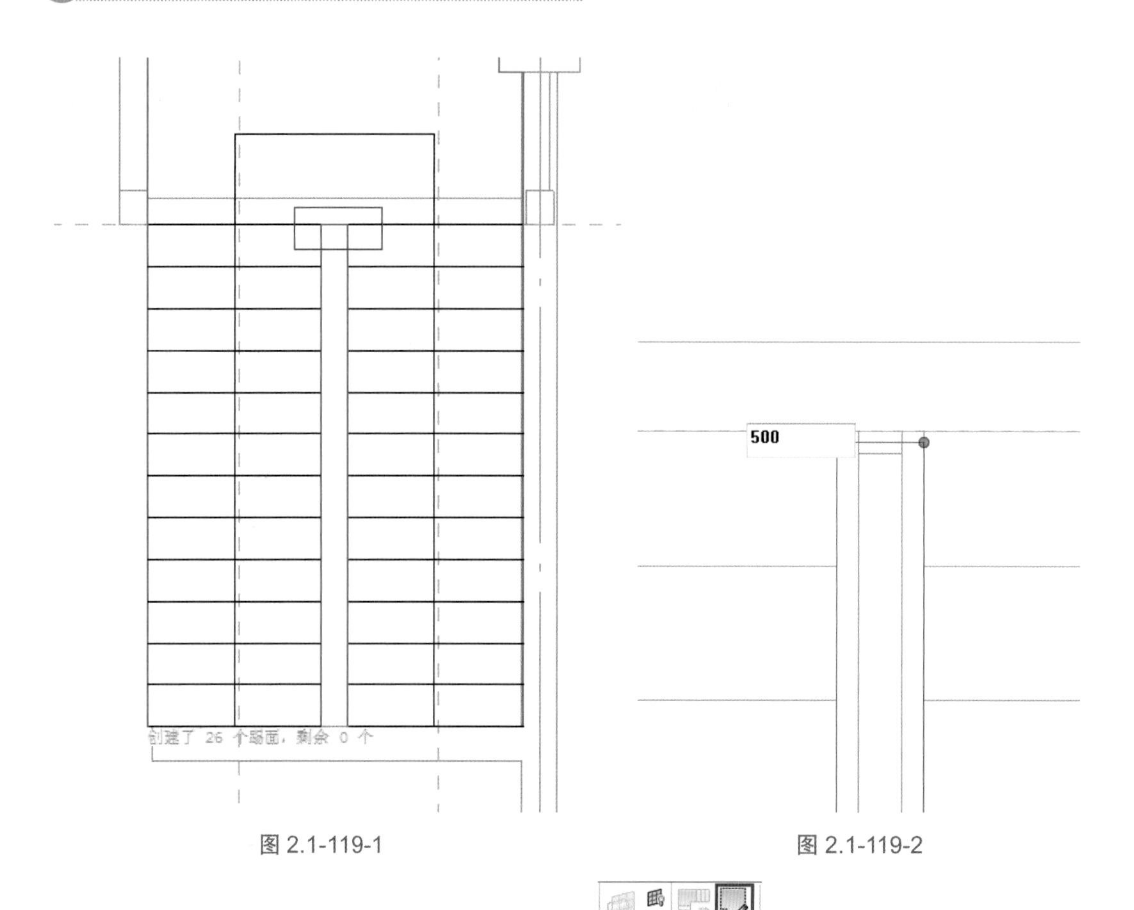

图 2.1-119-1　　　　图 2.1-119-2

单击单击“修改”>“工具”>“编辑草图”命令，进入楼梯平台草图编辑界面。如图 2.1-120、图 2.1-121、图 2.1-122 所示。

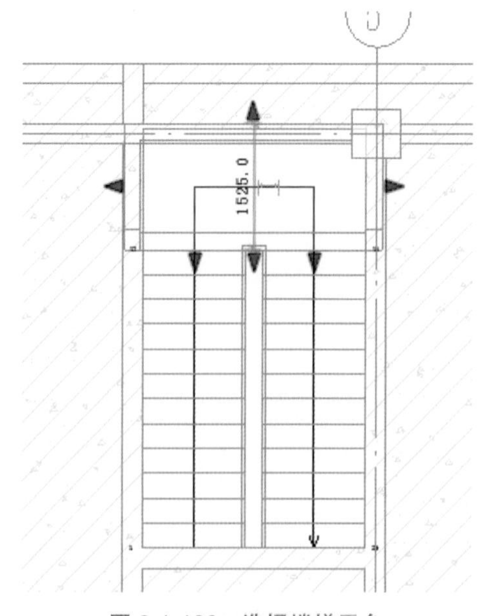

图 2.1-120　选择楼梯平台

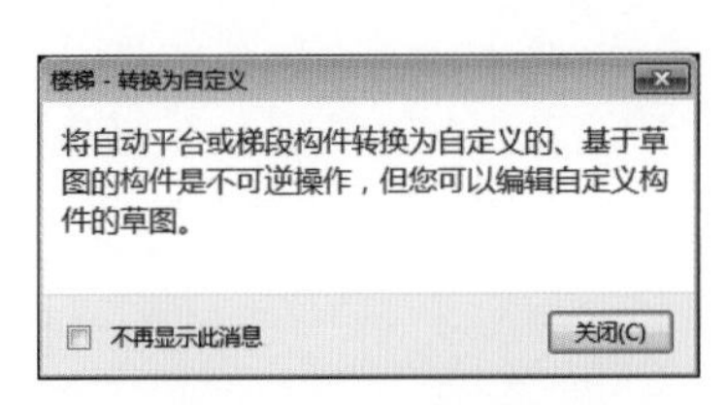

图 2.1-121　转换提示

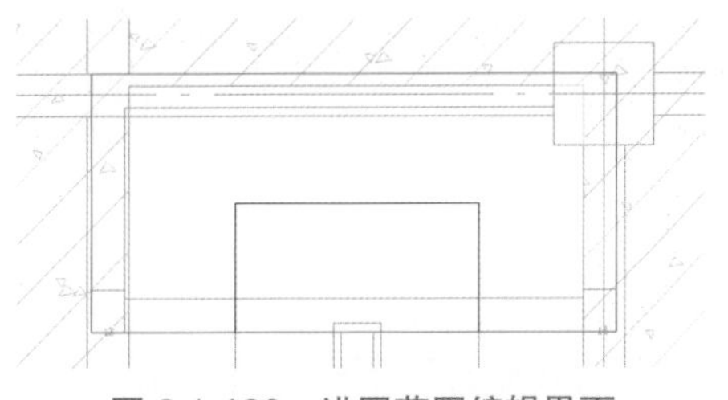

图 2.1-122　进图草图编辑界面

修改楼梯平台草图，如图 2.1-123 所示。

绘制完成后单击“修改”面板“完成”命令，出现警告对话框单击“取消图元连接”即可。如图 2.1-124 所示。

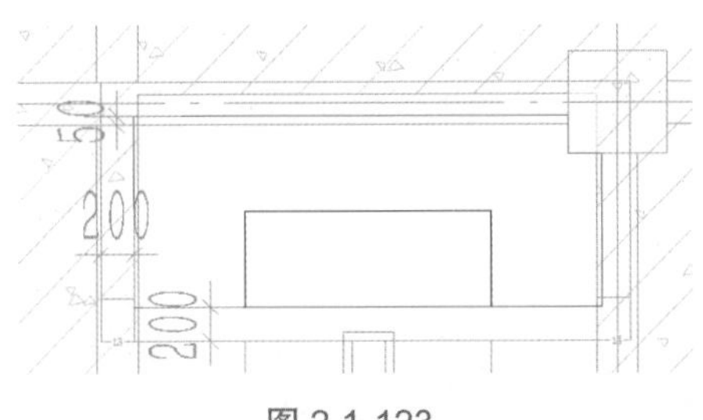

图 2.1-123

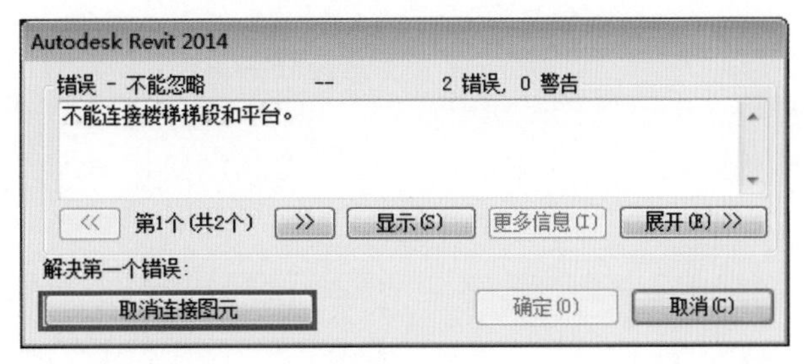

图 2.1-124

再次单击“完成”命令，完成对楼梯的编辑，出现的警告对话框可忽略。

选择楼梯中间栏杆，单击“编辑路径”，将之前移动的草图路径向上移 500，完成编辑。

进入三维视图中，按 ctrl 键选择绘制的 3 根梯柱、4 根梯梁、梯段、平台、栏杆，单击“修改”>“创建”>“创建组”命令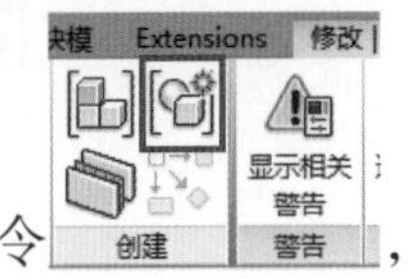，将组名称改为“楼梯 1”，单击确定完成创建。如图 2.1-125 所示。

图 2.1-125-1

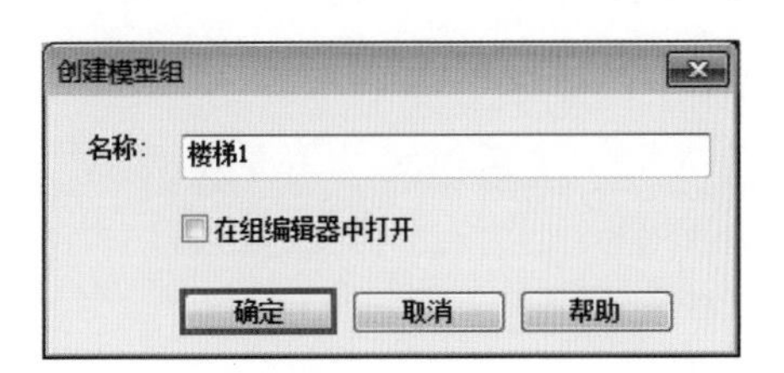

图 2.1-125-2

选择组“楼梯 1”单击“修改”>“复制到剪贴板”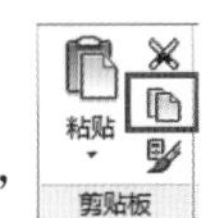，单击“修改”>“粘贴”>“与

选定的标高对齐”，在“选择标高”对话框中按 ctrl 选择 –1F、2F、3F、4F。如图 2.1-126 所示。

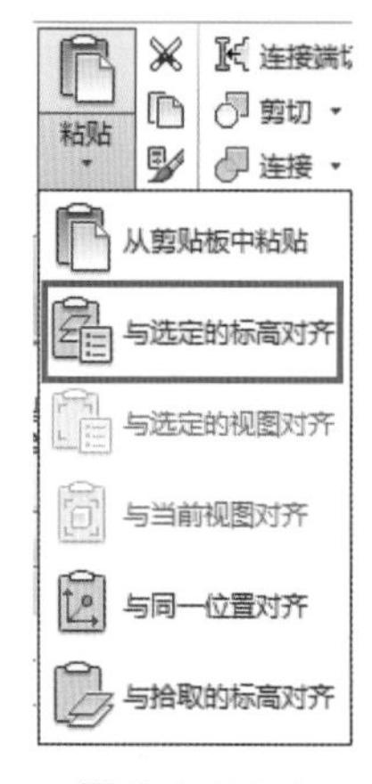

图 2.1-126-1

图 2.1-126-2

如图 2.1-127 在出现警告对话框时选择确定即可，并出现如图 2.1-128 所示的效果图。

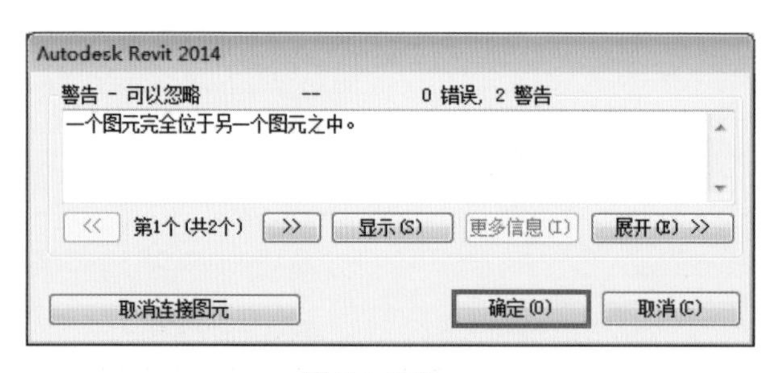

图 2.1-127

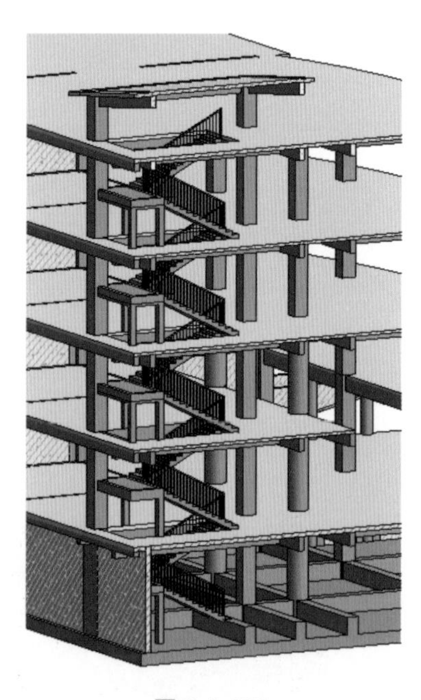

图 2.1-128

进入 –1F 平面视图，选择模型组“楼梯 1”，单击“修改” > “成组” > “解组”命令

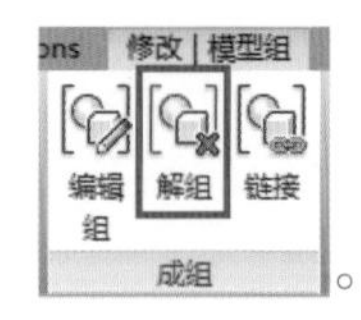

。

利用 tab 键切换选择左上角的梯柱和上方梯梁，Delete 键删除。如图 2.1-129 所示。

进入 1F 视图，选择模型组，单击“修改” > “修改” > “复制”命令，将模型组水平向右复制 2800。

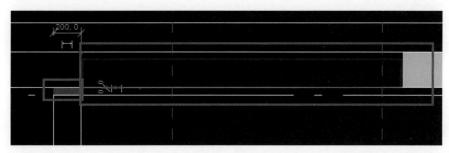

图 2.1-129

选择复制后的模型组，在“属性”面板中单击“类型属性”选择“复制”，新建类型“楼梯 2”。如图 2.1-130 所示。

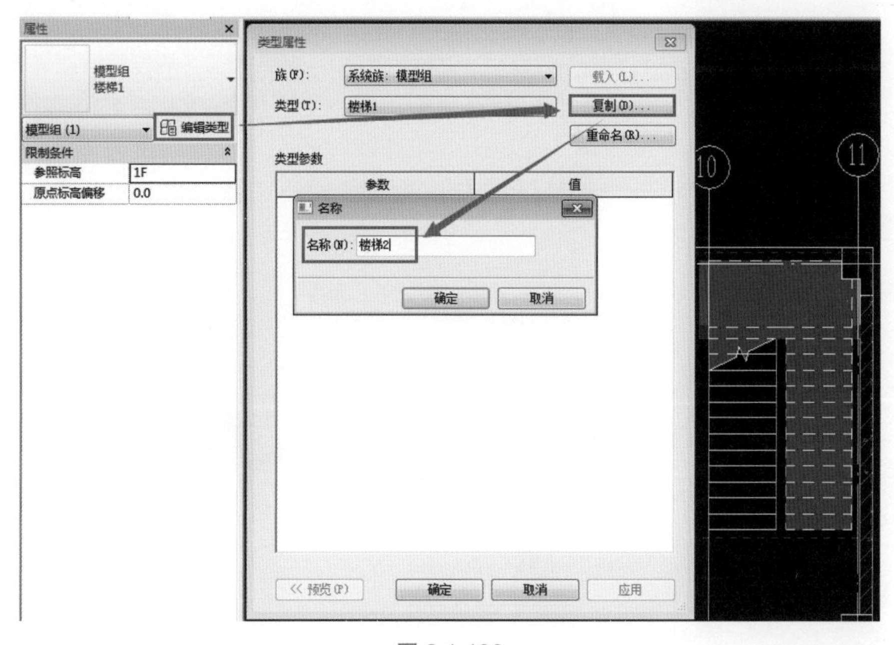

图 2.1-130

选择模型组“楼梯 2”，单击“修改”>“成组”>“编辑组”命令，进入组编辑界面。

选择模型组中右侧梯柱和梯梁，Delete 键删除。如图 2.1-131 所示。

选择左上角梯柱和上方梯梁，单击“移动”命令将其上表面移动至Ⓔ轴处。如图 2.1-132 所示。

选择楼梯构件，单击“编辑楼梯”进入楼梯编辑界面，选择楼梯右侧梯段，拖拽梯段右侧的拉伸柄，将梯段右侧边界拖拽至墙体左侧边界线处。如图 2.1-133 所示。

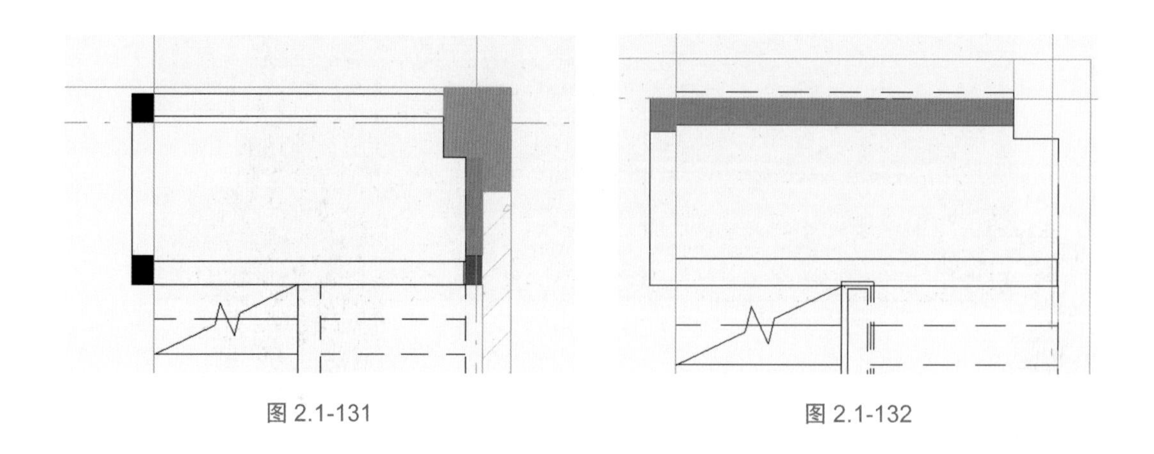

图 2.1-131　　图 2.1-132

选择楼梯平台，单击“编辑草图”命令（编辑草图），进入草图编辑界面，单击“对齐”命令将右侧轮廓线对齐至墙体左侧边缘线处，上方轮廓线对齐至上方梯梁下边缘线处。单击两次“完成”命令完成编辑。如图 2.1-134 所示。

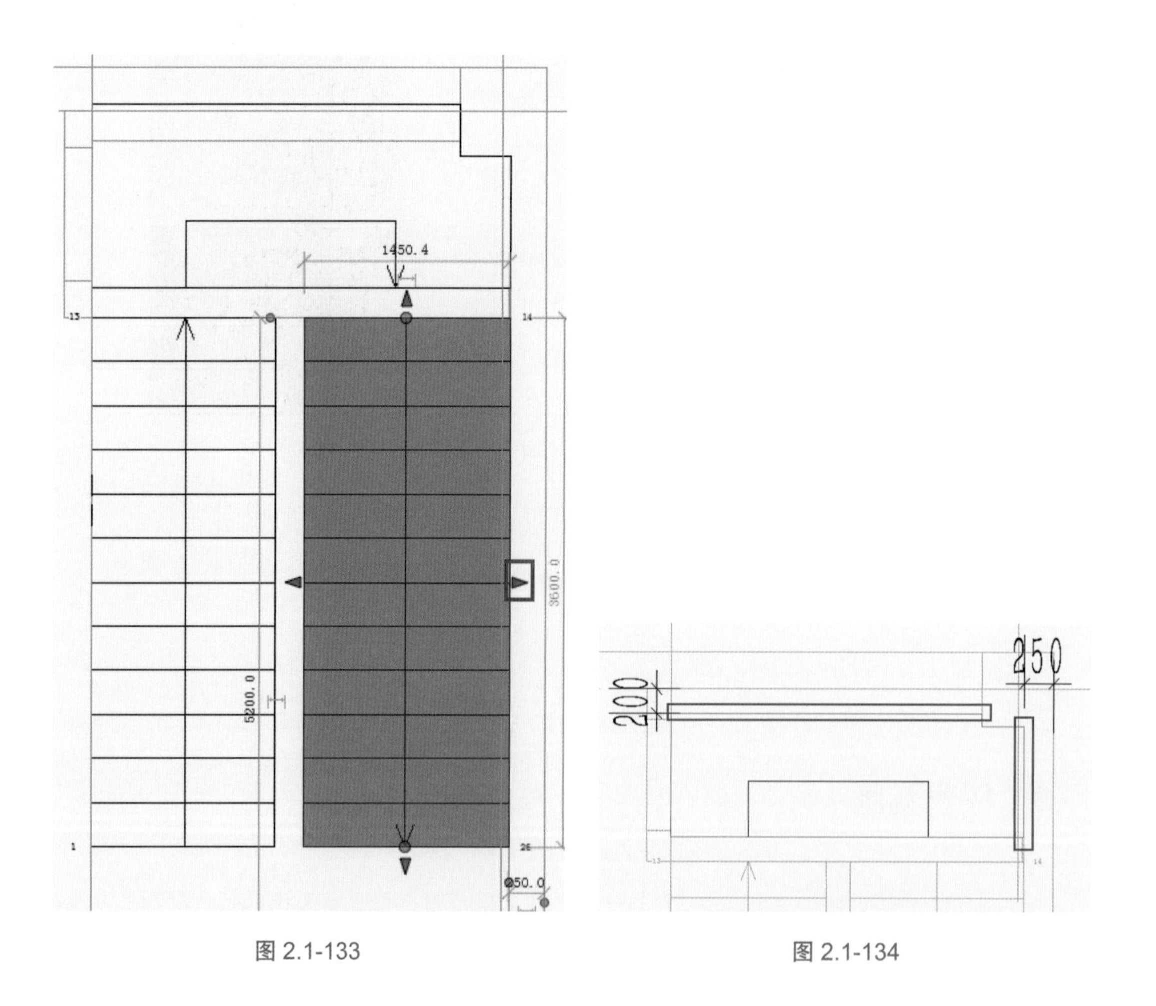

图 2.1-133　　图 2.1-134

单击绘图区左上角“完成”命令，完成模型组的修改。

选择模型组“楼梯 2”，单击“复制到剪贴板”命令，单击“粘贴”>“与选定标高对齐”，选择 2F、3F，完成粘贴。如图 2.1-135 和图 2.1-136 所示。

图 2.1-135

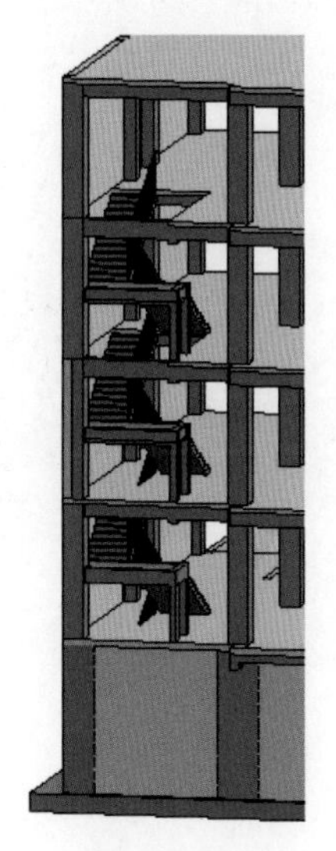

图 2.1-136

2.2 建筑建模

2.2.1 任务说明

建筑建模主要是通过各种建筑构件的放置来建立建筑模型，为施工图、算量及三维效果做准备。

2.2.2 任务分析

建筑建模主要内容有墙体、门窗、楼板、屋顶等构件，在创建时要注意墙体与结构梁之间的承接关系。

2.2.3 任务实施

双击桌面图标打开 Revit 程序，单击“新建”命令，在“新建项目”对话框中单击“浏览”，选择“土建样板文件”，单击“打开”确定样板文件，单击“确定”创建新项目。如图 2.2-1 所示。

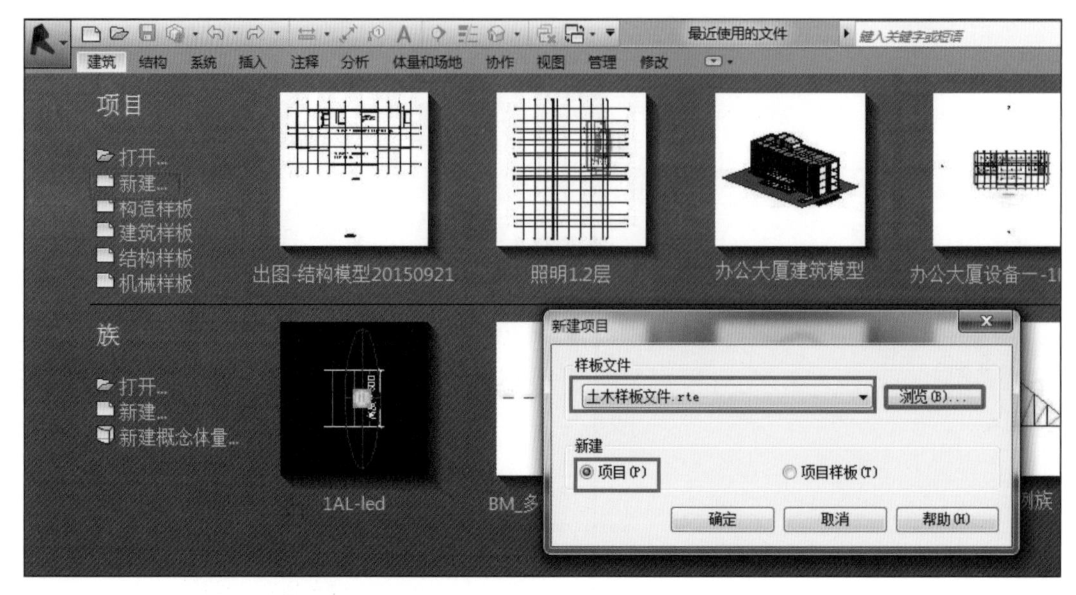

图 2.2-1

单击左上角图标，选择另存为新的项目文件。如图 2.2-2 所示。

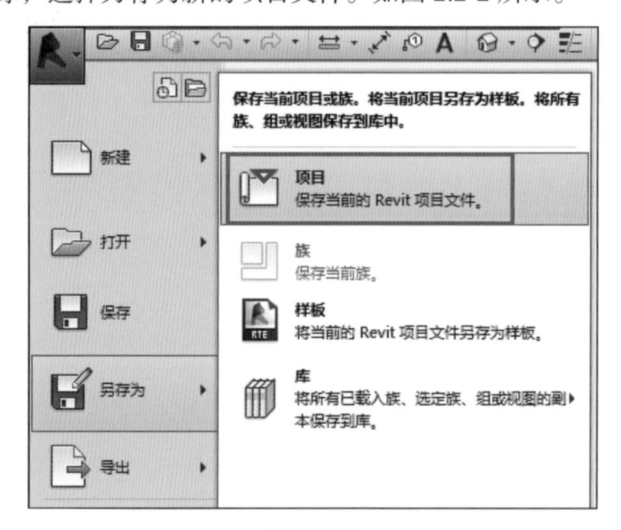

图 2.2-2

单击“插入”>“链接”>“链接 Revit”命令

，在弹出的对话框中选择之前建立的结构模型，将“定位”改为“自动 - 原点到原点”。如图 2.2-3 所示。

在项目浏览器中双击“BM_建筑”>“建模”>“楼层平面”>“-1F”进入地下一层视图平面。如图 2.2-4 所示。

图 2.2-3

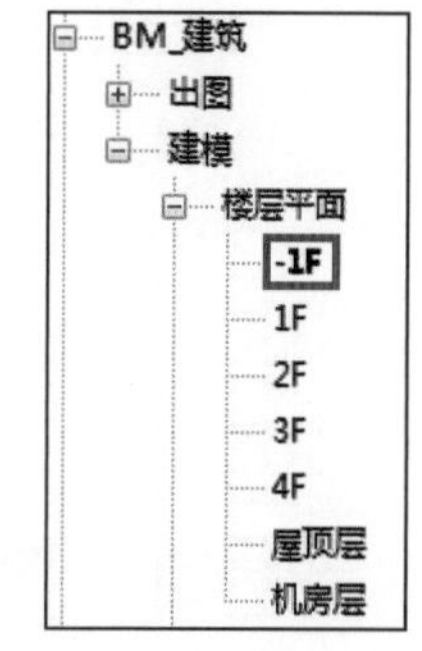

图 2.2-4

选择载入的 Revit 模型，单击“修改”>“修改”>“锁定”命令，将载入的模型锁定。如图 2.2-5 所示。

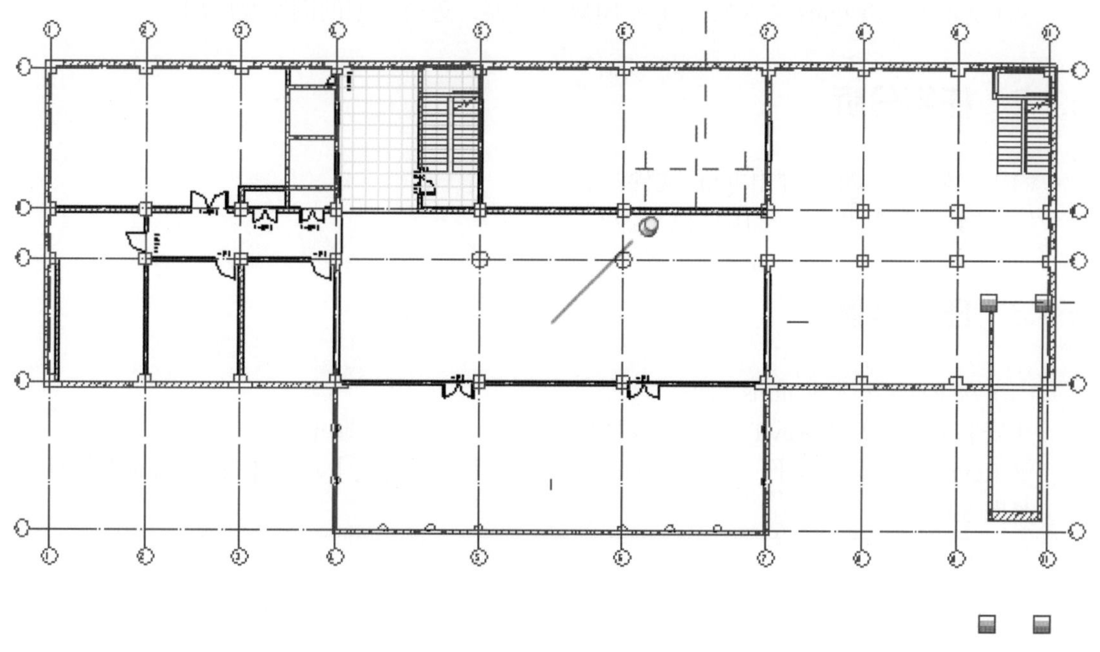

图 2.2-5

在属性面板中单击“可见性 / 图形替换”命令，在弹出的可见性对话框中选择“Revit 链接”选项卡，单击选项中“显示设置”选项，进入“显示设置对话框”，将视图显示方式改为“自定义”，选择注释类别选项卡，将“注释类别”改为“自定义”，并将“在此视图中显示注释类别”选项取消勾选，单击确定完成设置即可隐藏载入的结构模型中的标高轴网等注释，如图 2.2-6 所示。

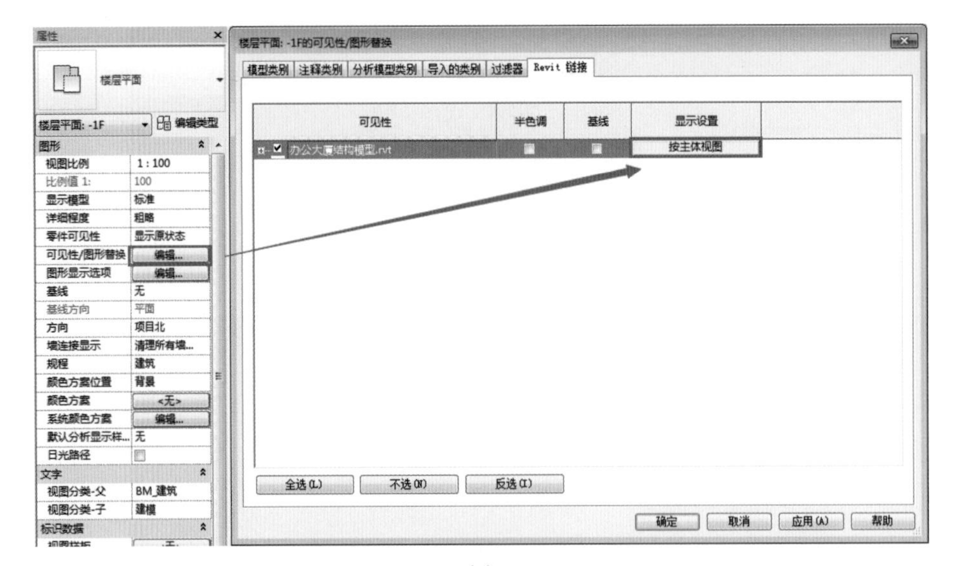

(a)

(b)

(c)

图 2.2-6

单击“建筑”>“构建”>“墙”>“墙：建筑”命令

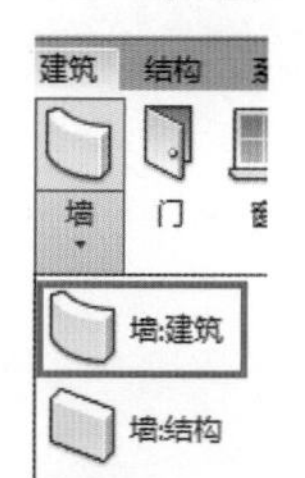

，在属性面板中选择“基墙-陶粒空心砌块-200厚”，将“底部偏移”改为-100，“顶部偏移”改为-700，如图 2.2-7 所示。

属性	
基本墙 基墙-陶粒空心砌块-200厚	
新建 墙	编辑类型
限制条件	
定位线	面层面: 内部
底部限制条件	-1F
底部偏移	-100.0
已附着底部	
底部延伸距离	0.0
顶部约束	直到标高: 1F
无连接高度	3420.0
顶部偏移	-700
已附着顶部	
顶部延伸距离	0.0
房间边界	☑
与体量相关	
文字	

图 2.2-7

开始绘制墙体，需要注意的是，在绘制建筑构件时要注意不要与结构构件重叠绘制，所以在绘制建筑墙体拾取起点和终点时要选择相邻结构柱靠近墙体一侧的轮廓线，如图 2.2-8 所示。

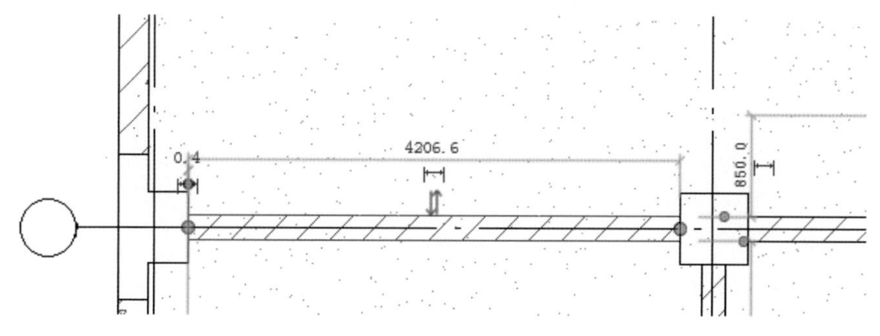

图 2.2-8

如图 2.2-9 所示绘制出Ⓓ轴上①轴、②轴间，②轴、③轴间，③轴、④轴间墙体，Ⓒ轴上②轴、③轴间，③轴、④轴间墙体，①轴右侧墙体（墙体定位线距轴线 400），②轴上Ⓒ轴、Ⓓ轴间，Ⓑ轴、Ⓒ轴间墙体，③轴上Ⓒ轴、Ⓓ轴间墙体，Ⓑ轴、Ⓒ轴间墙体，Ⓒ轴上⑨轴、⑪轴间墙体，⑨轴右侧墙体。

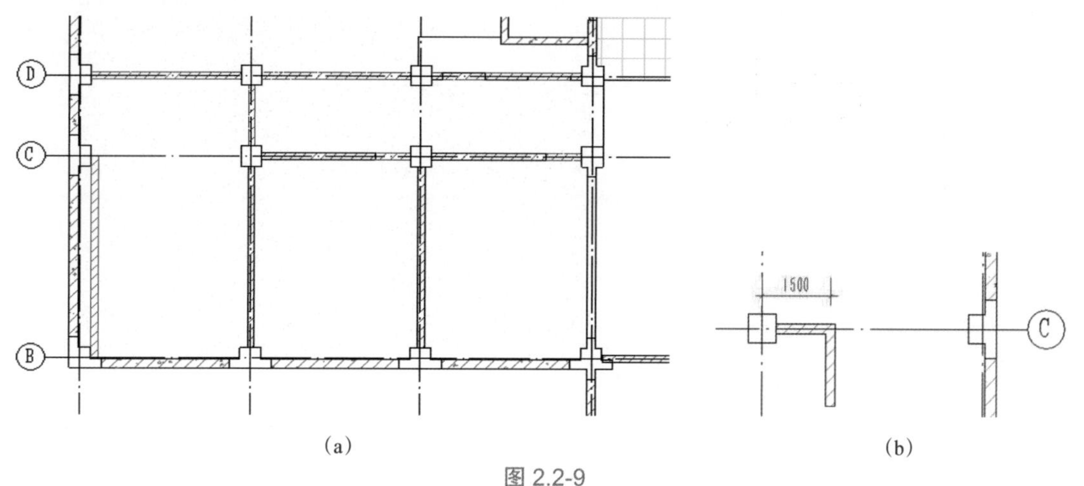

(a)　(b)

图 2.2-9

重复绘制墙体命令，将“顶部标高”改为 -750，绘制Ⓓ轴上④、⑤轴之间，⑤、⑥轴之间，⑥、⑦轴之间，Ⓑ轴上④、⑤轴之间，⑤、⑥轴之间，⑥、⑦轴之间的墙体，如图 2.2-10 所示。

将顶部标高改为 -1300，绘制④轴上Ⓓ、Ⓔ轴之间的三段墙体，如图 2.2-11 所示。

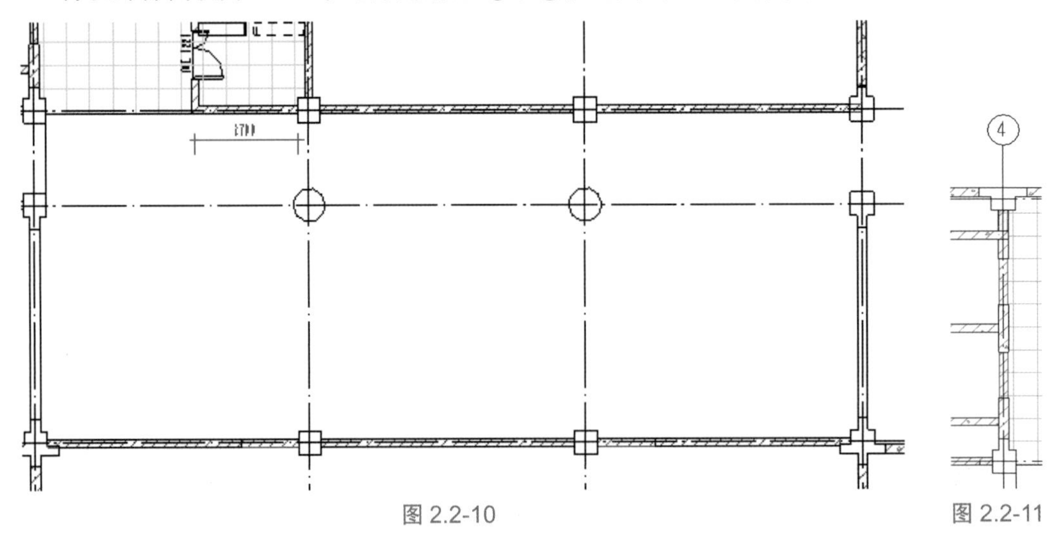

图 2.2-10　　图 2.2-11

重复上述步骤，如图 2.2-12（a）所示设置顶部偏移为 -280 并绘制下图中的墙体。

设置顶部偏移为 -280 并绘制图 2.2-12（b）中的墙体。

绘制完墙体后进入三维视图，借助剖面框命令剖到如图 2.2-12（c）所示位置，框选所有构件，运用“橄榄山快模”中的“墙齐梁板”命令，使刚才绘制的墙体和梁平齐。

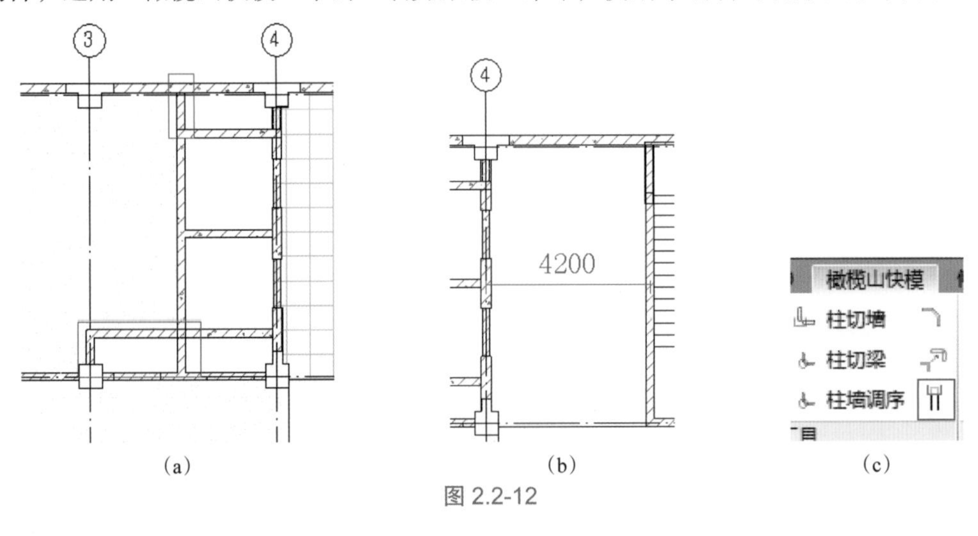

图 2.2-12

单击“建筑”>“构建”>“门”命令，在左侧属性面板中选择“铝合金双扇平开门 1521”，将鼠标移动到墙体上门的相应位置，然后单击鼠标确定插入。如图 2.2-13 所示。

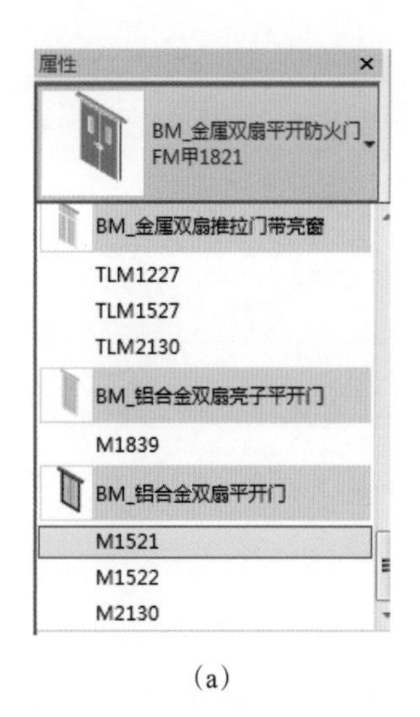

(a)

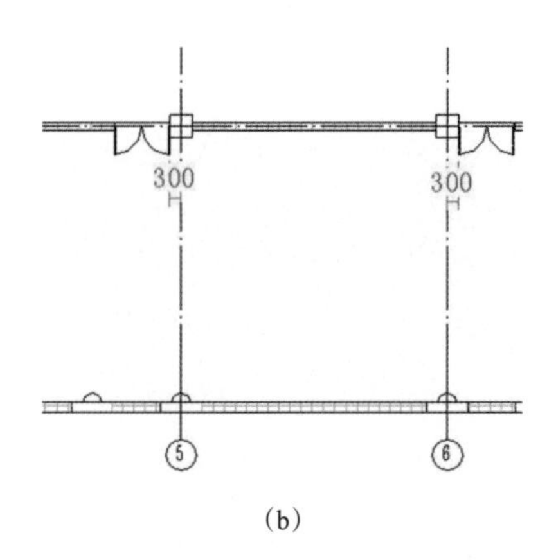

(b)

图 2.2-13

用同样的方式插入如图 2.2-14 所示的门。

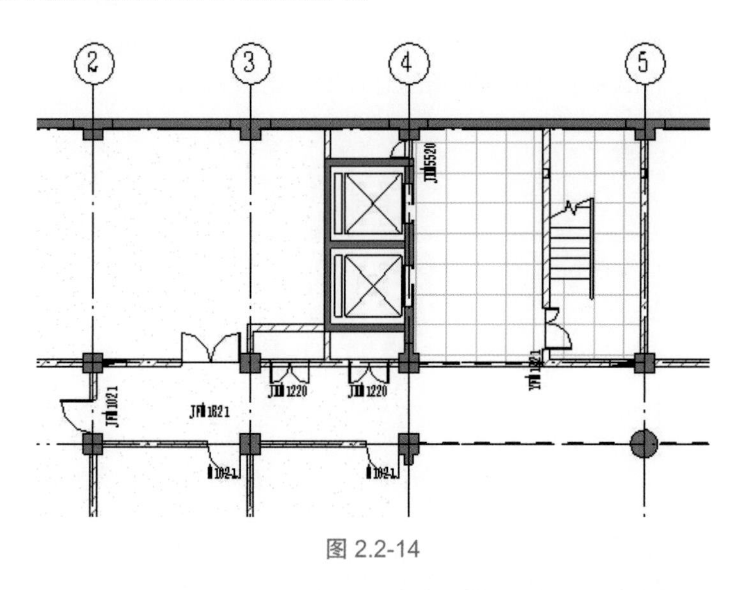

图 2.2-14

选择“FM 乙 1221”类型的两个实例，在属性面板中将“底标高”改为 –100。如图 2.2-15 所示。

单击“建筑” > “构建” > “楼板” > “楼板：建筑”命令，进入楼板绘制界面。在属性面板中选择“地面 1- 细石混凝土地面 190 厚”楼板进行绘制。如图 2.2-16 所示。

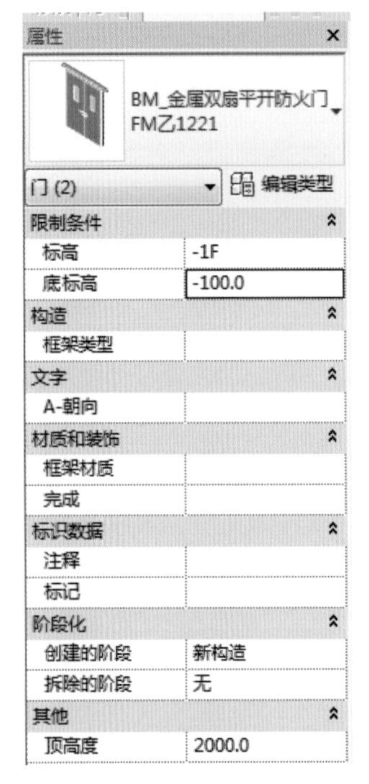

图 2.2-15

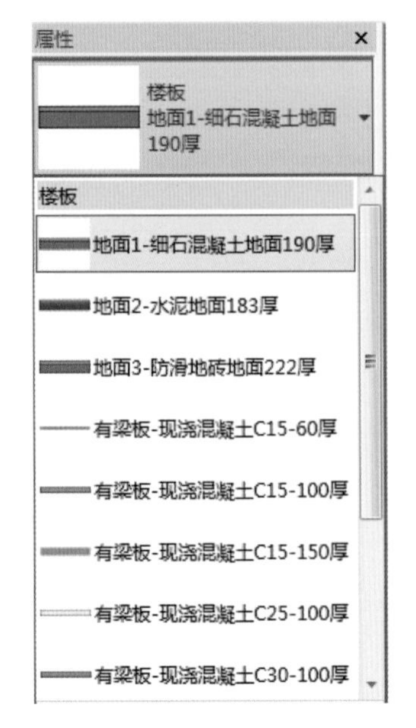

图 2.2-16

单击“修改”>“绘制”>“边界线”>“直线”命令，绘制如图 2.2-17 所示楼板，在绘制建筑楼板轮廓时要避免与墙体及结构重合。

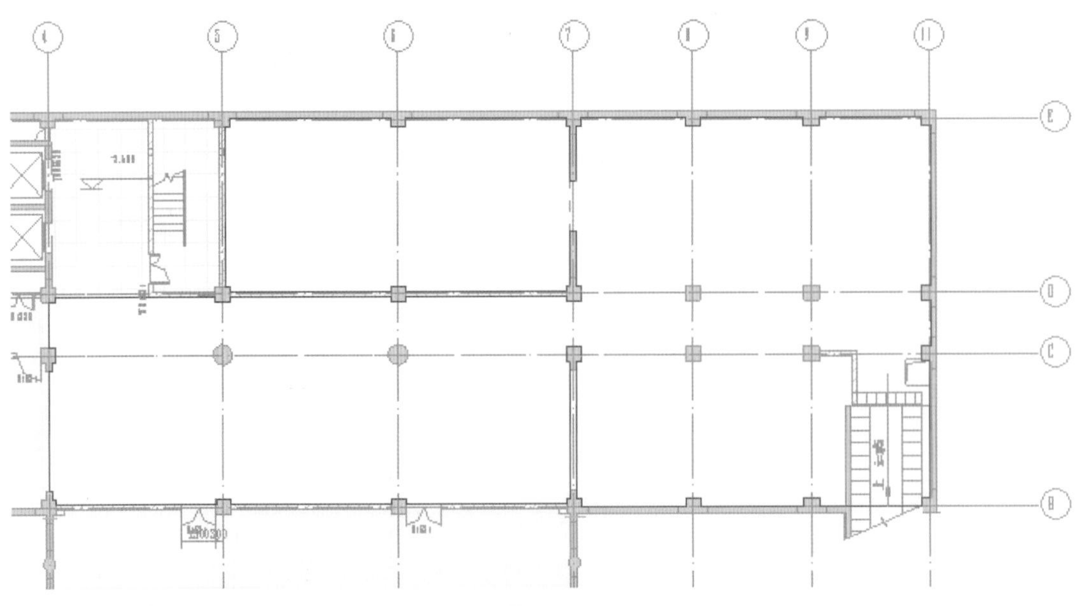

图 2.2-17

绘制完成后单击“修改”>“模式”>“完成”命令完成绘制。

重复楼板绘制命令，选择“地面 2- 水泥地面 183 厚”楼板类型如图 2.2-18 所示绘制楼板。

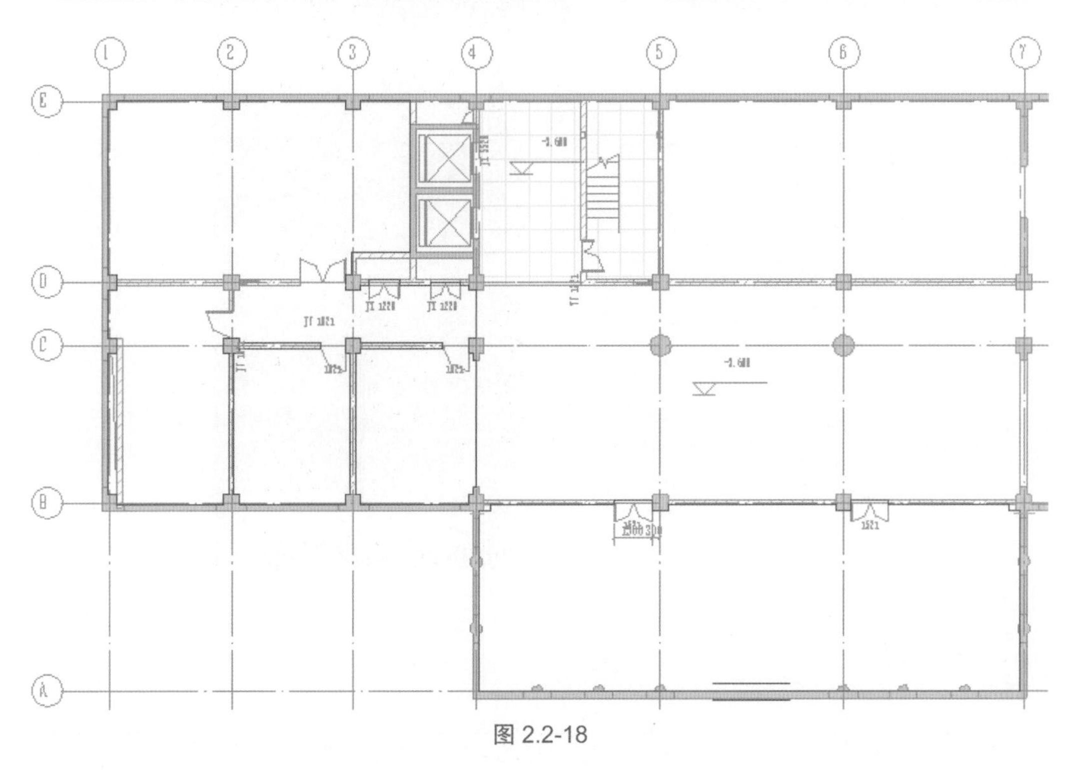

图 2.2-18

选择“地面 3- 防滑地砖地面 222 厚”楼板类型绘制如图 2.2-19 所示楼板。

单击“建筑”>“构建”>“构件”>“放置构件”命令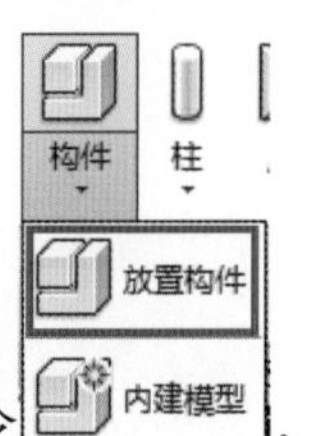

，在属性面板中选择“BM_电梯 - 后配重”>“1700×1800”，将鼠标移动到电梯井处墙体，单击鼠标左键确定插入，如图 2.2-20 所示。

选择如图 2.2-21 所示墙体，单击“复制到剪贴板命令”，再单击“粘贴”>“与选定标高对齐”，在对话框中选择 1F、2F、3F、4F。

进入 1F 平面视图中，单击“建筑”>“构建”>“墙”命令，在属性面板中选择“基墙 - 陶粒空心砖 –250 厚”墙体类型，将“顶部偏移”改为 –600，绘制②轴上Ⓔ轴上方，Ⓔ轴上方，②轴到⑨轴之间，⑨轴上Ⓔ轴上方，②轴上Ⓑ轴下方，Ⓑ轴下方②轴到④轴之间，④轴上Ⓑ轴下方，⑦轴上Ⓑ轴下方，Ⓑ轴

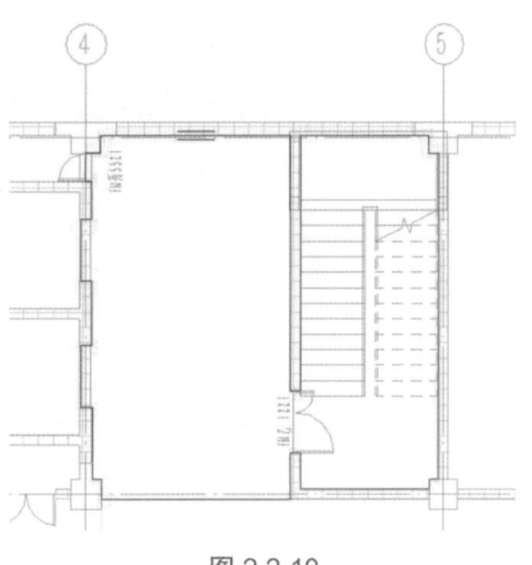

图 2.2-19

下方⑦轴到⑨轴之间，⑨轴上Ⓑ轴下方的墙体。如图 2.2-22 所示。

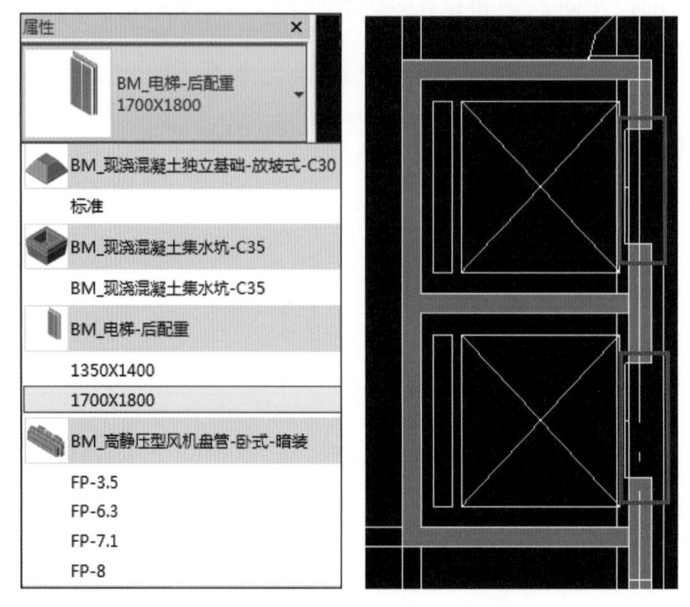

图 2.2-20

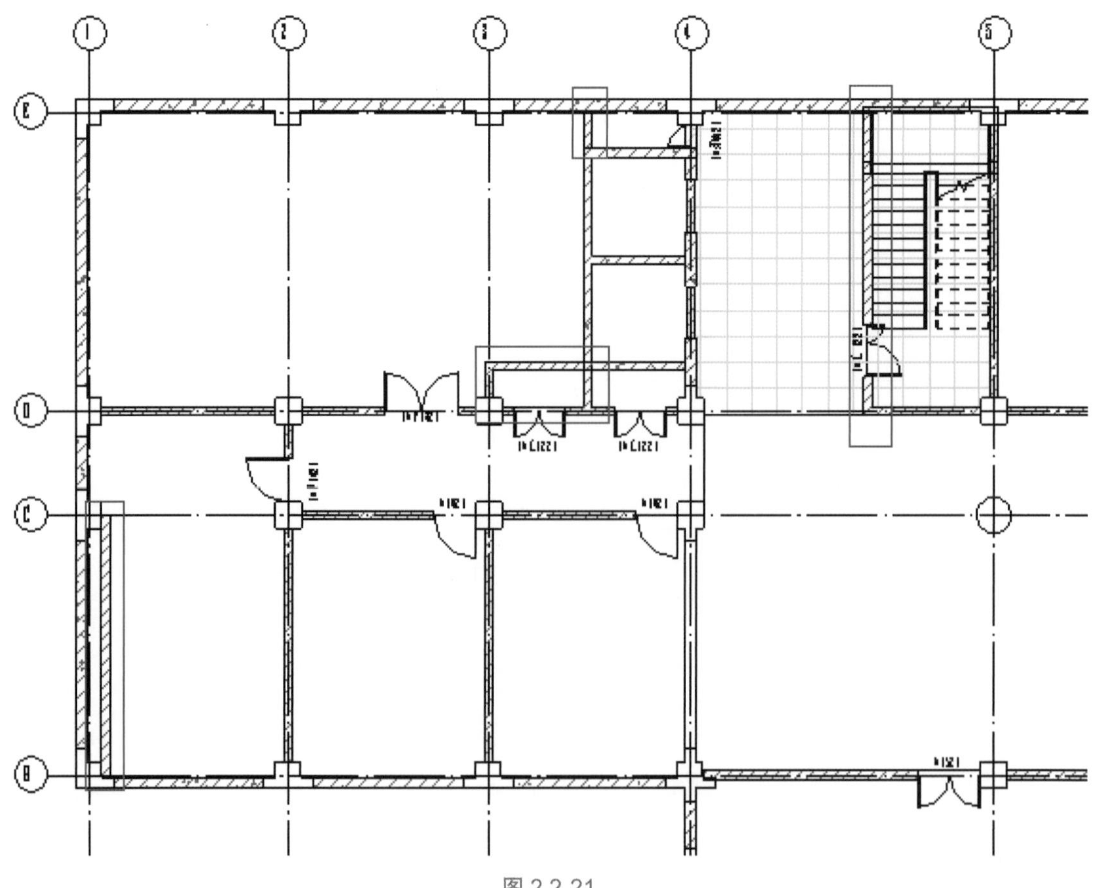

图 2.2-21

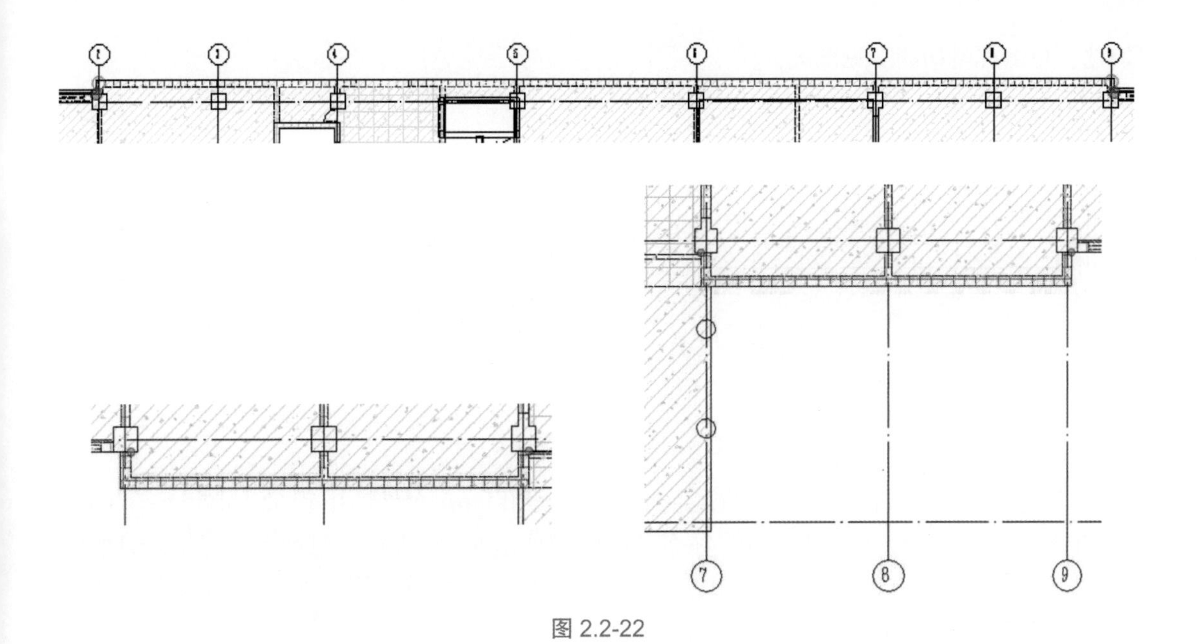

图 2.2-22

在选项栏中将“定位线”改为“面层面：外部”，“偏移量”改为 -50.0，定位线: 面层面: 外部 ☑链 偏移量: -50.0 沿着轴线绘制①轴左侧Ⓒ轴Ⓓ轴之间，Ⓔ轴上方①、②轴间，⑨、⑪轴间，⑪轴右侧Ⓒ、Ⓓ轴间，Ⓑ轴下方⑨、⑪轴间，①、②轴间墙体。如图 2.2-23 所示。

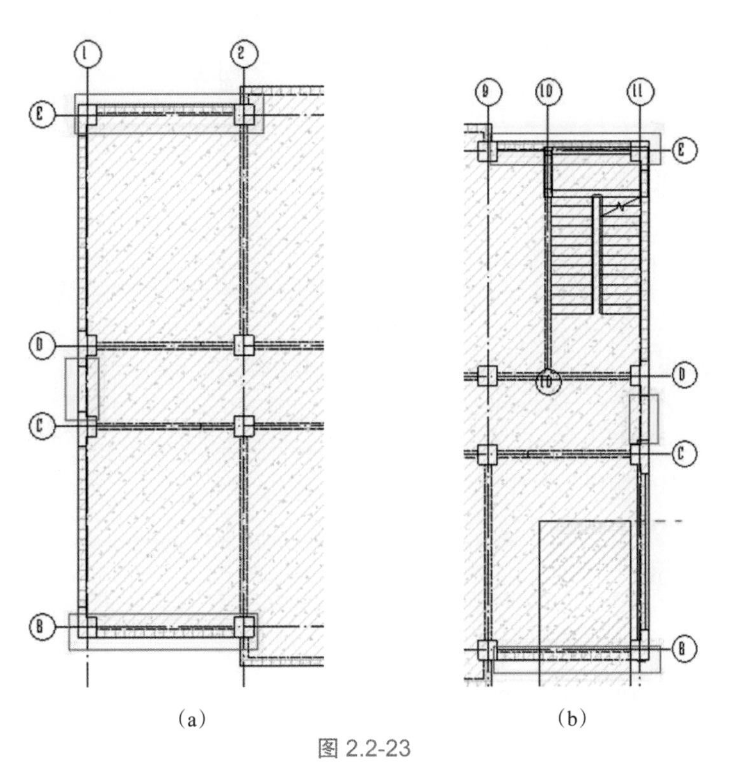

(a) (b)

图 2.2-23

重复墙体绘制命令，选择“基墙 - 陶粒空心砖 -200 厚”墙体类型绘制如图 2.2-24 所示内墙，顶部标高偏移 –600。

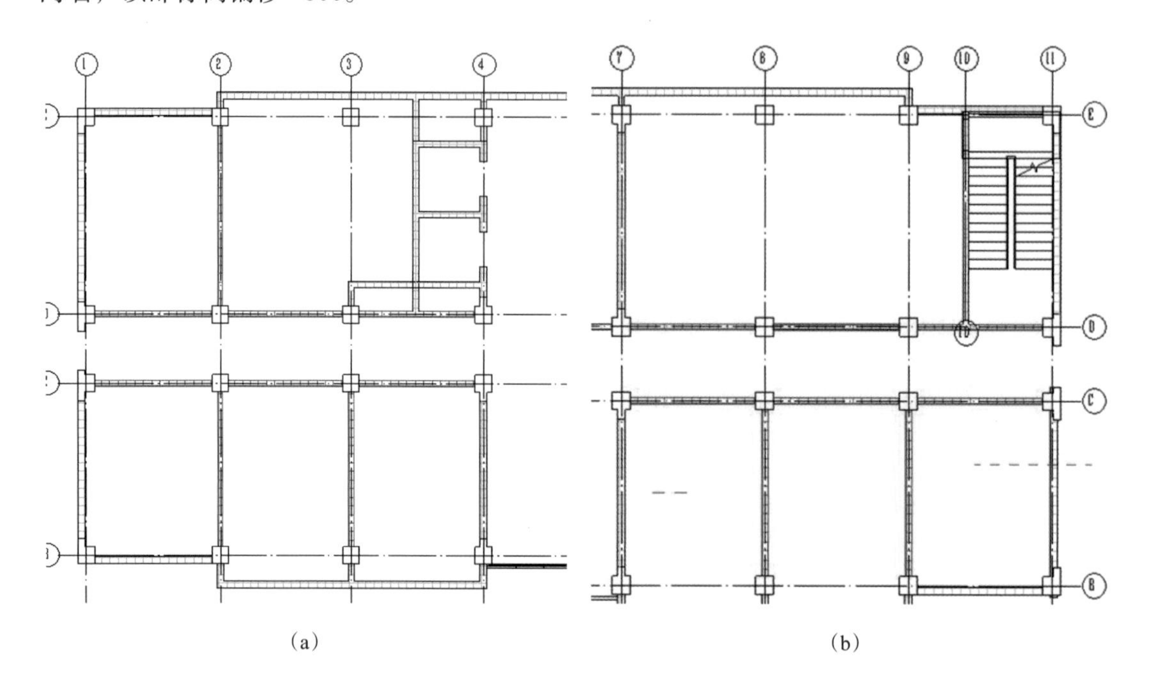

（a）　　　　（b）

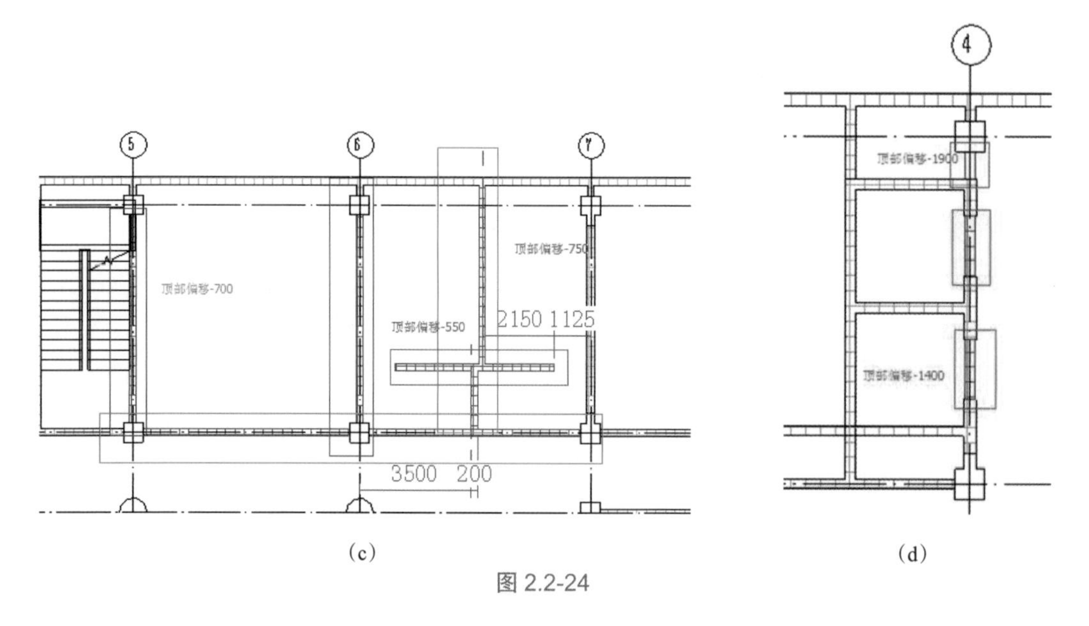

（c）　　　　（d）

图 2.2-24

利用 Ctrl 键加选全部建筑外墙及如图 2.2-25 所示内墙，复制到剪贴板，单击“粘贴”>“与选定标高对齐”，将墙体复制到 2F、3F、4F。

如图 2.2-26 所示添加门。

窗构件与门构件的添加方式相同，单击“建筑”>“构建”>“窗”，在属性面板中选择需要的窗族，并将属性面板中“底高度”改为 600，将鼠标移动到墙体上要插入窗的位置单击鼠标确定插入即可，插入如图 2.2-27 所示窗。

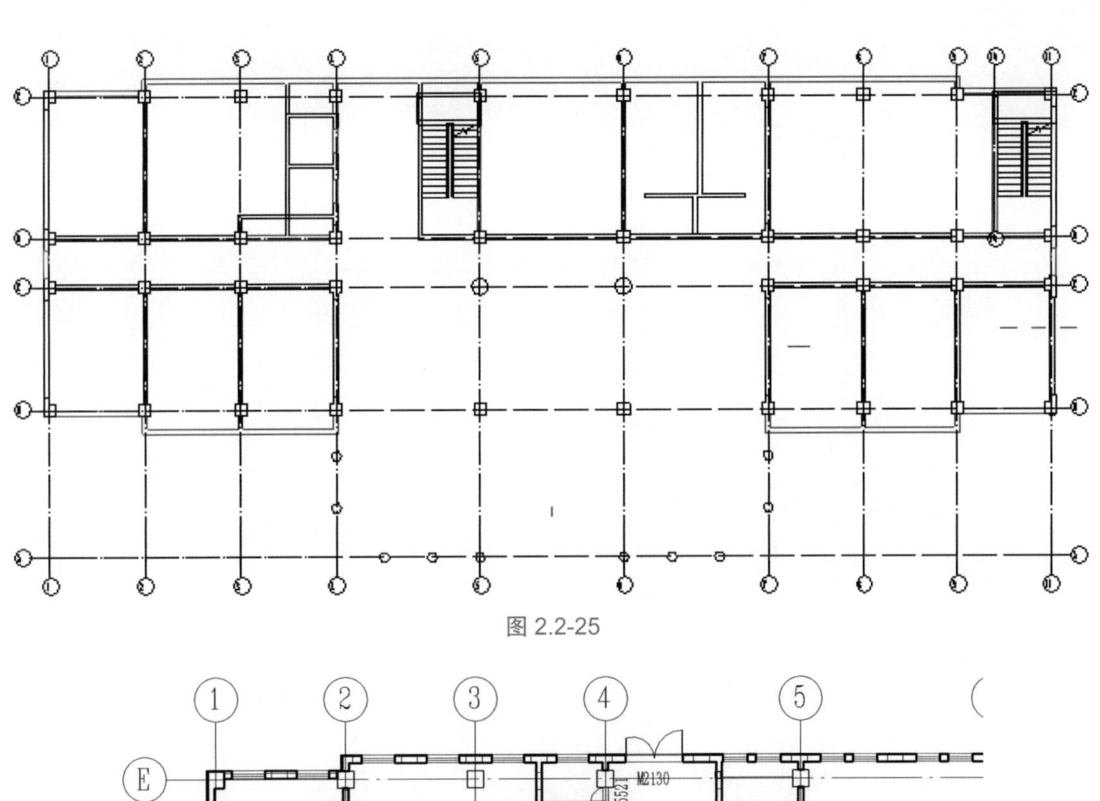

图 2.2-25

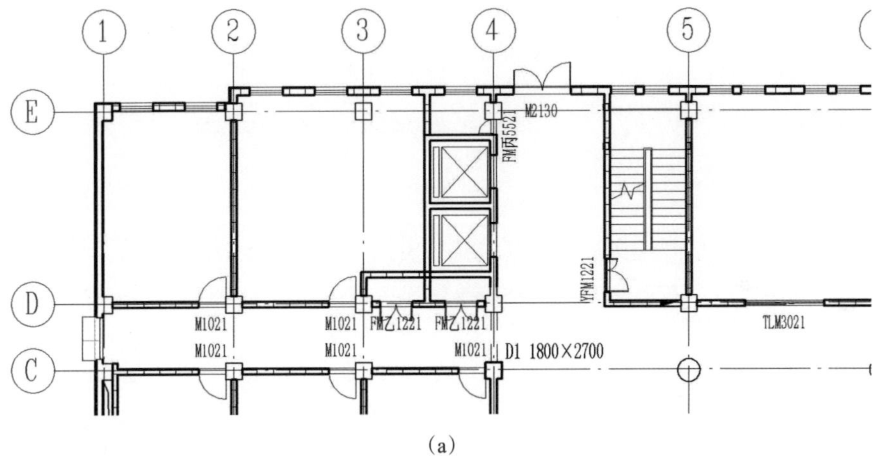

(a)

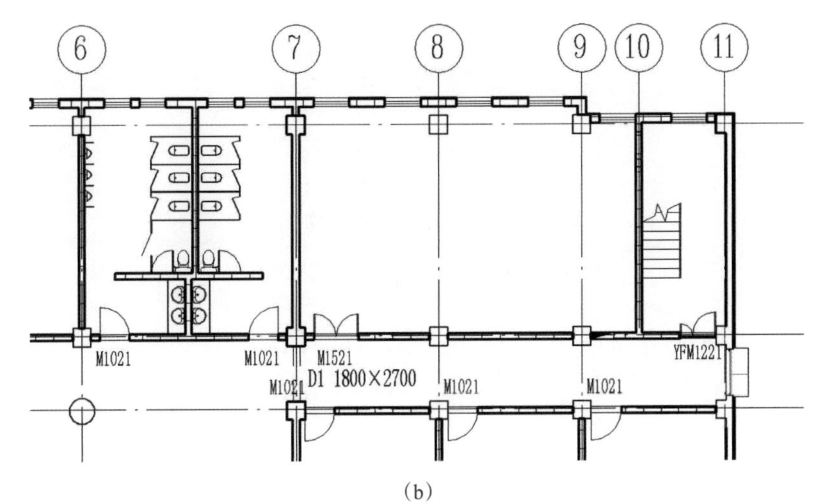

(b)

图 2.2-26

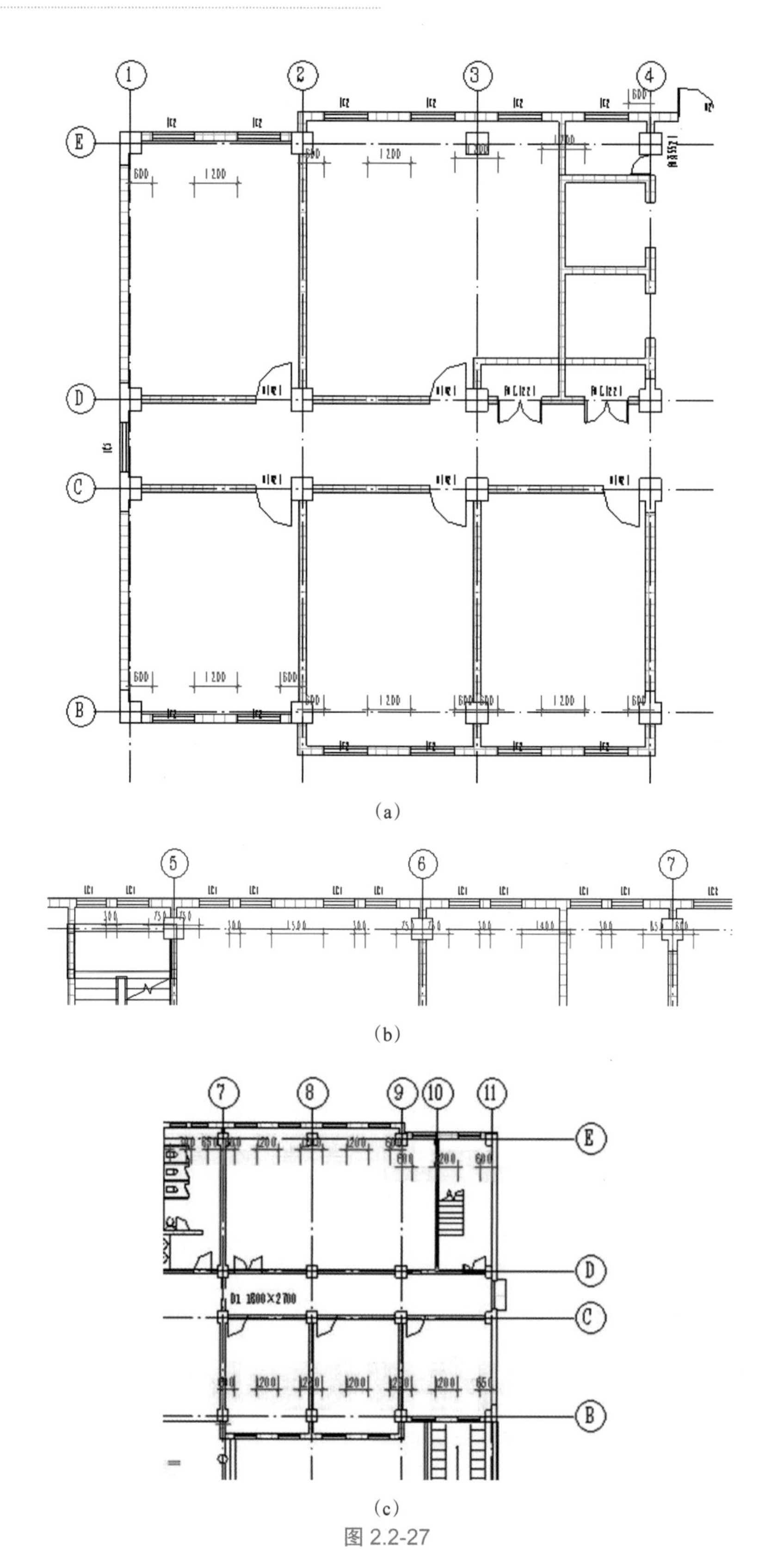

（a）

（b）

（c）

图 2.2-27

如图 2.2-28 所示，单击“建筑”>“构建”>“墙”，在属性面板中选择“幕墙”>“一层入口”，在属性面板中设置顶部约束为 2F，顶部偏移为 –650，在选项栏中将偏移量改为 –300，定位线：墙中心线 ☑链 偏移量：-300.0 绘制Ⓑ轴下方④、⑤轴间，⑥、⑦轴间的幕墙，如图 2.2-29 所示。

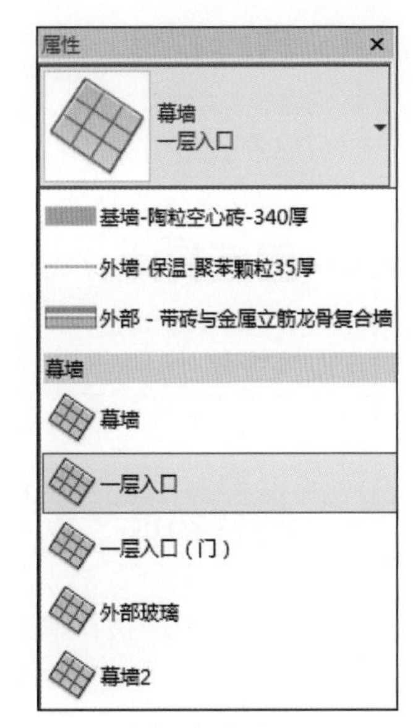

图 2.2-28

重复幕墙绘制，在属性面板中选择“幕墙”>“一层入口（门）”绘制Ⓑ轴下方⑤、⑥轴之间的幕墙。如图 2.2-30 所示。

在“项目浏览器”中双击“立面 - 南”进入视图，选择刚刚绘制的幕墙，在屏幕下方工具栏中选择“临时隐藏”图标，单击“隔离图元”进入图元隔离状态。如图 2.2-31 所示。

单击“建筑”>“构建”>“幕墙网格”命令 幕墙网格，单击“修改”>“放置”>“全部分段” 将鼠标移动至幕墙上相应位置并单击鼠标左键确定添加幕墙网格，幕墙网格可以在添加完成后通过临时尺寸的修改来改变位置，添加如图 2.2-32 所示幕墙网格。

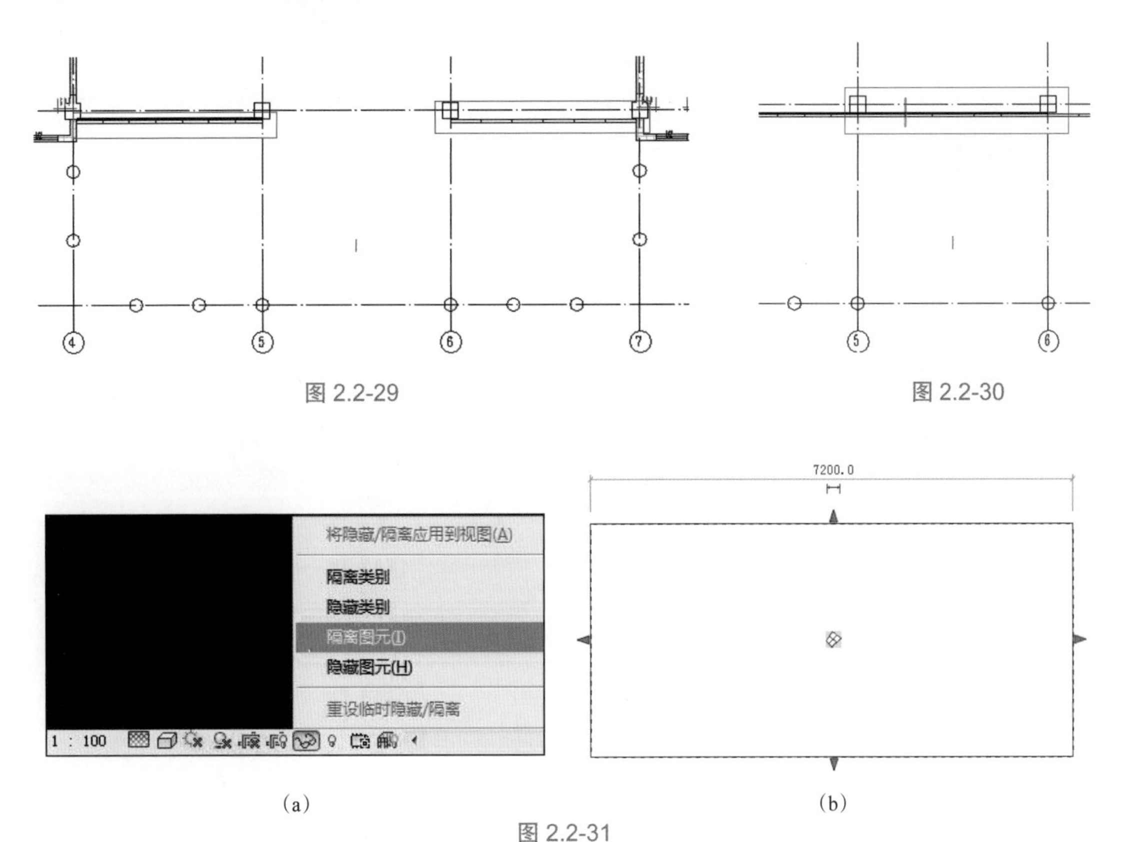

图 2.2-29

图 2.2-30

(a)

(b)

图 2.2-31

单击“修改”>“放置”>“一段”命令，绘制如图 2.2-33 所示幕墙网格。

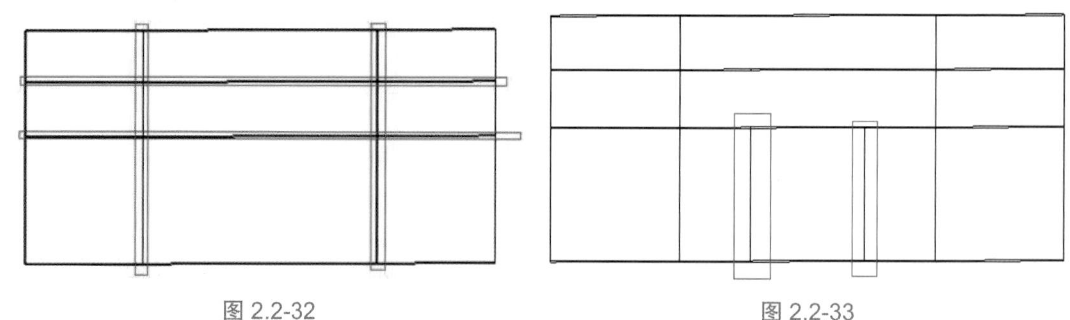

图 2.2-32　　图 2.2-33

单击“建筑”>“构建”>“竖挺”命令，选择“修改”>“放置”>“全部网格线”

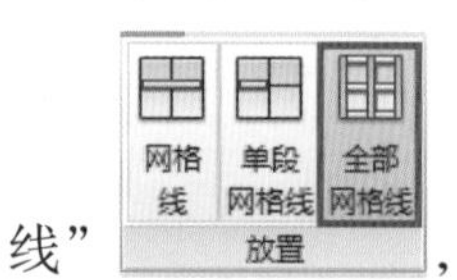

，将鼠标移动至幕墙构件上单击即可完成竖挺添加。如图 2.2-34 所示。

添加完成后按 Esc 键退出绘制。

利用 Tab 键切换选择如图 2.2-35 所示幕墙嵌板，在属性面板中将嵌板替换为“幕墙嵌板 - 双开门 1”。见图 2.2-36、图 2.2-37 所示。

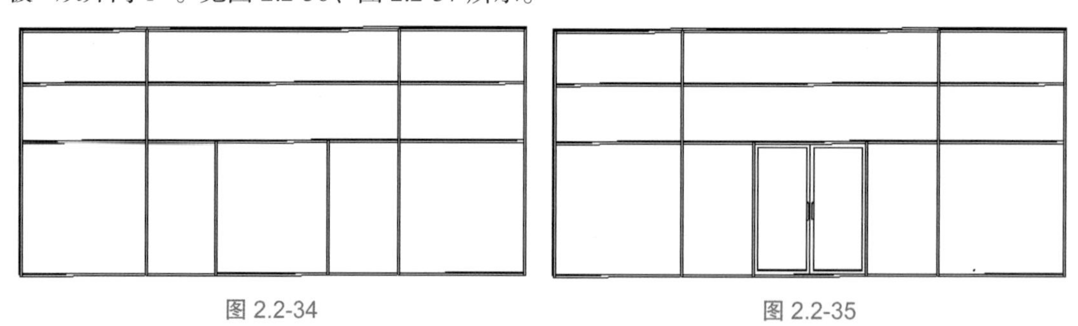

图 2.2-34　　图 2.2-35

单击“临时隐藏 / 隔离”>“重设临时隐藏 / 隔离”命令取消隔离。

进入 1F 视图，如图 2.2-38 所示，单击“墙”命令，选择“幕墙 2”类型，在属性面板中将“顶部约束”设置为“直到标高：机房层”，“顶部偏移”设置为 –100，绘制如图 2.2-39 所示幕墙。

单击“建筑”>“构建”>“楼板”命令，选择“楼面 1- 防滑地砖楼面 33 厚”绘制如图 2.2-40 所示楼板。

重复楼板绘制命令，选择“楼面 3- 大理石楼面 90 厚”类型绘制见图 2.2-41 楼板。

重复楼板绘制命令，如图 2.2-42 所示，选择“楼面 2- 防滑地砖防水楼面 75 厚”类型在属性面板中将“自标高的高度偏移”修改为 –50，绘制如图 2.2-42、图 2.2-43 楼板。

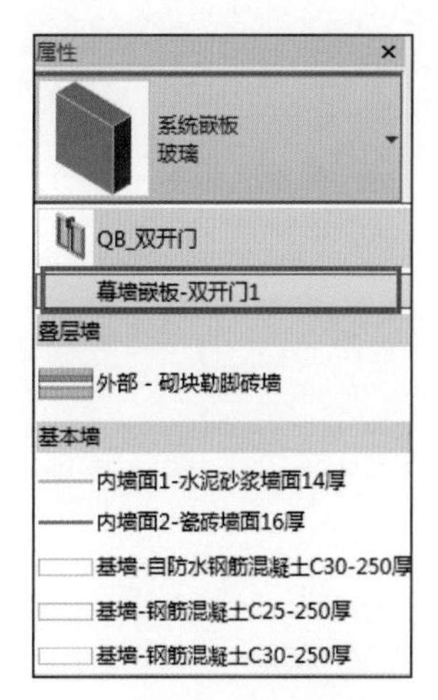

图 2.2-36　替换幕墙嵌板

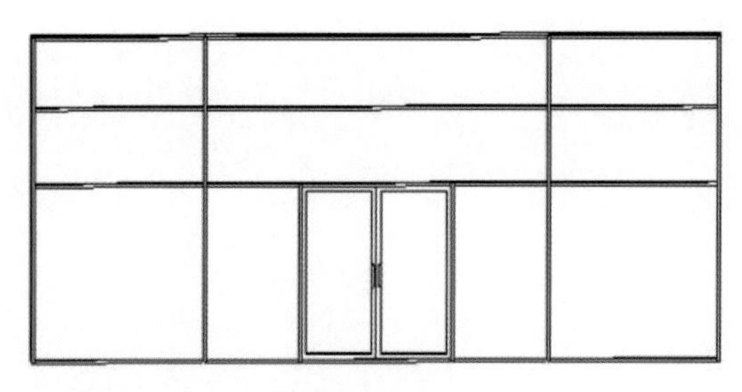

图 2.2-37

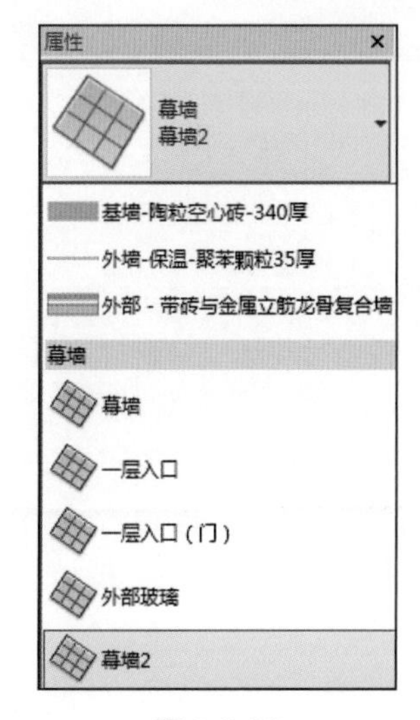

图 2.2-38

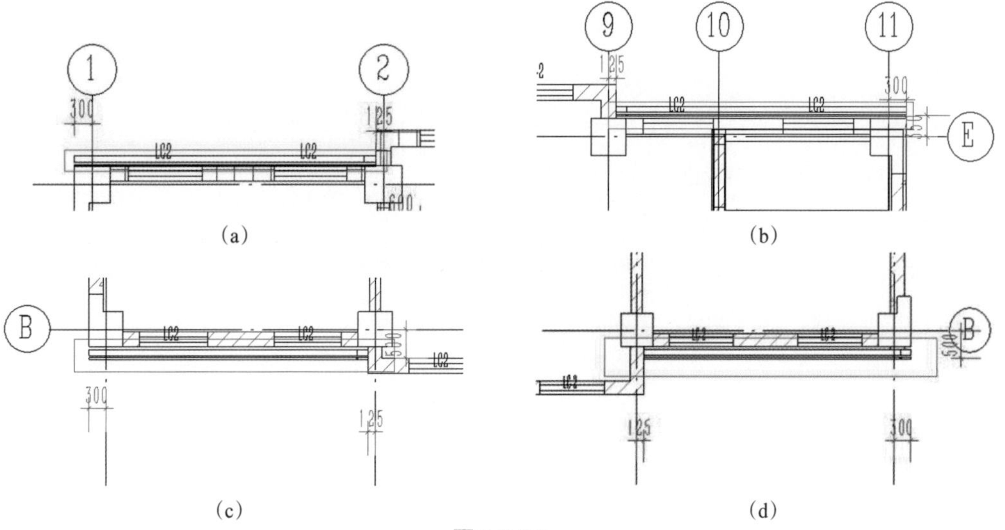

图 2.2-39

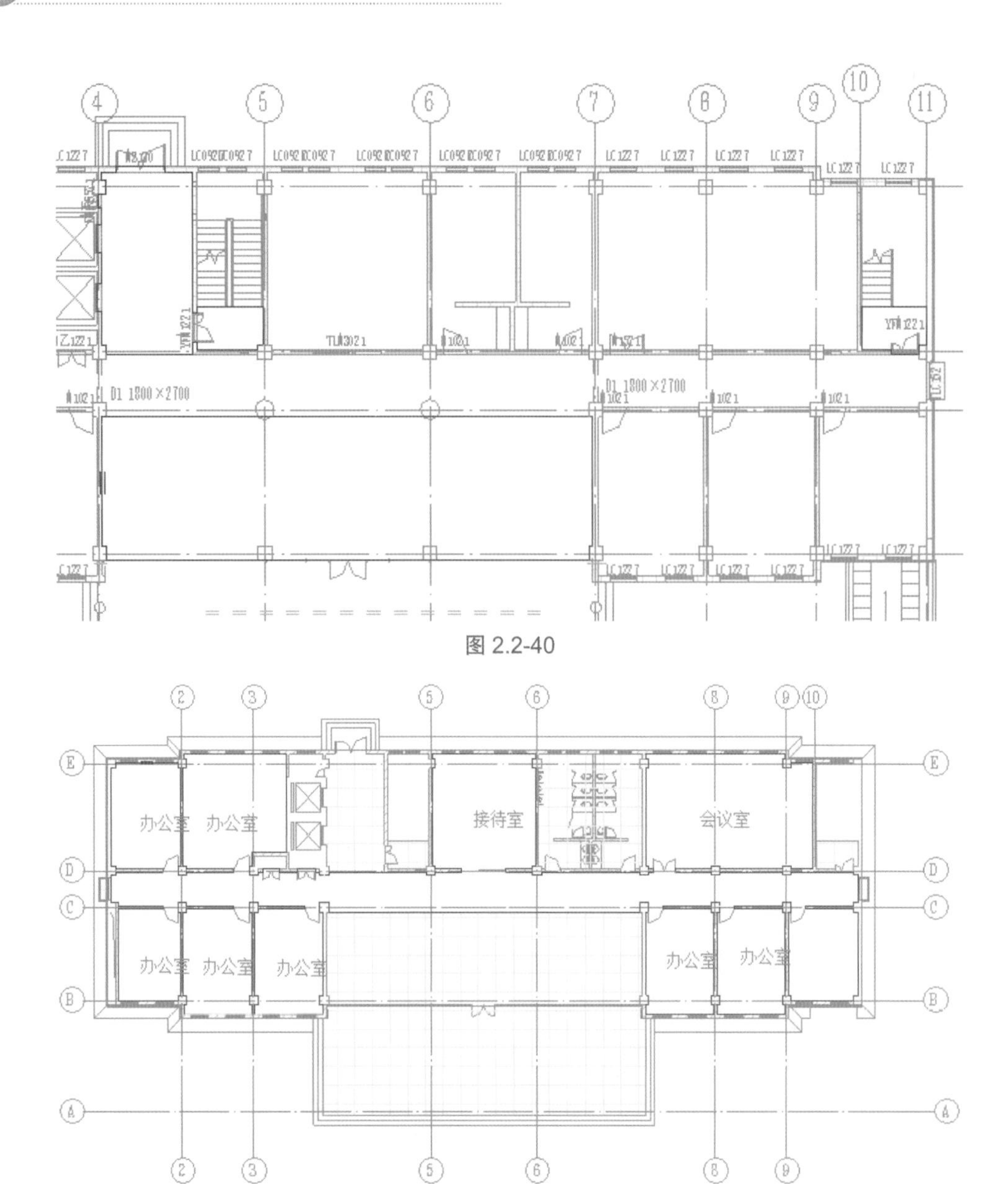

图 2.2-40

图 2.2-41

图 2.2-42

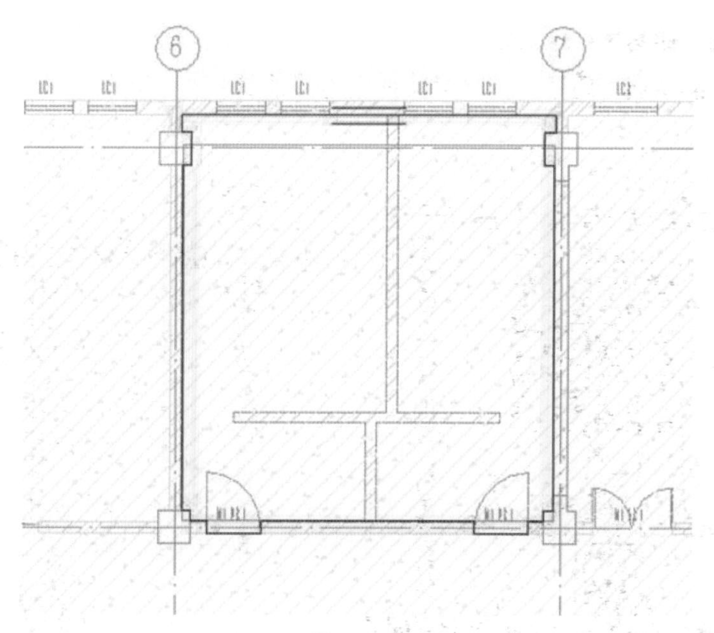

图 2.2-43

单击完成后框选全部构件，单击“修改” > “选择” > “过滤器”命令，并在弹出的对话框中只选择“窗”类别，然后对齐复制到 2F、3F、4F。如图 2.2-44 所示。

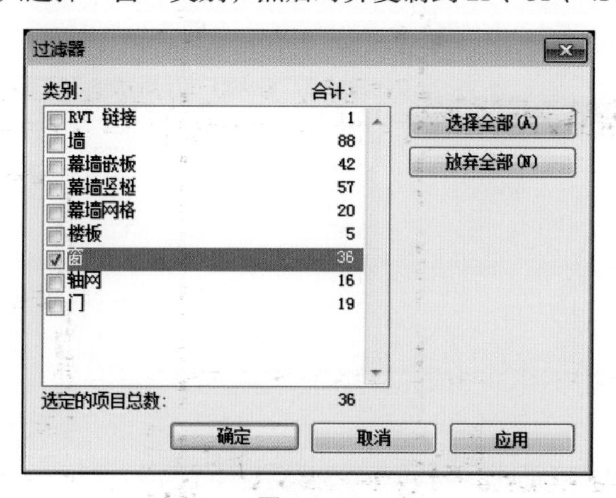

图 2.2-44

单击“建筑” > “构建” > “构件” > “放置构件”，选择“蹲间 - 多个 2D” > “900×1400 内开”、“蹲间 - 单个 2D” > “900×1400 内开”、“小便斗 - 多个有隔断 2D” > “有隔断”、“BM_ 卫生间隔断”、“无障碍 - 马桶 2D-3D”、“台盆 - 单个 2D” > “圆形”

如图 2.2-45 所示放置卫生间构件，单击“建筑” > “模型” > “模型线”命令绘制出洗手台边缘线。如图 2.2-45 所示。

选择如图 2.2-46 所示构件，并将构件对齐复制到 2F、3F、4F。

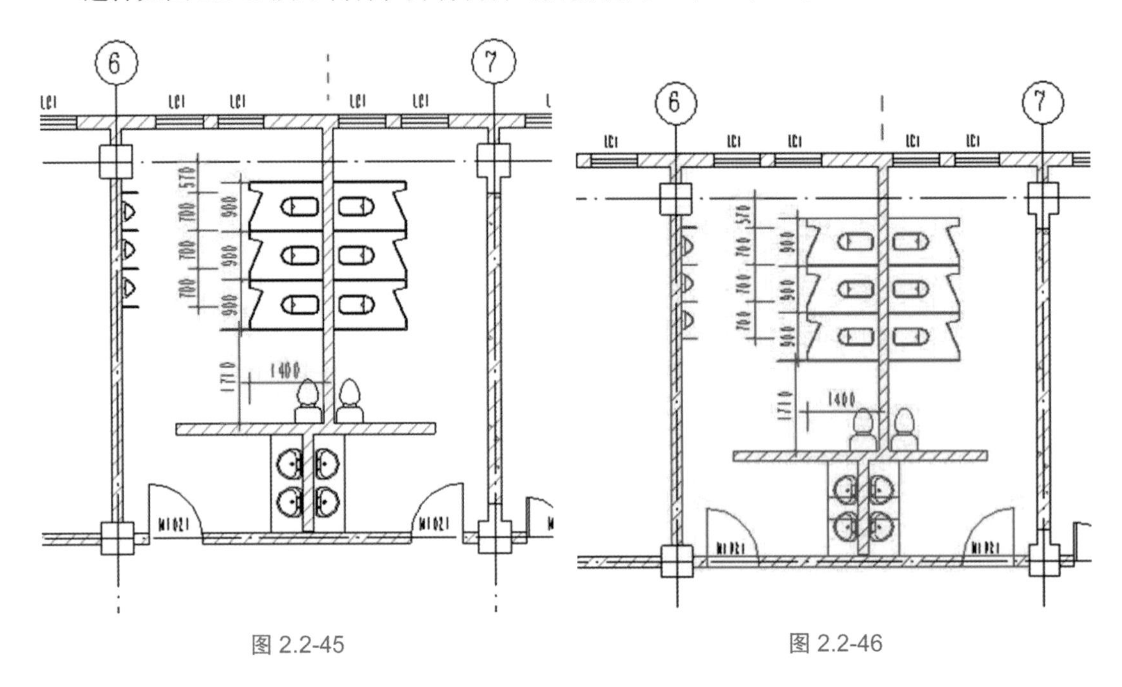

图 2.2-45　　　　图 2.2-46

进入 2F 视图中，绘制如图 2.2-47 所示墙体和门构件。

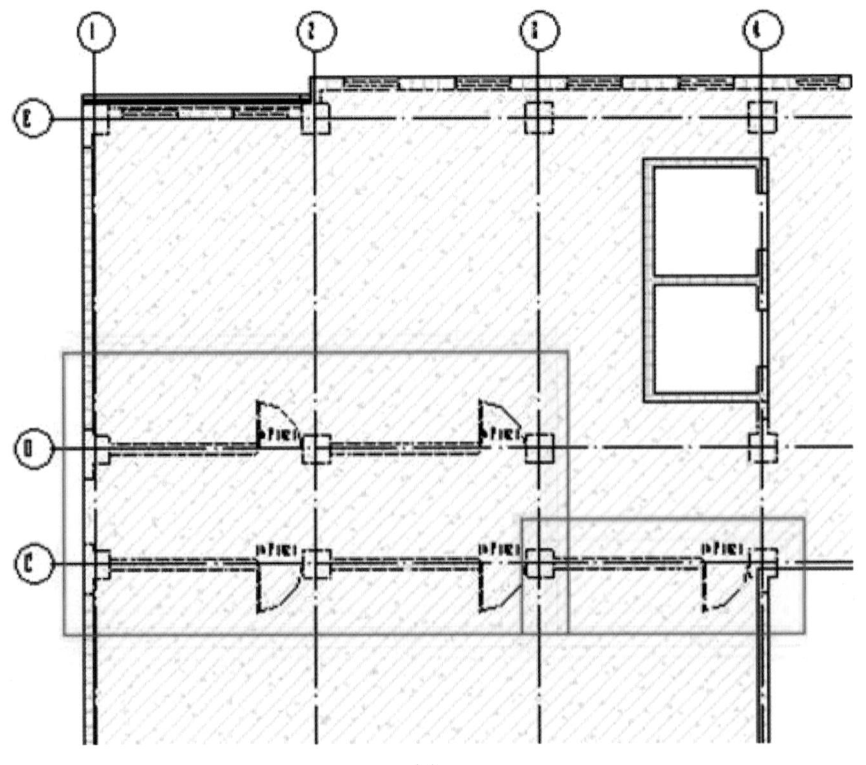

(a)

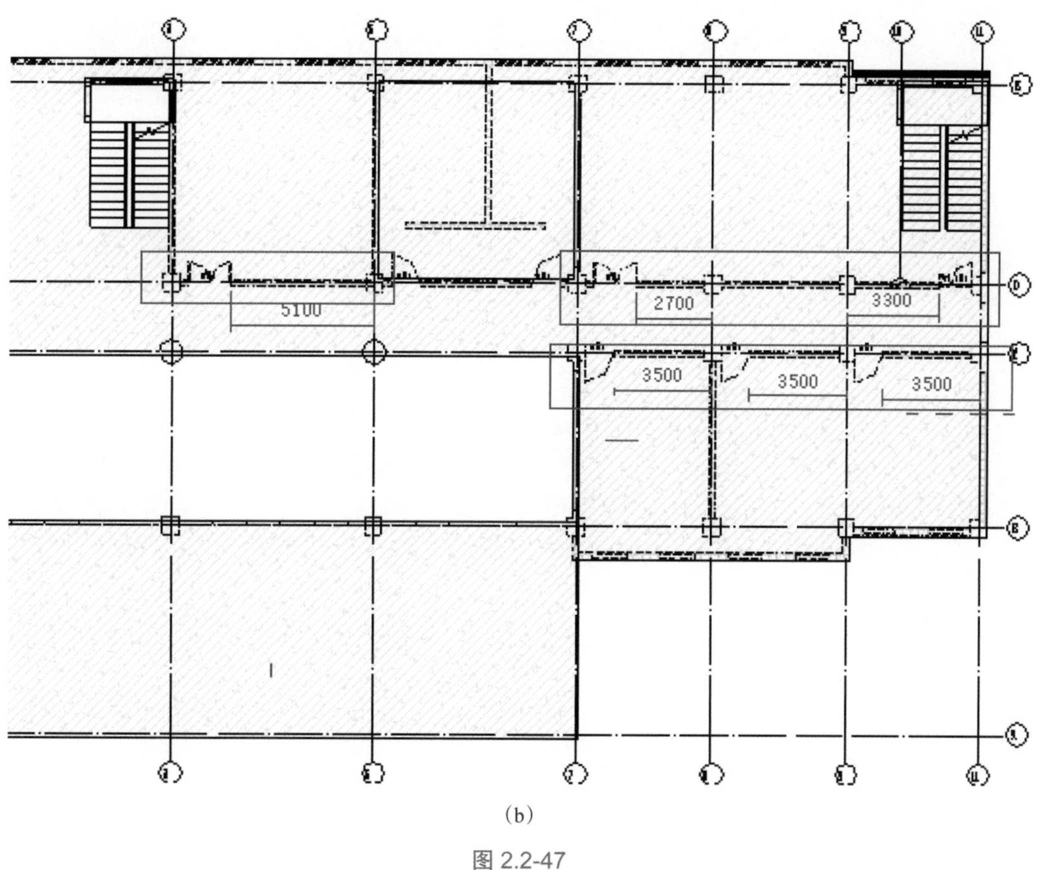

（b）

图 2.2-47

单击“建筑”＞“构建”＞“墙”，选择“幕墙”＞“外部玻璃”，顶部偏移调整为 –650，绘制如图 2.2-48 所示幕墙。

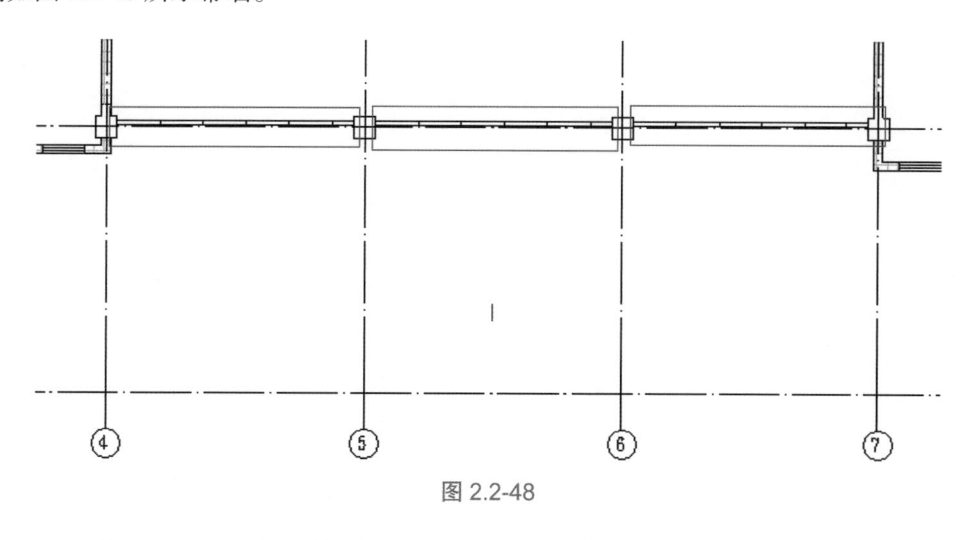

图 2.2-48

单击楼板命令，选择“楼面 3”绘制如图 2.2-49 所示楼板。

重复楼板绘制命令，选择“楼面 1”，绘制如图 2.2-50 所示楼板。

重复楼板绘制命令，选择“楼面 2”，将自偏移高度改为 –50，绘制如图 2.2-51 所示楼板。

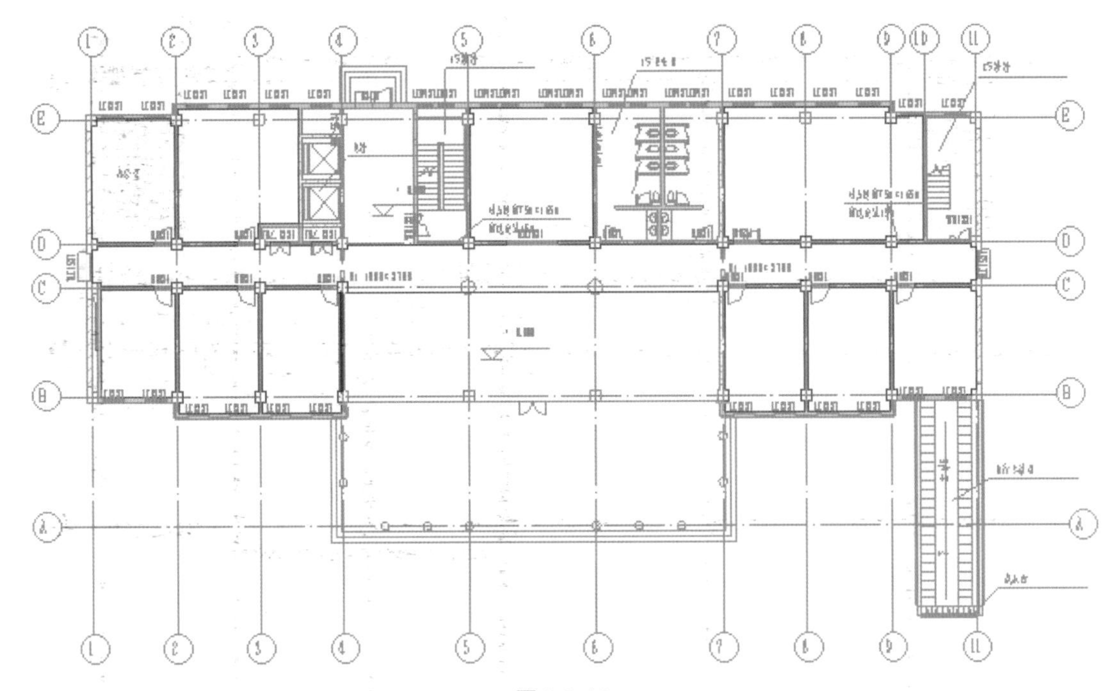

图 2.2-49

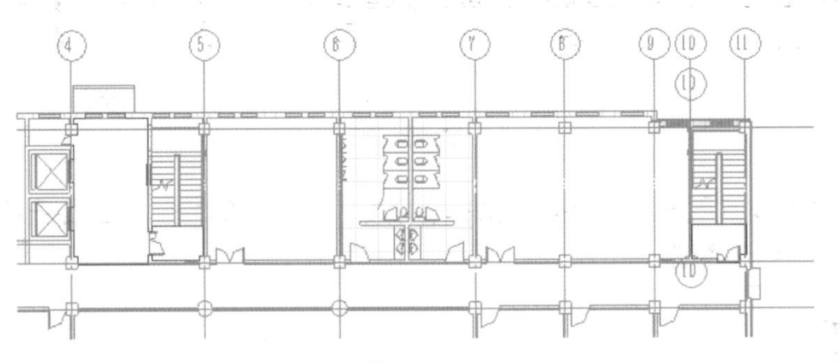

图 2.2-50

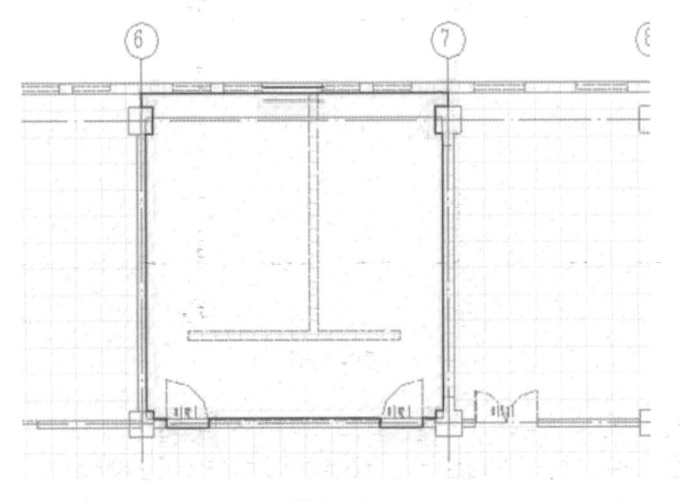

图 2.2-51

单击“建筑”>“楼梯坡道”>“栏杆扶手”>“绘制路径”命令，绘制Ⓒ轴上④、⑤轴间，⑤、⑥轴间，⑥、⑦轴之间栏杆，如图 2.2-52 所示。

在创建栏杆时，所绘制的路径需要连续无断点，故图 2.2-52 中所示 3 段栏杆需要分别创建。

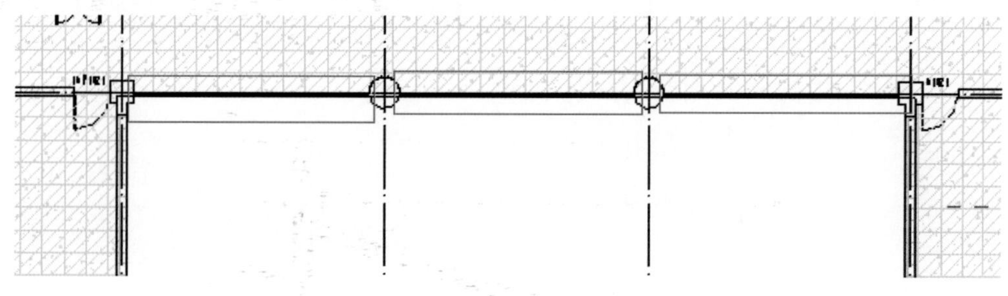

图 2.2-52

进入 3F 视图中，单击“建筑”>“工作平面”>“参照平面”，在Ⓑ轴下方绘制一条距离Ⓑ轴 2415 的参照平面，如图 2.2-53 所示。

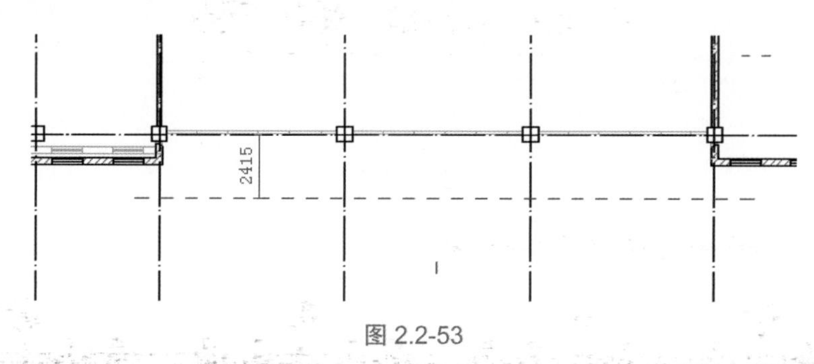

图 2.2-53

单击“建筑”>“墙”，选择“基墙 - 陶粒空心砖 -250 厚”类型，顶部约束调整为 4F，顶部偏移 –650，单击“修改”>“绘制”>“起点 - 终点 - 半径弧”，单击④轴与结构柱下表面交点作为第一点，单击⑦轴与结构柱下表面交点为第二点，单击参照平面确定弧形墙的弧度，完成弧形墙的绘制，如图 2.2-54 所示。

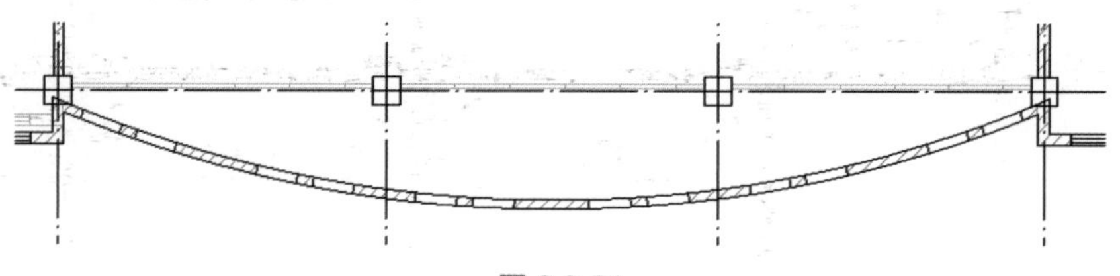

图 2.2-54

单击“建筑”>“窗”命令如图 2.2-55 所示插入窗构件。

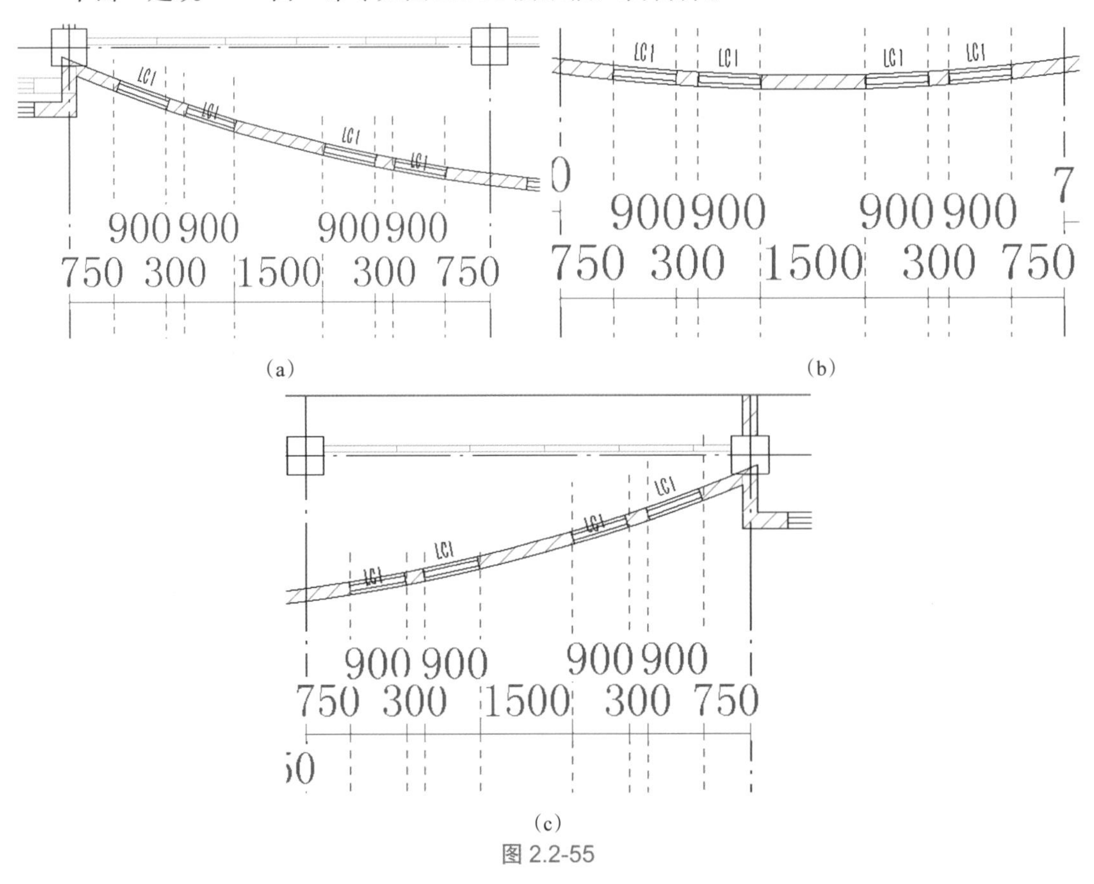

（a）（b）

（c）

图 2.2-55

如图 2.2-56 所示绘制 3F 楼层的内墙和门。

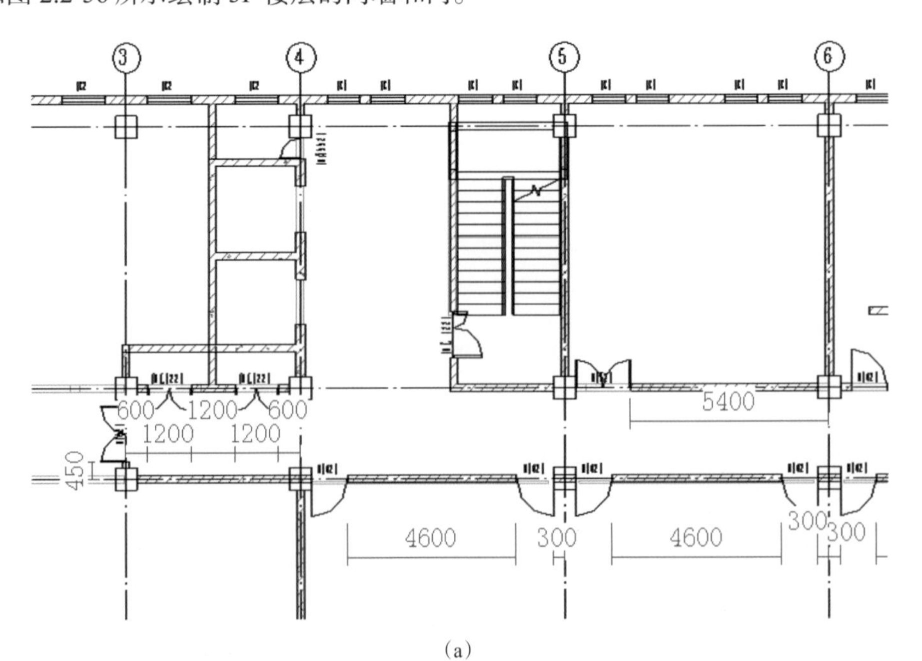

（a）

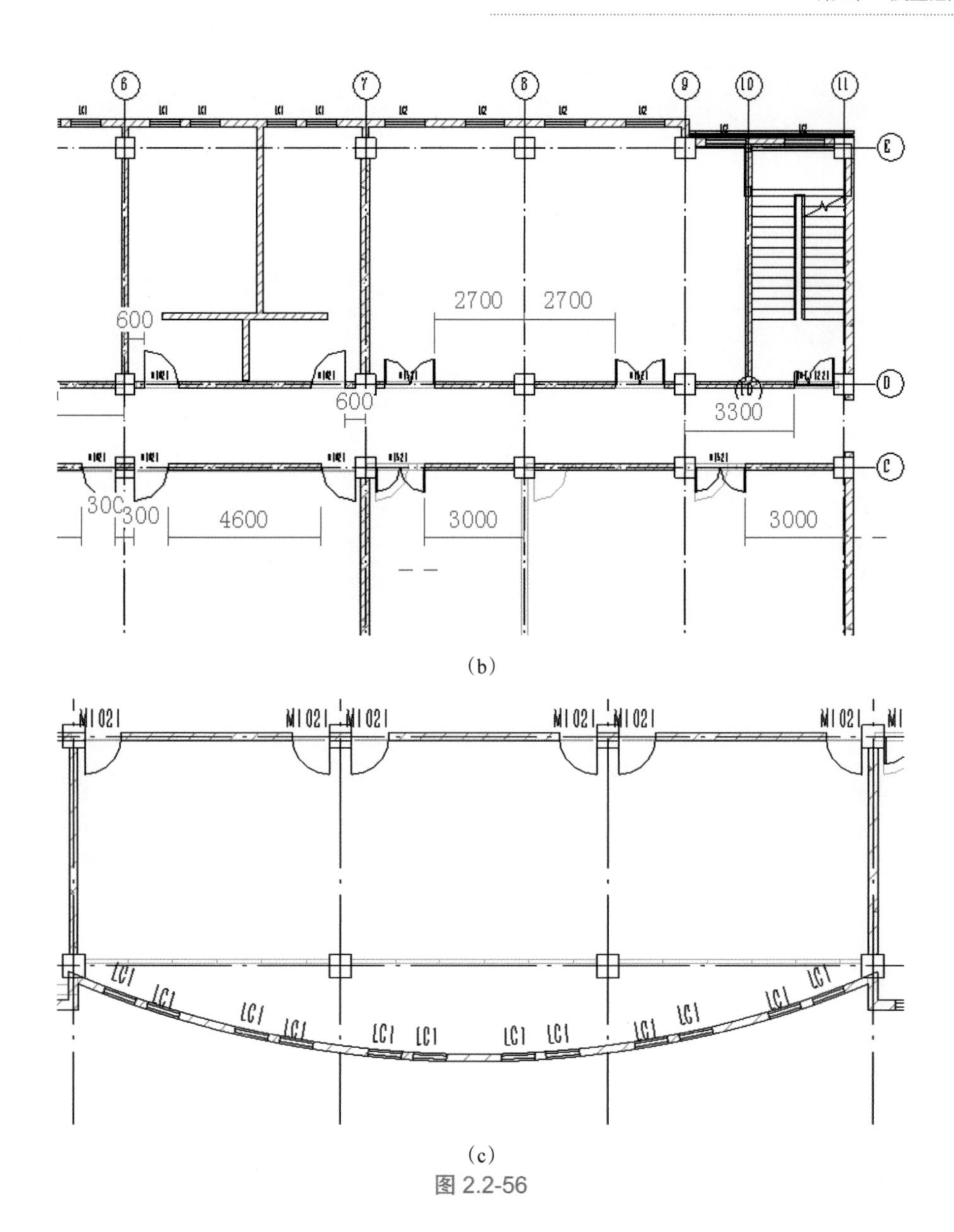

(b)

(c)

图 2.2-56

选择如图 2.2-57 所示墙体及门窗对齐复制到 4F。

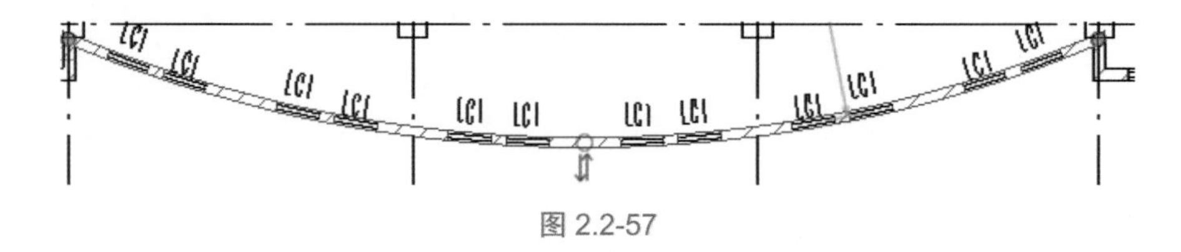

图 2.2-57

单击“建筑”>“楼板”命令，选择“楼面 3”绘制如图 2.2-58 所示楼板。

重复楼板绘制命令，选择“楼面 1”绘制如图 2.2-59 所示楼板。

重复楼板绘制命令，选择“楼板 2”，自偏移标高设置为 –50，绘制如图 2.2-60 所示楼板。

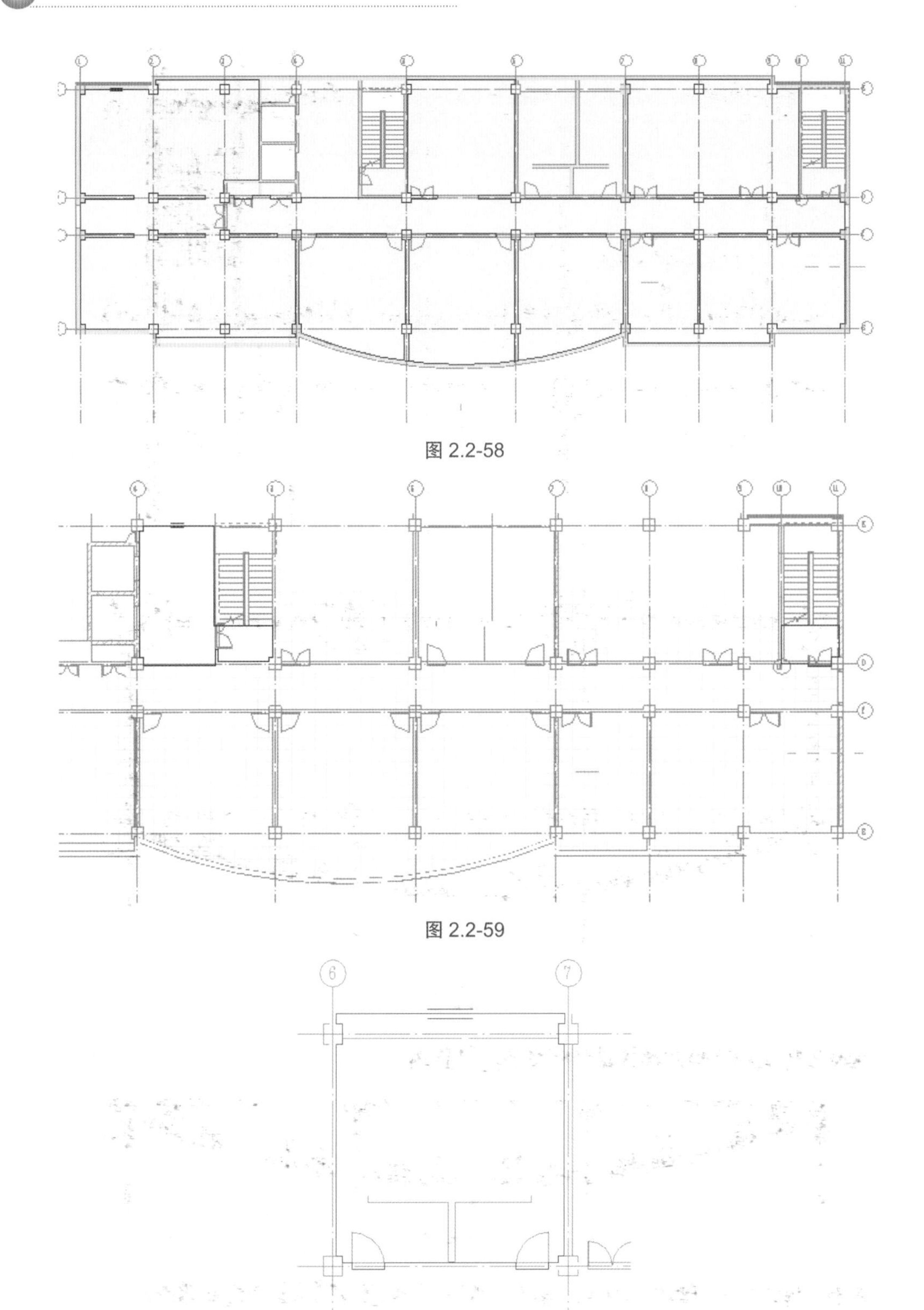

图 2.2-58

图 2.2-59

图 2.2-60

进入 4F 视图中，绘制如图 2.2-61 所示墙体和门构件。

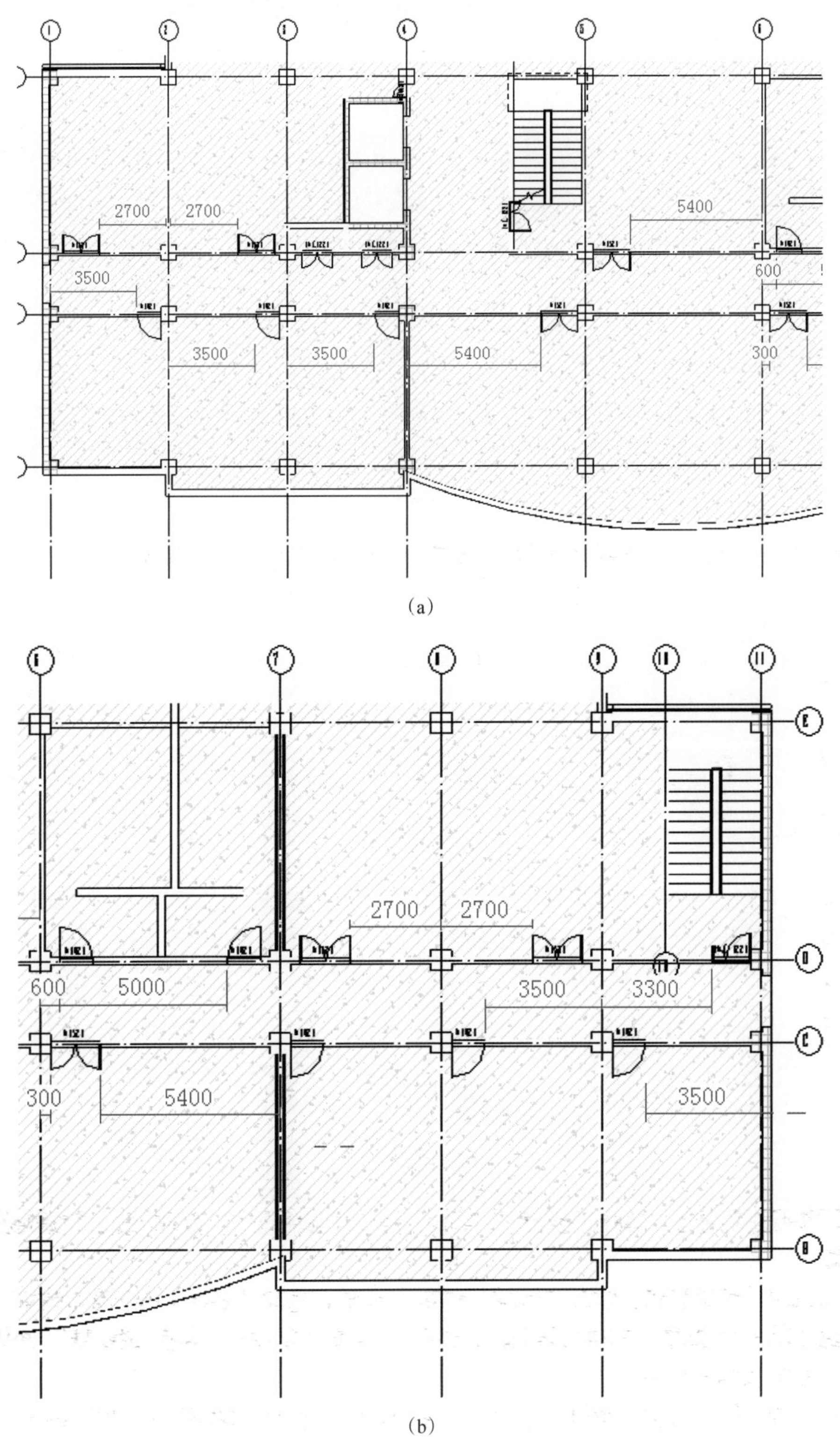

（a）

（b）

图 2.2-61

单击“建筑” > “楼板”命令，选择“楼面 3”类型创建如图 2.2-62 所示楼板。

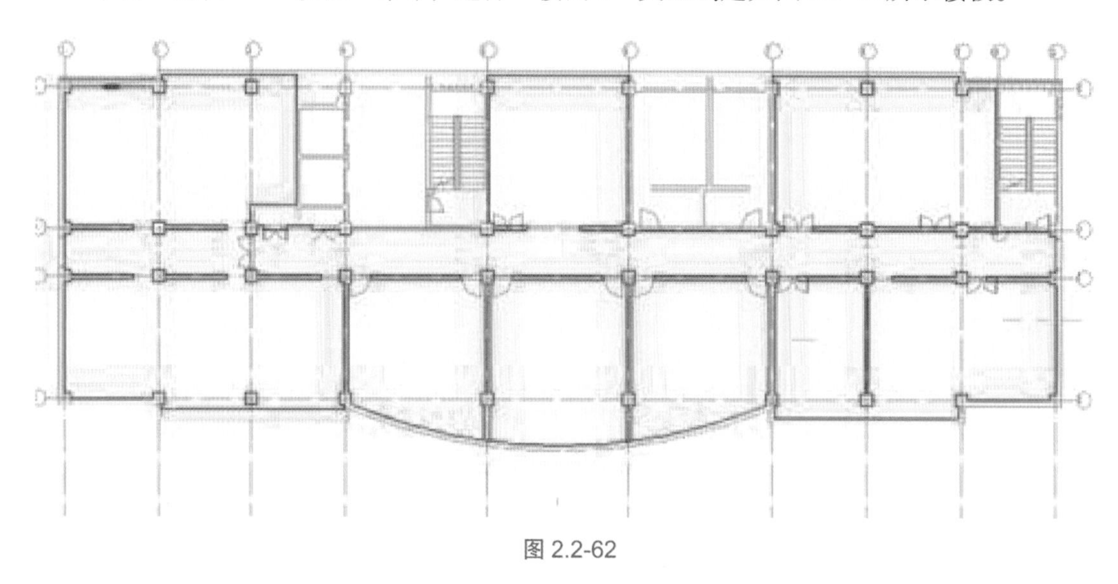

图 2.2-62

重复楼板绘制命令，选择“楼面 1”类型绘制如图 2.2-63 所示楼板。

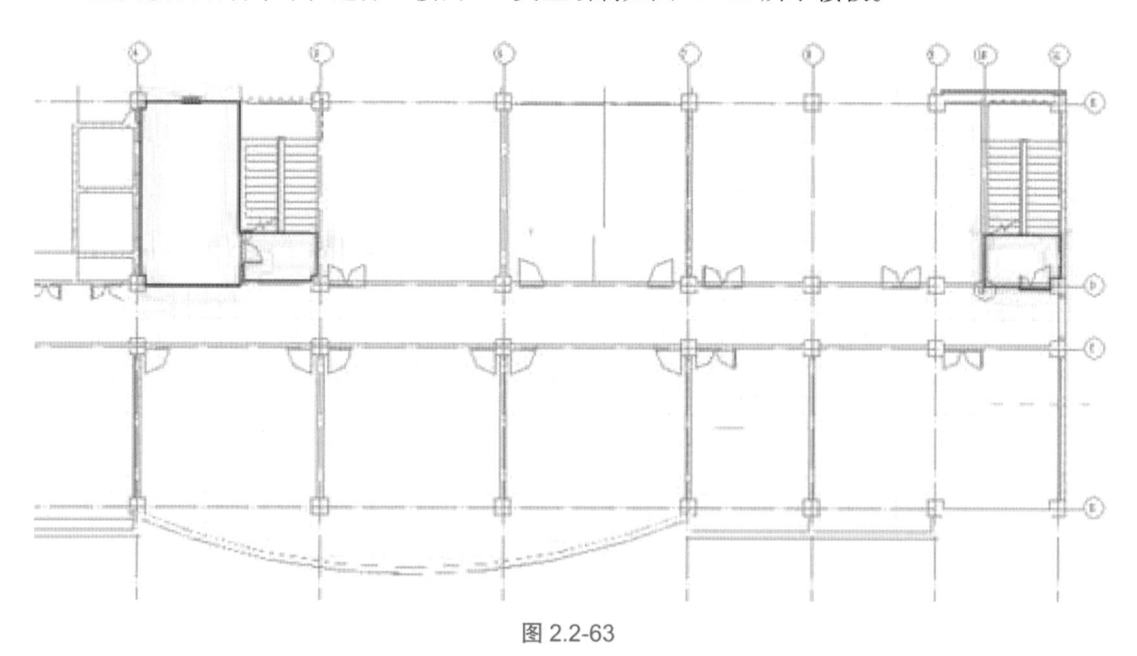

图 2.2-63

重复楼板绘制命令，选择“楼面 2”类型，将“自偏移高度”改为 –50，绘制如图 2.2-64 所示楼板。

进入机房层平面视图，单击“建筑”>“墙”命令，选择“基墙 - 陶粒空心砌块 -200 厚”类型绘制Ⓔ轴上方③轴、⑤轴之间墙体，选择“基墙 - 陶粒空心砌块 -200 厚”类型绘制剩余墙体，如图 2.2-65 所示。

单击“建筑” > “门”命令绘制机房层的门构件，单击“建筑” > “窗”命令，在属性面板中将底高度修改为 –1000 绘制机房层窗构件，如图 2.2-66 所示。

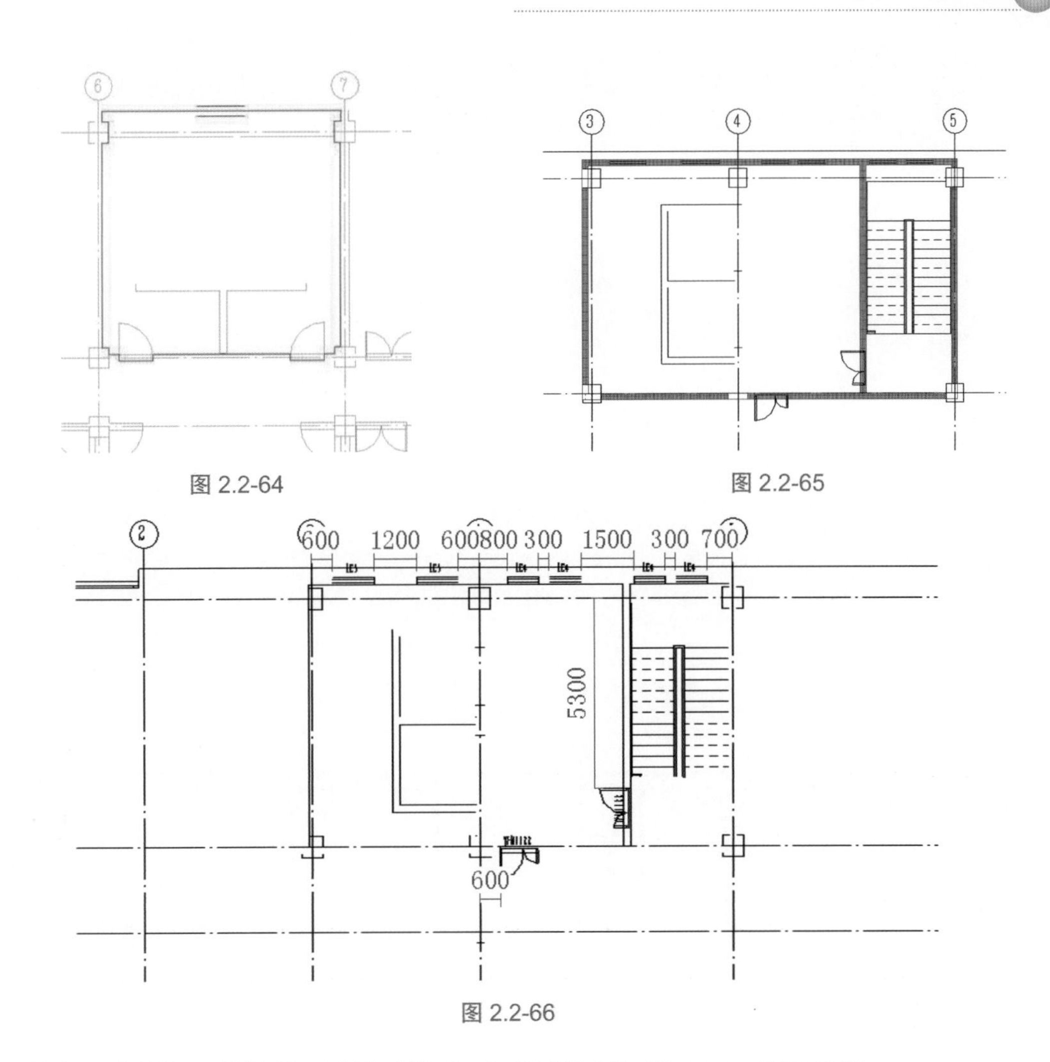

图 2.2-64

图 2.2-65

图 2.2-66

单击“建筑” > “楼板”，选择“楼面 1”类型绘制如图 2.2-67 所示楼板。

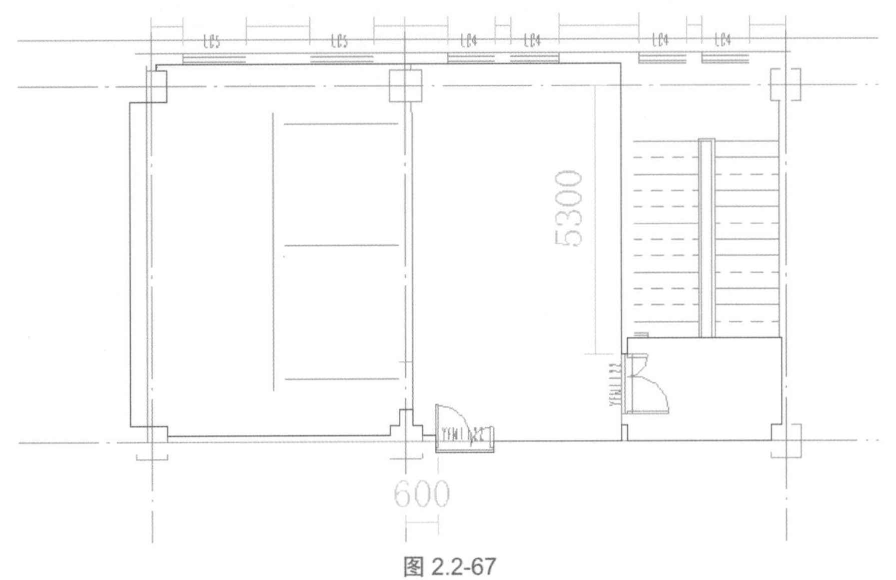

图 2.2-67

单击“建筑”>“墙”命令，选择“基墙 - 陶粒空心砌块 -120 厚”类型，调整顶部约束为“未连接”，高度调整为 940，绘制如图 2.2-68 所示墙体。

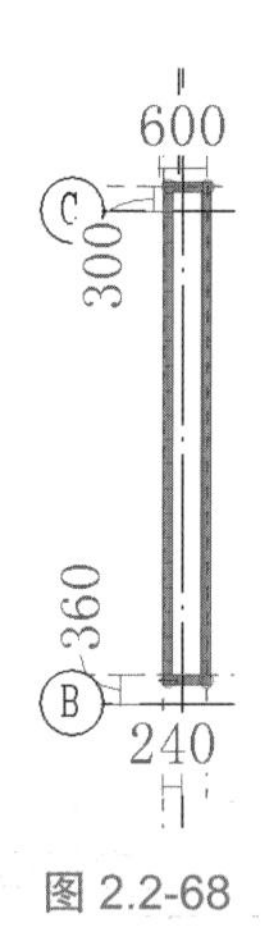

图 2.2-68

重复墙体“基墙 - 陶粒空心砌块 -240 厚”类型，调整顶部约束为“无连接”，顶部高度为 850，绘制如图 2.2-69 所示女儿墙。

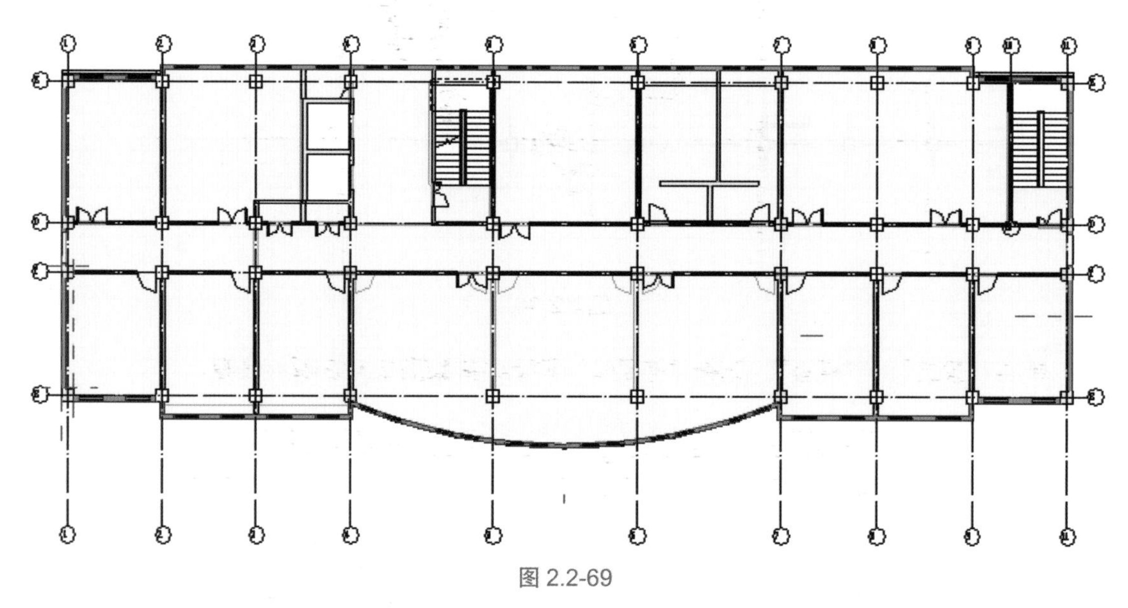

图 2.2-69

单击“建筑”>“楼板”命令，新建类型“风井板 60 厚”，如图 2.2-70 所示楼板。

重复楼板绘制命令，新建类型“女儿墙压顶 150 厚”，单击“修改”>“绘制”>“拾取线”命令，，将选项栏中偏移量改为 50，拾取女儿墙边界线创建压顶，如图 2.2-71 所示。

“上人屋面 106 厚”类型，在选项栏中将“定义坡度”取消勾选，属性面板中“自标高的底部偏移”调整为 –100，沿建筑墙体外侧及女儿墙内侧绘制如图 2.2-72 所示屋面。

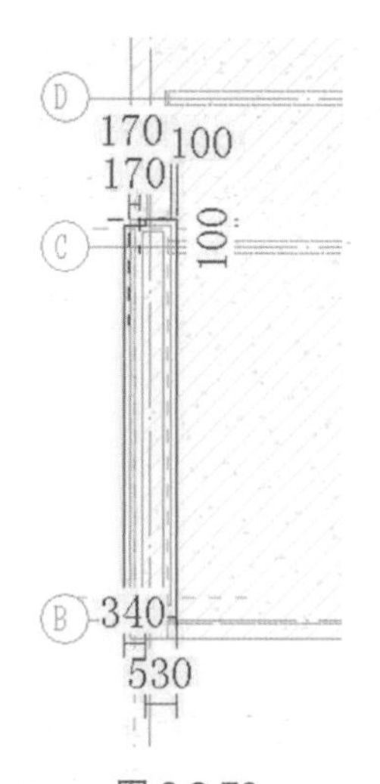

图 2.2-70

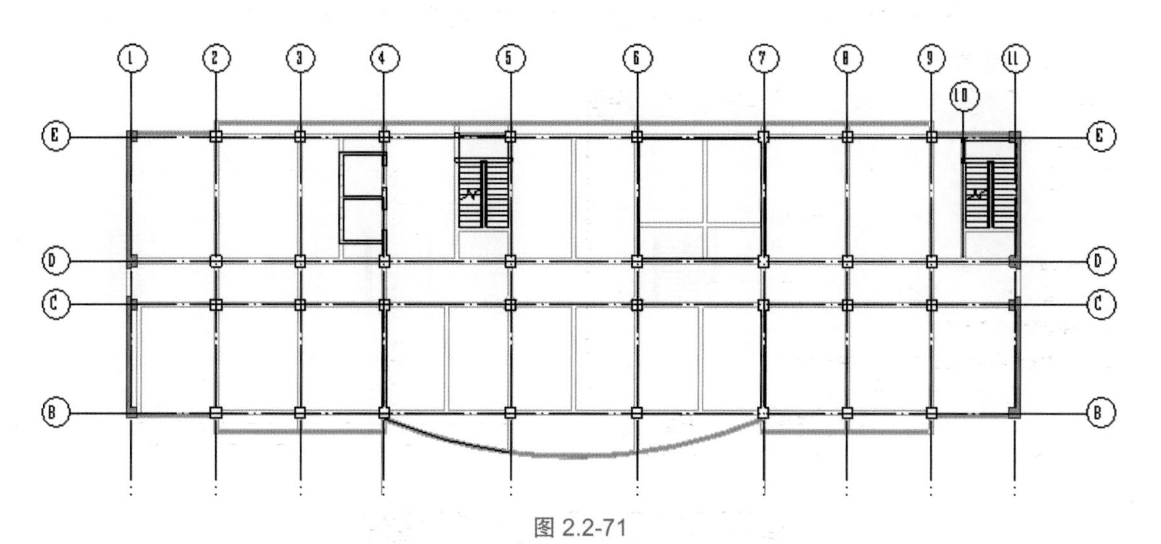

图 2.2-71

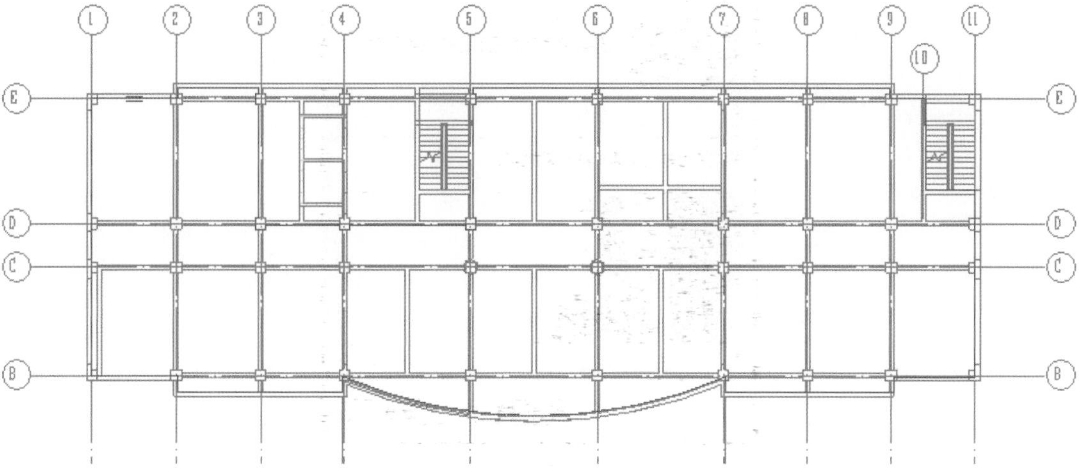

图 2.2-72

进入屋顶层平面视图中，单击“建筑”>“屋顶”>“迹线屋顶”命令，选择“屋面 3- 不上人屋面 100 厚”取消勾选坡度选项，在属性面板中将“自标高的底部偏移”调整为 –100，绘制如图 2.2-73 所示屋面。

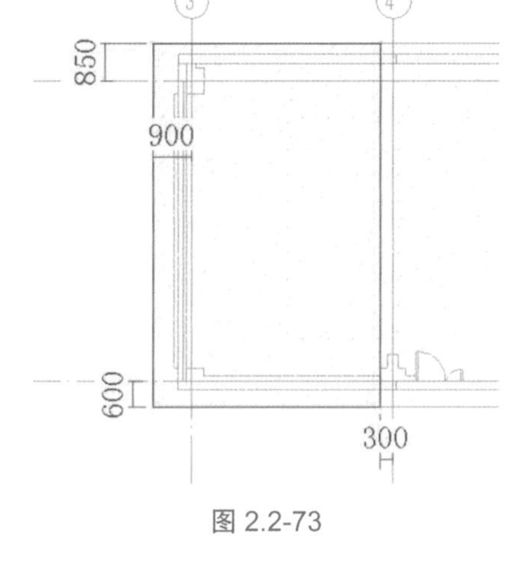

图 2.2-73

单击“建筑”>“构建”>“屋顶”>“拉伸屋顶”命令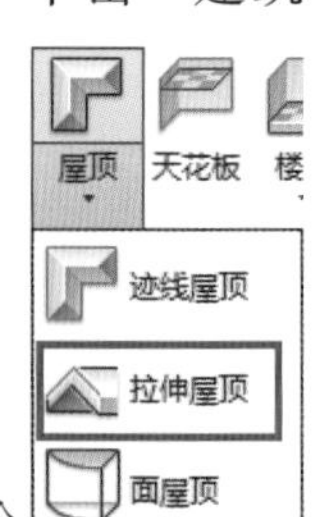

，在弹出的对话框中选择“拾取一个工作平面”，单击确定，拾取Ⓓ轴下方“屋面 3”的下边缘线，在弹出的“转到视图”对话框中选择“立面：建筑 - 南”视图，单击“打开视图”。如图 2.2-74 所示。

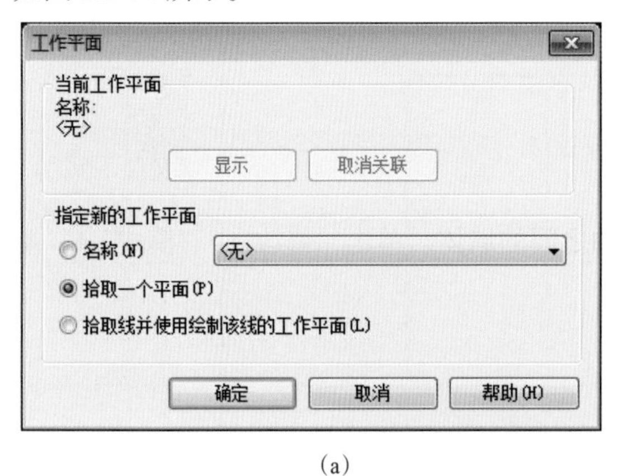

(a)

(b)

(c)

图 2.2-74

进入南立面视图中，在弹出对话框中调整标高为“屋顶层”，单击确定进入屋顶绘制界面。见图 2.2-75。

选择“屋面 2- 坡屋面 100 厚”，单击“修改” > “绘制” > “拾取”命令，将选项栏中偏移量改为 100，拾取结构楼板上表面，创建如图 2.2-76 所示屋面轮廓，单击“完成”命令完成绘制。

图 2.2-75

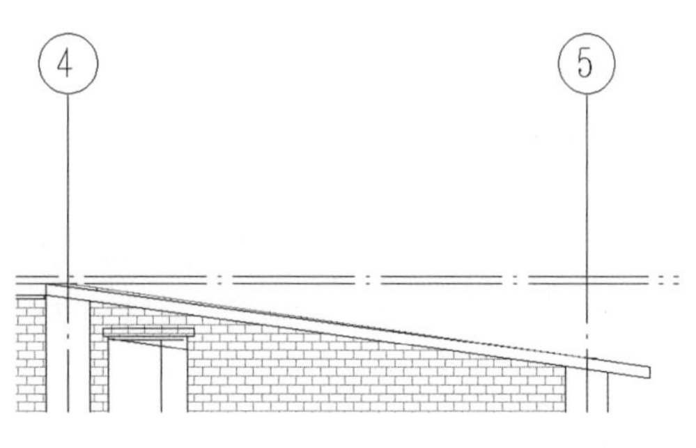

图 2.2-76

进入屋顶层平面图，选择绘制完成的屋面 2，通过拖拽构件的拉伸柄使屋面 2 的上下边缘线与屋面 3 对齐，如图 2.2-77 所示。

进入南立面图中，选择屋顶层④轴、⑤轴之间的墙体，单击“修改” > “模式” > “编辑轮廓

”，将墙体轮廓修改为如图 2.2-78 所示的轮廓。

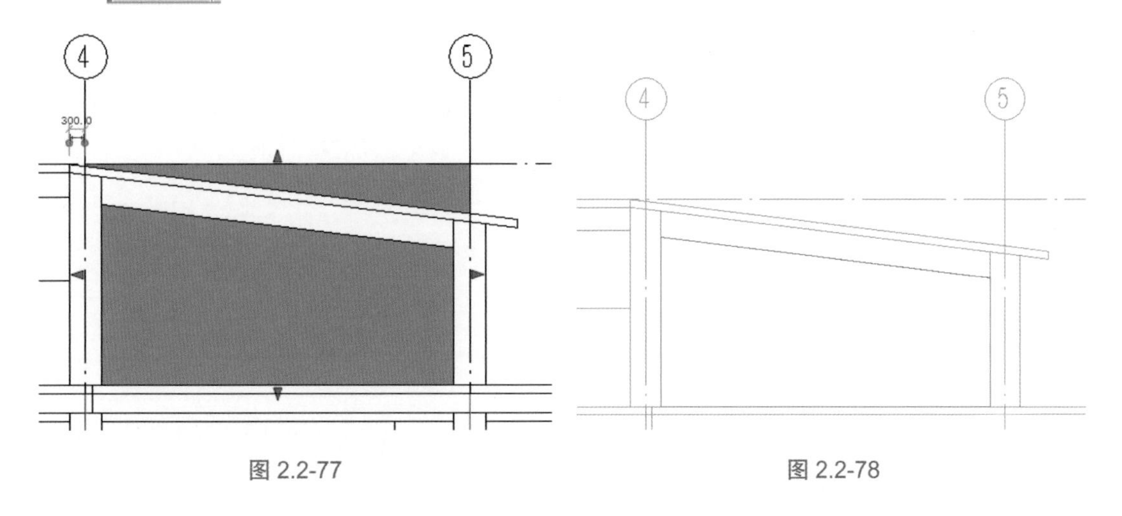

图 2.2-77　　图 2.2-78

进入北立面图中，选择屋顶层墙体进行轮廓编辑，如图 2.2-79 所示。

进入 2F 平面视图中，单击“建筑” > “墙”命令，选择“基墙 - 陶粒空心砖 -340 厚”类型，在属性面板中将“顶部约束”修改为“未连接”，高度修改为 700，绘制④轴上Ⓐ、

Ⓑ轴之间，⑦轴上Ⓐ、Ⓑ轴之间墙体，选择“基墙 - 陶粒空心砖 -300 厚”类型，在属性面板中将“顶部约束”修改为“未连接”，高度修改为 700，绘制Ⓐ轴上④轴、⑦轴之间墙体，如图 2.2-80 所示。

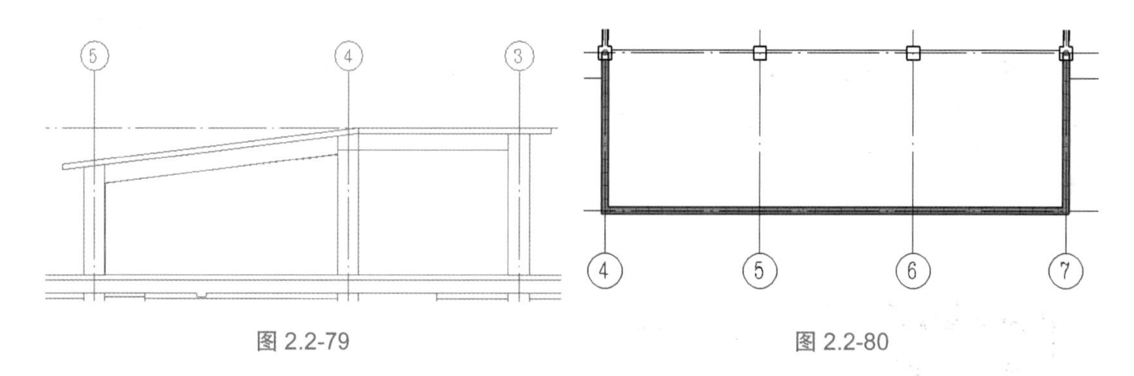

图 2.2-79　　　　　　　　　　图 2.2-80

单击“建筑”>“屋顶”>“迹线屋顶”，选择“屋面 3- 不上人屋面 100 厚”，取消坡度勾选，将“自标高底部偏移”设置为 –100，沿刚刚绘制的墙体内边缘绘制屋面，如图 2.2-81 所示。

进入 1F 视图平面中，单击“建筑”>“楼板”命令，选择“楼面 1”类型绘制如图 2.2-82 所示楼面。

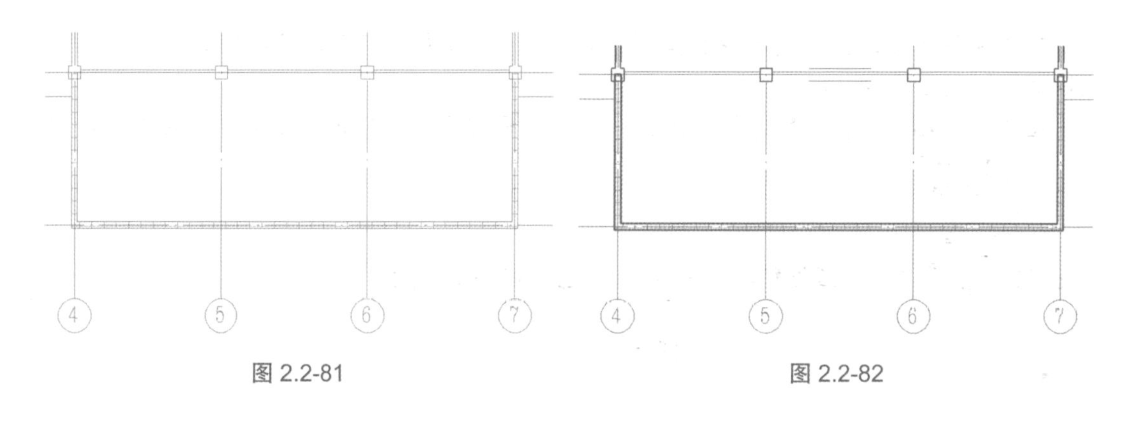

图 2.2-81　　　　　　　　　　图 2.2-82

完成绘制后，单击“建筑”>“构建”>“楼板”>“楼板边”命令（楼板 / 幕墙系统 / 幕墙网格；楼板:建筑 / 楼板:结构 / 面楼板 / 楼板:楼板边），在属性面板中选择“楼板边缘 - 台阶”单击拾取楼板东、西、南三侧边缘，创建台阶，如图 2.2-83 所示。

重复楼板绘制命令，新建“台阶 150 厚”类型绘制如图 2.2-84 所示楼板，绘制完成后在楼板东、西、北三侧添加楼板边，效果如图 2.2-85 所示。

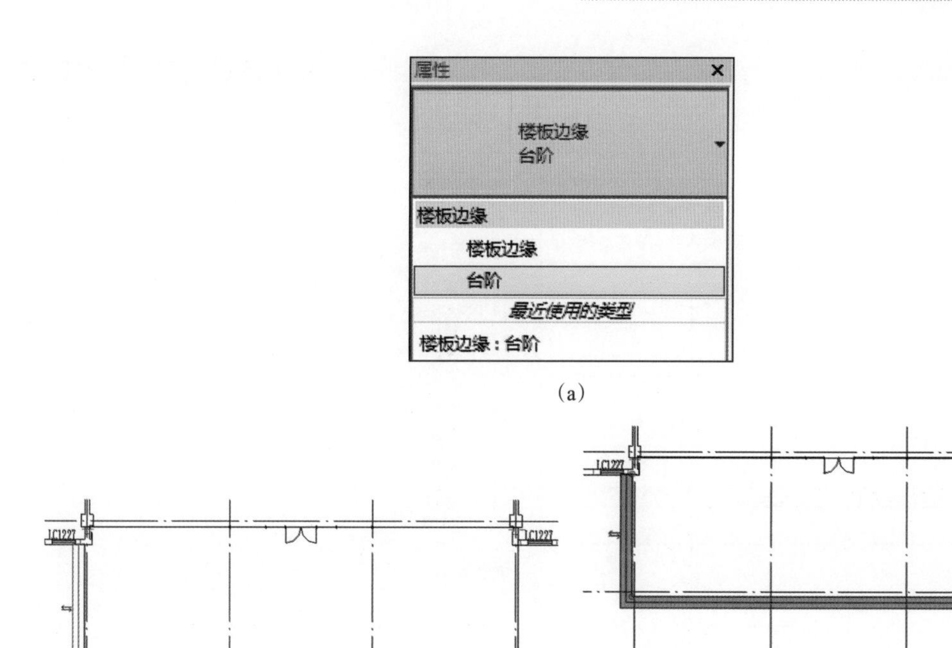

图 2.2-83

单击“建筑”>“构件”>“放置构件”，选择“ BM_ 电梯 - 后配重”，并放置电梯，如图 2.2-86 所示，放置完成后利用 Ctrl 键加选两个电梯构件并对齐复制到 2F、3F、4F。

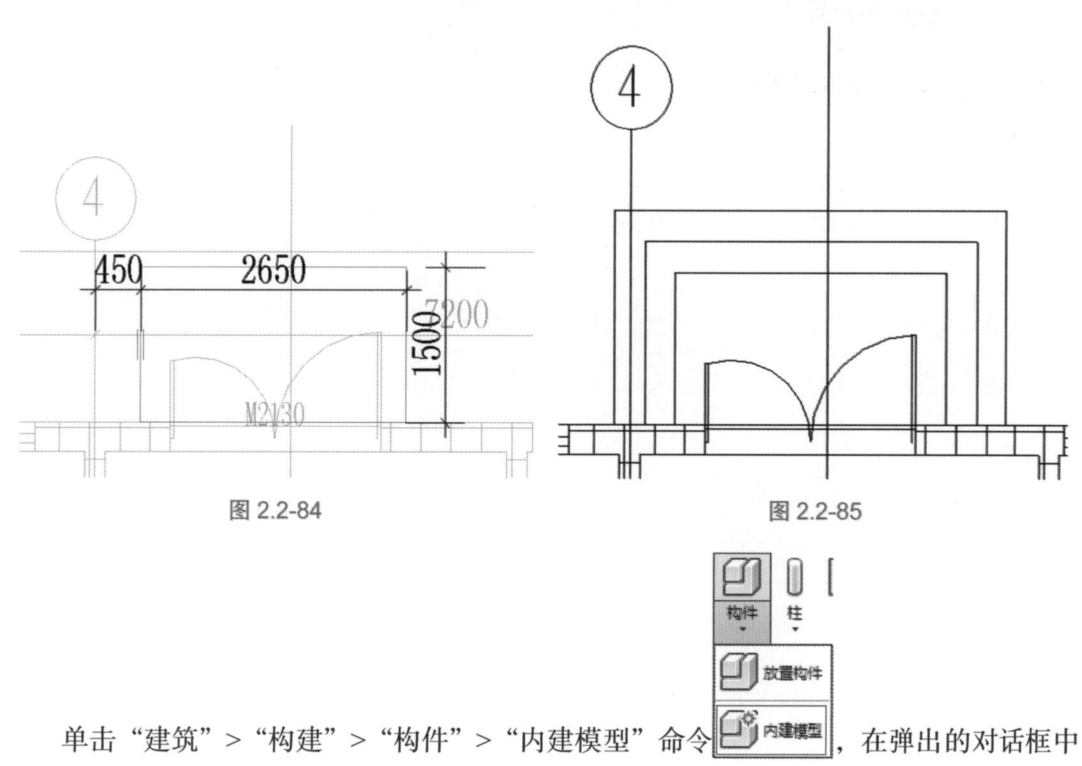

图 2.2-84　　图 2.2-85

单击“建筑”>“构建”>“构件”>“内建模型”命令，在弹出的对话框中选择“常规模型”，单击确定，将命名修改为“散水”，单击确定进入常规模型的创建界面，如图 2.2-87 所示。

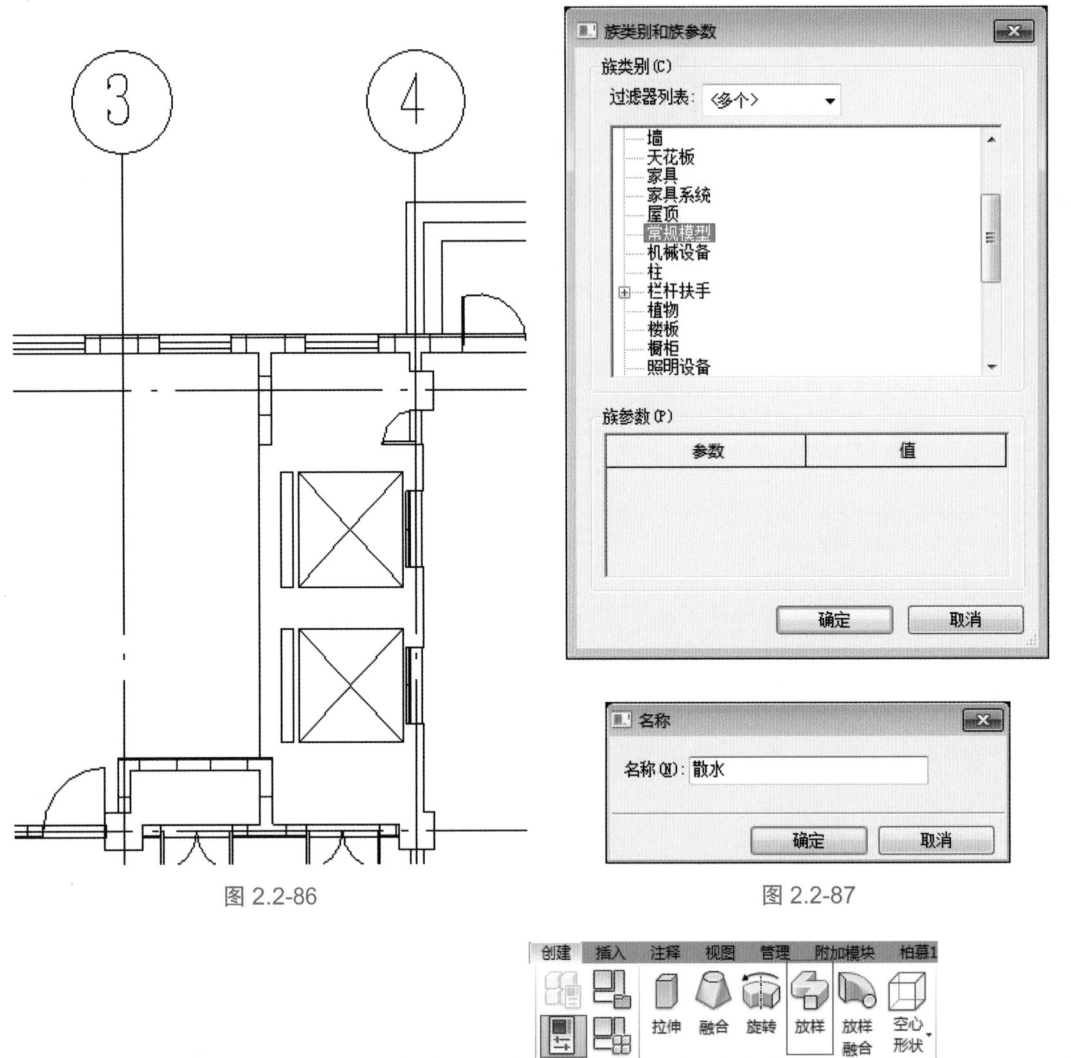

图 2.2-86　　图 2.2-87

单击“创建”>“形状”>“放样”命令，开始创建常规模型。

单击“修改”>“放样”>“绘制路径”命令，绘制如图 2.2-88 所示路径。

单击“模式”>“完成”完成路径绘制，单击“修改”>“放样”>“选择轮廓”，再单击“编辑轮廓”，在弹出的“转到视图”对话框中选择“立面：建筑 - 南”，单击打开视图进入南立面视图开始编辑轮廓。见图 2.2-89。

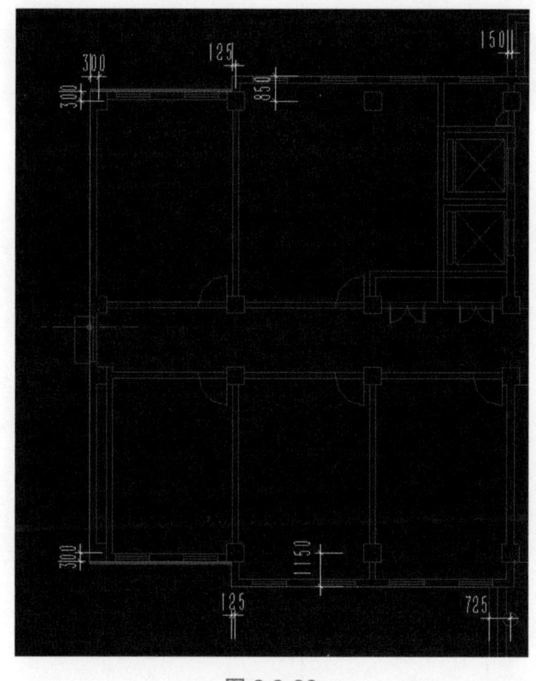

图 2.2-88

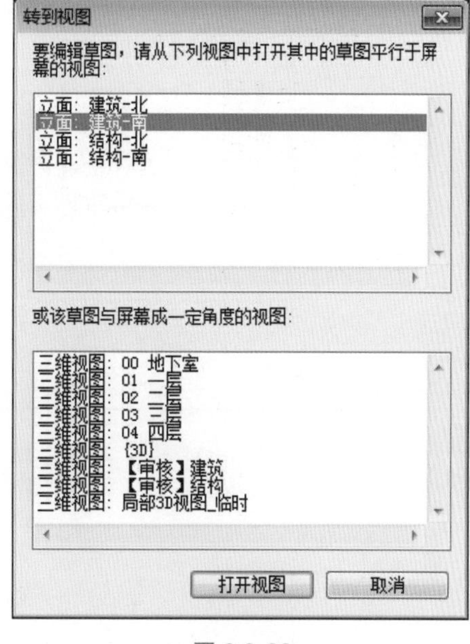

图 2.2-89

绘制如图 2.2-90 所示轮廓线，单击两次“完成”命令，完成放样的创建。

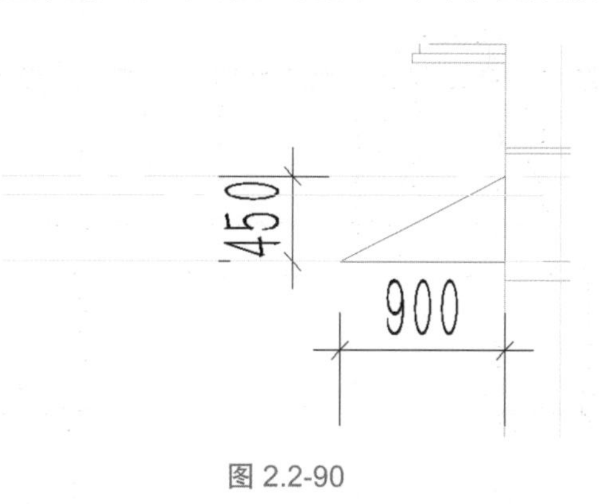

图 2.2-90

回到 1F 楼层平面，重复“放样”命令，绘制如图 2.2-91 所示两段散水。

单击“修改”>“在位编辑器”>“完成模型”命令 完成模型 取消模型 在位编辑器，完成散水的绘制。

单击“建筑”>“工作平面”>“参照平面”命令，绘制如图 2.2-92 所示 4 条参照平面。

单击“体量和场地”>“场地建模”>“地形表面”命令 地形表面，在选项栏中将“高程”选项修改为 –450 高程 -450，单击依次拾取 4 条参照平面的交点，单击“完成”命令完成创建，效果如图 2.2-93 所示。

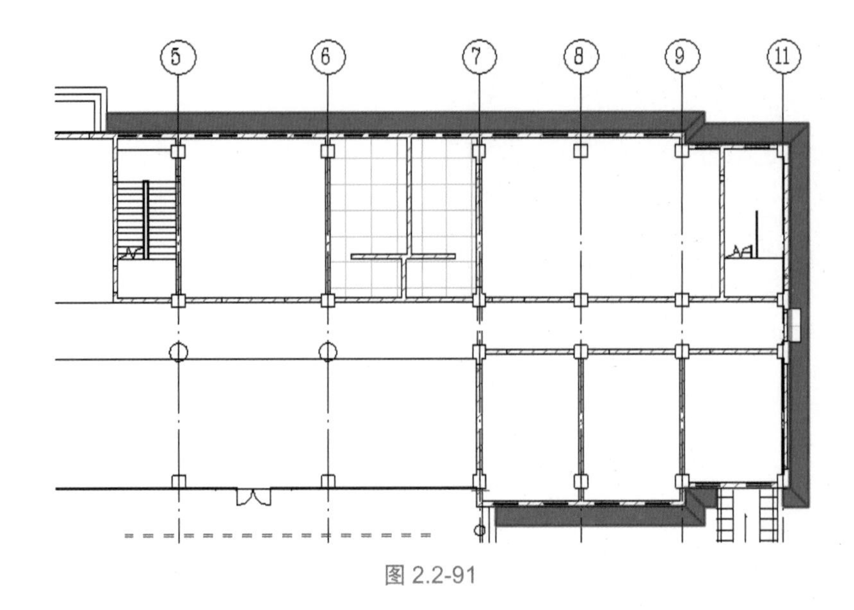

图 2.2-91

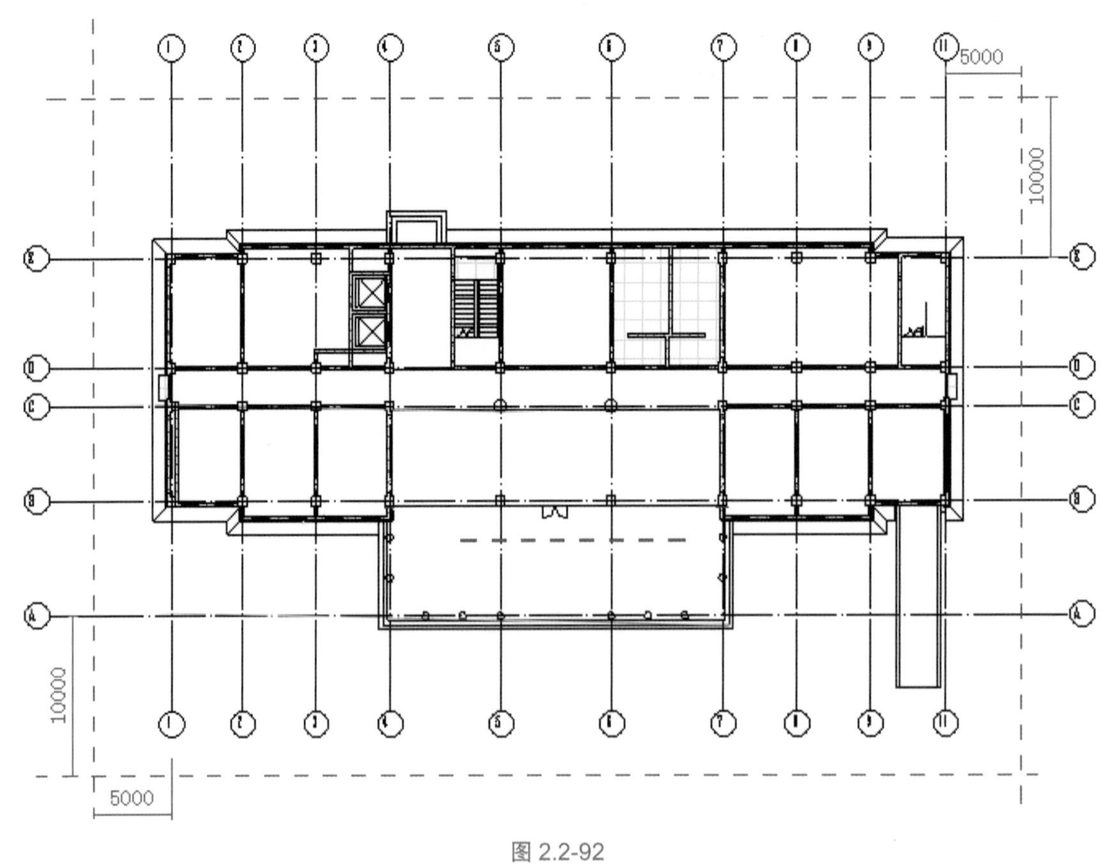

图 2.2-92

单击“体量和场地”>“修改场地”>“拆分表面”命令拆分表面，再单击拾取绘制的场地，进入绘制界面，绘制如图 2.2-94 所示边缘线。

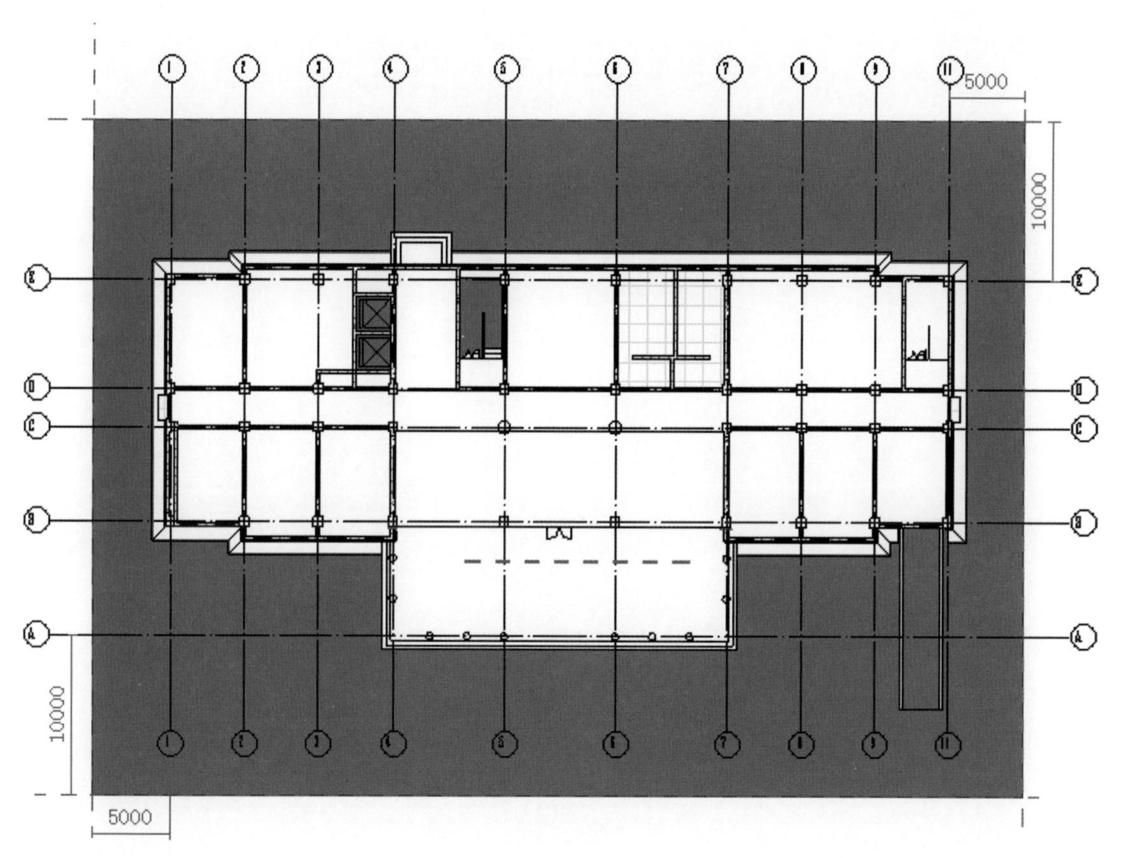

图 2.2-93

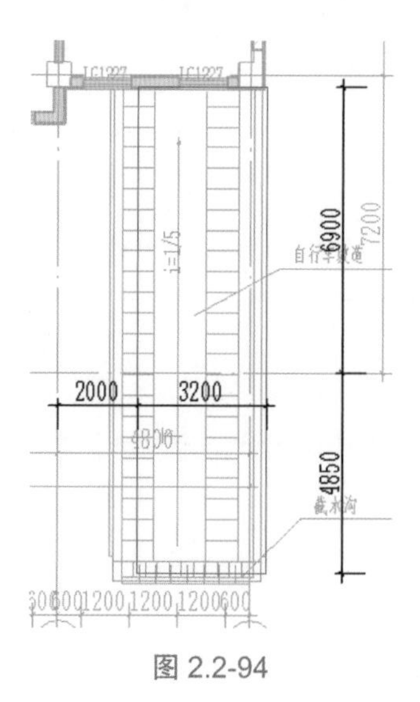

图 2.2-94

进入 1F 视图中，沿 1F 视图中建筑的外边缘轮廓线绘制剩余轮廓线。如图 2.2-95 所示。单击“模式”>“完成”完成绘制。回到 1F 视图中选择拆分出来的地形图元，Delete 键删除即可，如图 2.2-96 所示。

至此，建筑模型绘制完成，保存文件。

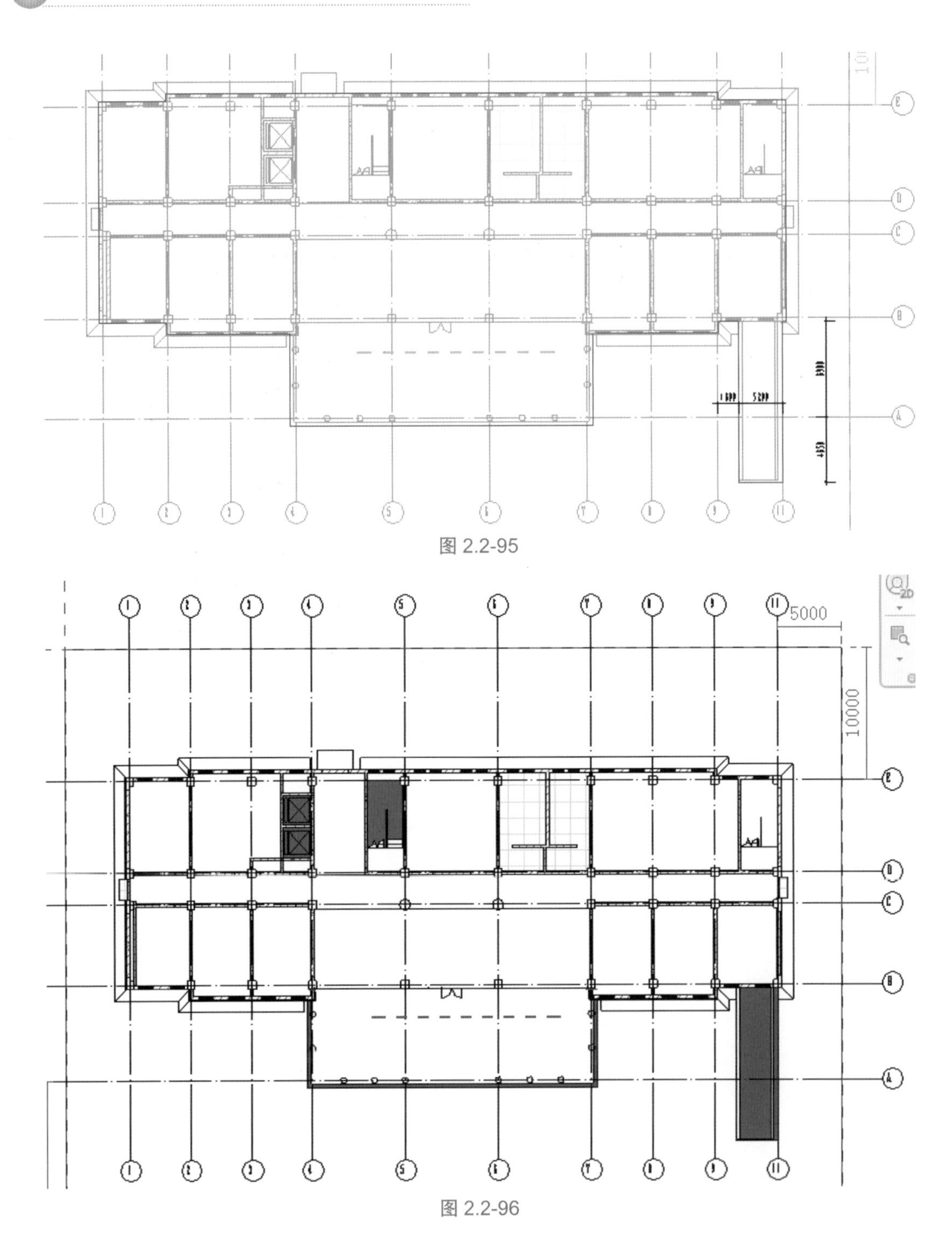

图 2.2-95

图 2.2-96

2.2.4 任务总结

此次建筑建模的重点在于在绘制建筑墙体时要将墙体的顶高度调整至与结构梁的下表面平齐，要注意调整墙体顶标高。

第3章 施工图出图

3.1 建筑施工图

3.1.1 任务说明

建筑施工图主要是通过详图及尺寸标注来确定构件位置及指导施工。

3.1.2 任务分析

建筑施工图绘制主要步骤为：图面处理—详图绘制—尺寸标注—图面标注。

3.1.3 任务实施

双击桌面图标打开 Revit2014 软件，单击界面中“项目”>“打开”命令，在弹出的对话框中选择之前绘制的建筑模型，如图 3.1-1 所示。

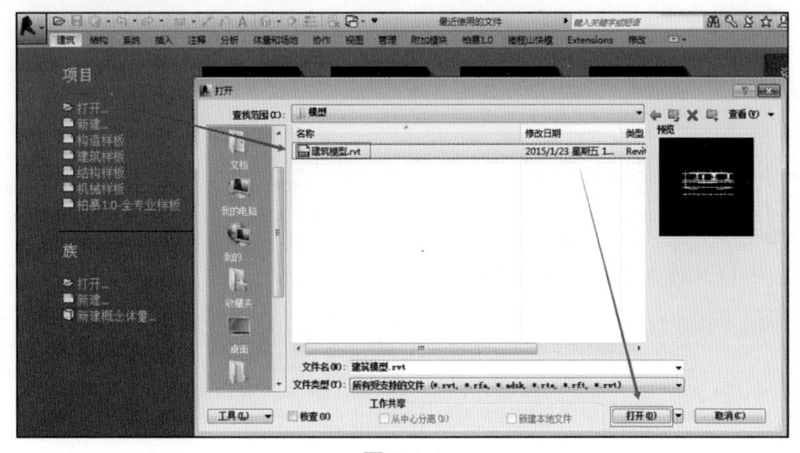

图 3.1-1

（1）平面图深化

在“项目浏览器”中双击进入 -1F 平面视图中，在“属性”面板中单击“视图样板”选择键，选择“BM_建 - 平面图出图”，单击“V/G 替换 RVT 链接”右侧“编辑”进入链接模型编辑界面。如图 3.1-2 所示。

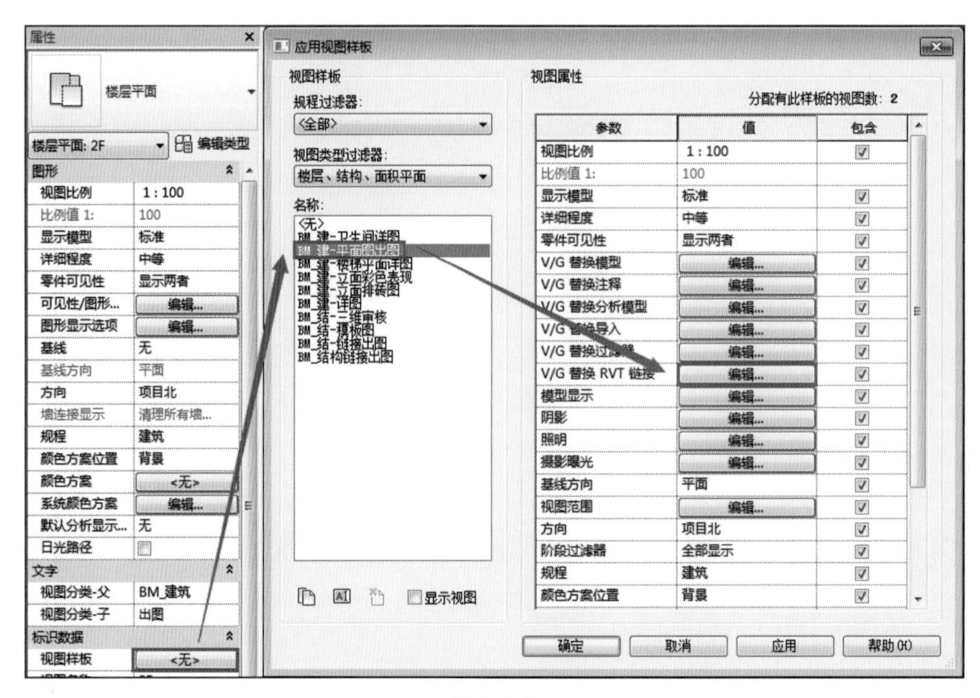

图 3.1-2

选择“注释类别”选项卡，将“注释类别”选项设置为“自定义”，取消勾选“在此视图中显示模型类别”。如图 3.1-3 所示。

选择“模型类别”选项卡，将“模型类别”设置为“自定义”，在列表中选择“墙”单击“截面填充样式”，在“填充样式图形”对话框中首先单击“清除替换”，然后做如图 3.1-4 所示设置，单击 4 次确定应用视图样板。

单击“注释”>“尺寸标注”>“对齐”命令 ，在属性面板中选择“线性尺寸标注”>“3.5-长仿宋 -0.8(上右)”类型，依次单击拾取要标注的轴线或构件边缘线即可创建尺寸标注，创建完成后在空白处单击即可结束绘制，如图 3.1-5 所示。

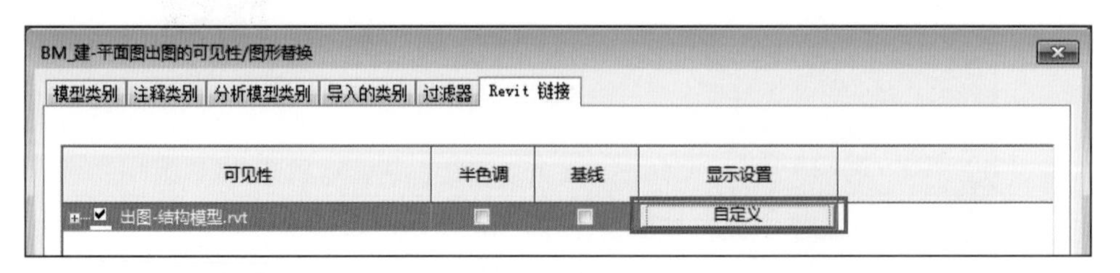

(a)

RVT 链接显示设置
基本
模型类别
注释类别
分析模型类别
导入类别
工作集
注释类别(O):
<自定义>
在此视图中显示注释类别(S)
如果没有选中某个类别，则该类别将不可见。
过滤器列表(F):
<多个>
可见性
投影/表面
线
填充图案
透明度
截面
填充图案
半色调
专用设备标记
云线批注
云线批注标记
位移路径
体量标记
体量楼层标记
停车场标记
内部点荷载标记
内部线荷载标记
内部面荷载标记
分析墙标记
全选(L)
全部不选(N)
反选(I)
展开全部(X)
确定
取消
应用(A)
帮助

(b)

图 3.1-3

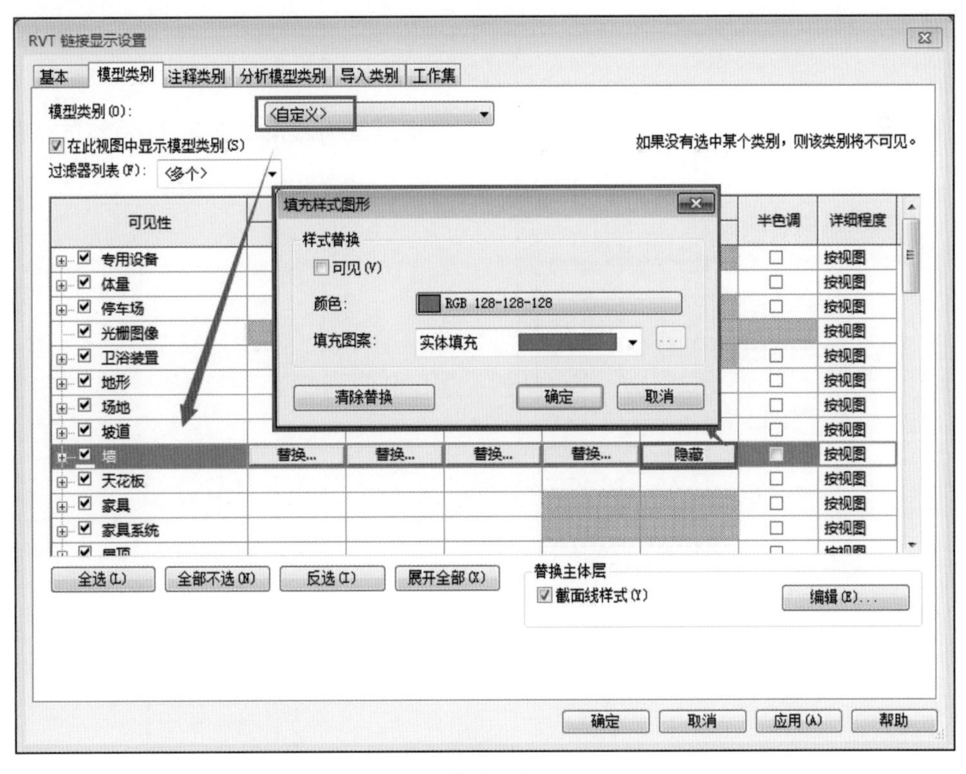
RVT 链接显示设置
基本
模型类别
注释类别
分析模型类别
导入类别
工作集
模型类别(O):
<自定义>
在此视图中显示模型类别(S)
如果没有选中某个类别，则该类别将不可见。
过滤器列表(F):
<多个>
可见性
半色调
详细程度
专用设备
体量
停车场
光栅图像
卫浴装置
地形
场地
坡道
墙
天花板
家具
家具系统
按视图
替换...
隐藏
填充样式图形
样式替换
可见(V)
颜色:
RGB 128-128-128
填充图案:
实体填充
清除替换
确定
取消
全选(L)
全部不选(N)
反选(I)
展开全部(X)
替换主体层
截面线样式(Y)
编辑(E)...
应用(A)
帮助

图 3.1-4

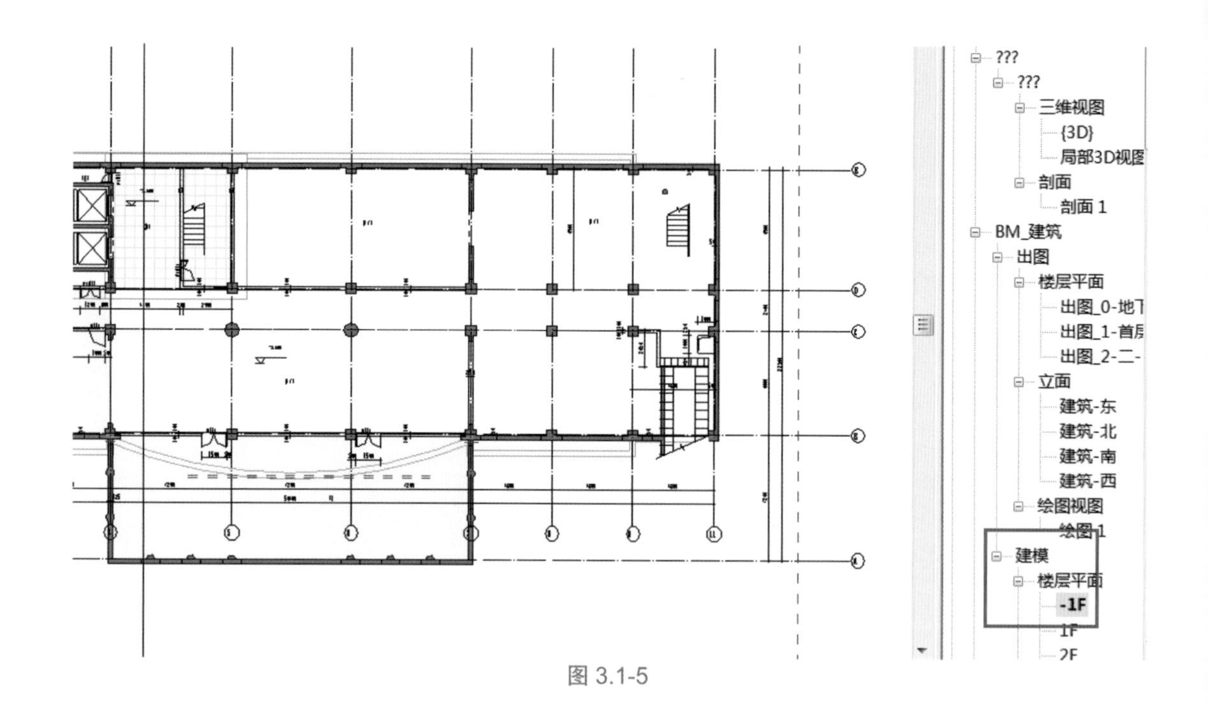

图 3.1-5

单击“注释”>“详图”>“详图线”命令，绘制如图 3.1-6 所示详图。

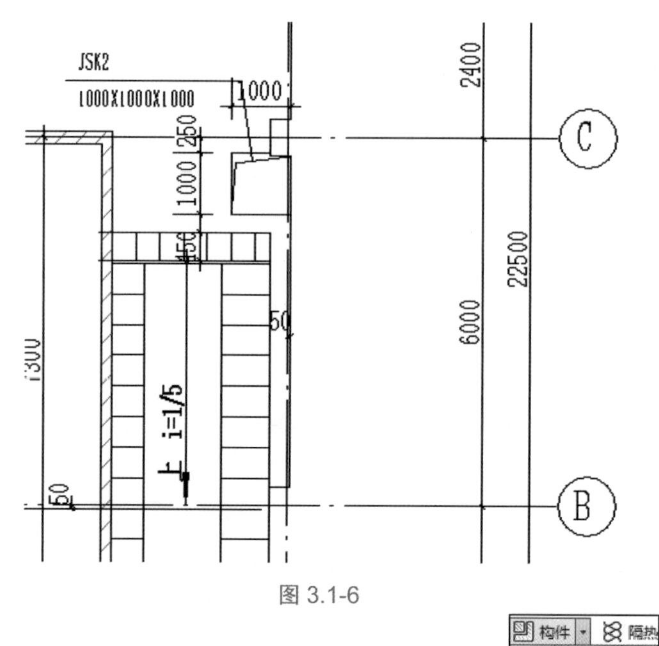

图 3.1-6

单击“注释”>“详图”>“构件”>“详图构件”命令，在“属性”面板中选择“剖断线”符号，将鼠标移动到如图 3.1-7 所示位置，单击鼠标左键放置详图构件。

选择剖断线构件，单击“修改”>“修改”>“旋转”命令，将鼠标移动到绘图界面单击一点作为起始点，逆时针移动鼠标，直接键盘输入 25，回车键结束绘制。如图 3.1-8 所示。

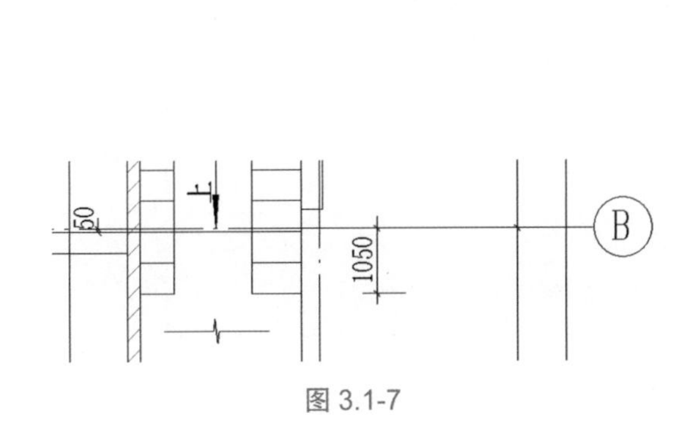

图 3.1-7

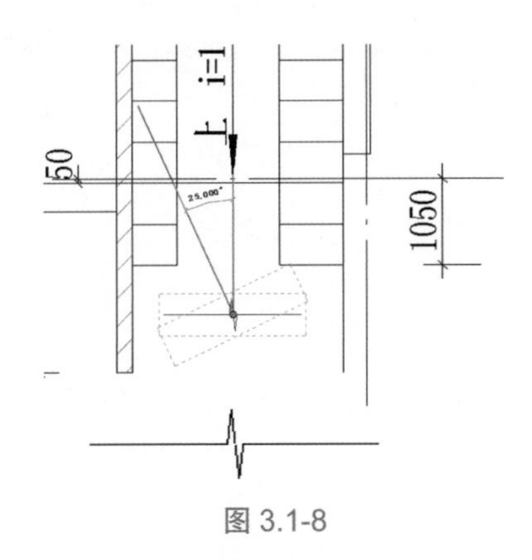

图 3.1-8

单击“注释”>“详图”>“区域”>“遮罩区域”命令，绘制如图 3.1-9 所示轮廓图，并选中高亮线段，单击“修改”>“线样式”>“细线”

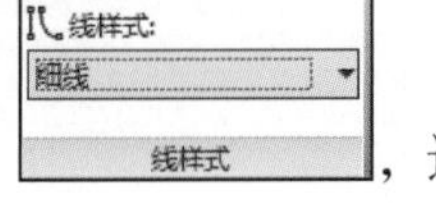

，选中其他线段，单击“修改”>“线样式”>“不可见线”。如图 3.1-9 所示。

单击“完成”完成绘制，将之前放置的剖断线符号移动至如图 3.1-10 所示位置。

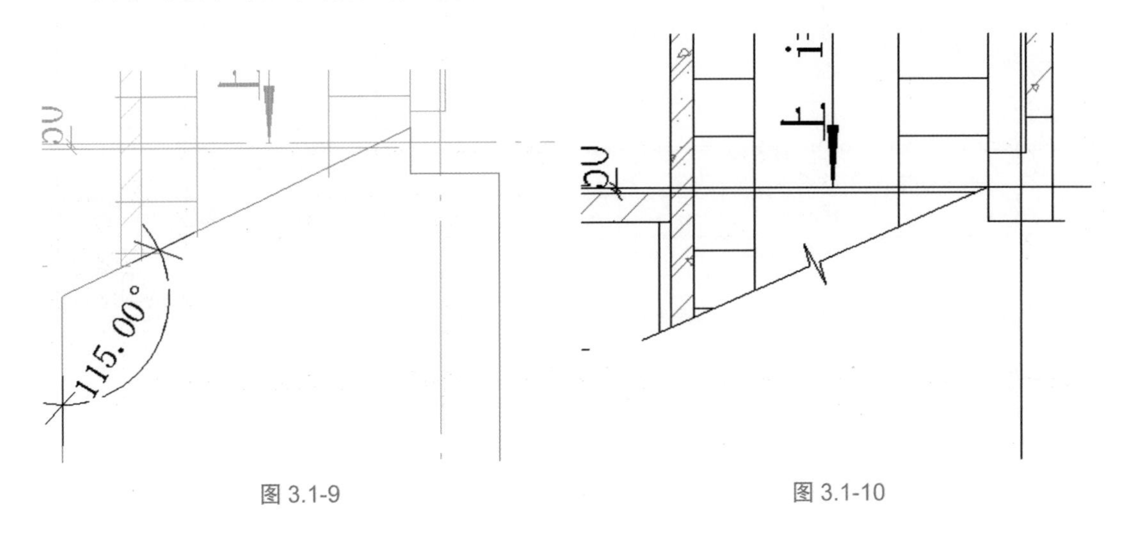

图 3.1-9

图 3.1-10

选择链接的结构模型，打开“类型编辑”对话框，勾选“房间边界”选项，单击确定完成设置。如图 3.1-11 所示。

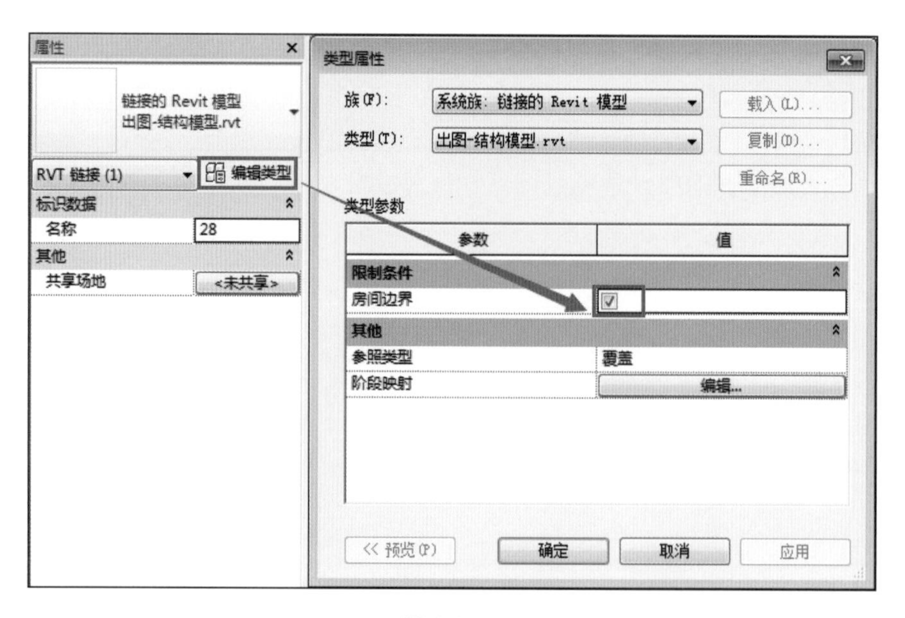

图 3.1-11

单击“建筑”>“房间和面积”>“房间分隔”命令，绘制Ⓒ轴上④轴、⑪轴之间，Ⓓ轴上⑦轴、⑪轴间的房间分隔线，如图 3.1-12 所示。

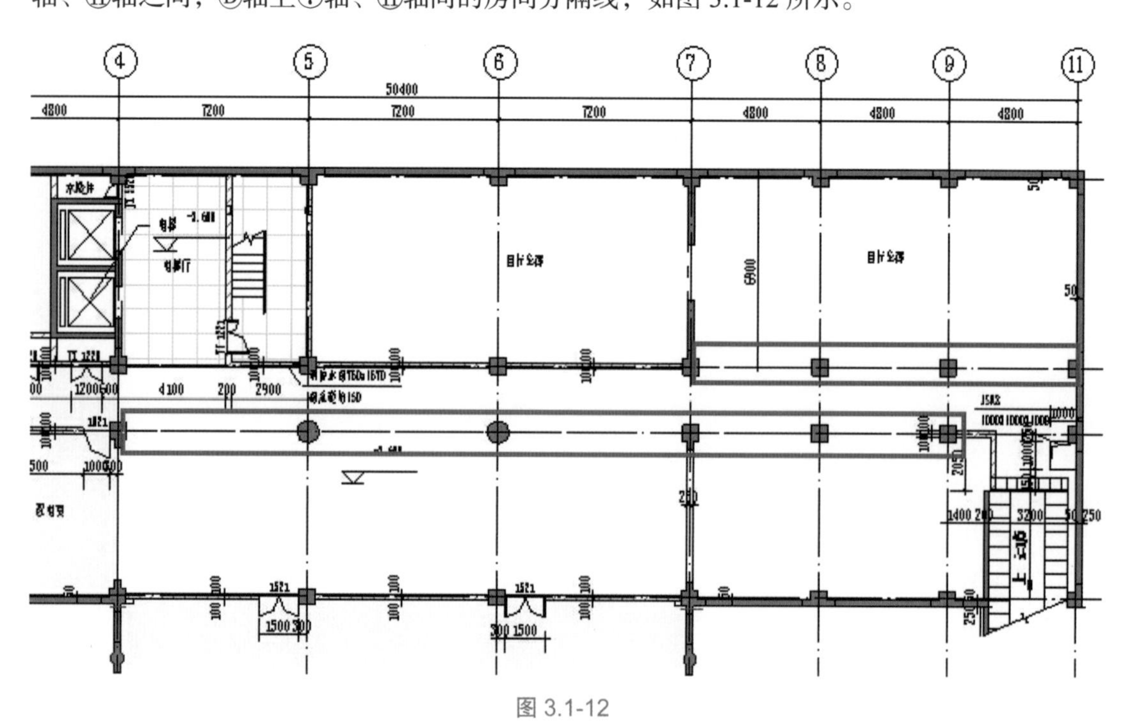

图 3.1-12

单击“建筑”>“房间和面积”>“房间”命令，将鼠标移动到需要标注的房间内，单击鼠标左键完成添加，如图 3.1-13 所示。

双击“房间”，可更改房间名称，如图 3.1-14 所示。

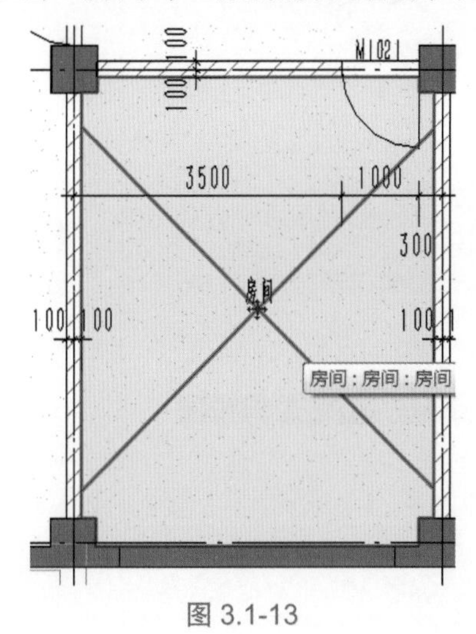

图 3.1-13

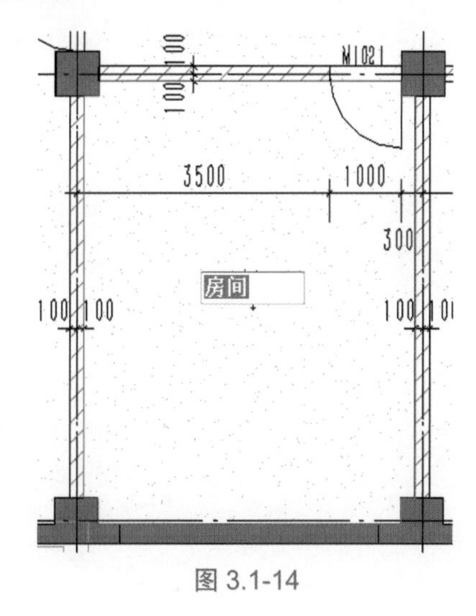

图 3.1-14

如图 3.1-15 所示放置房间并修改房间名称。

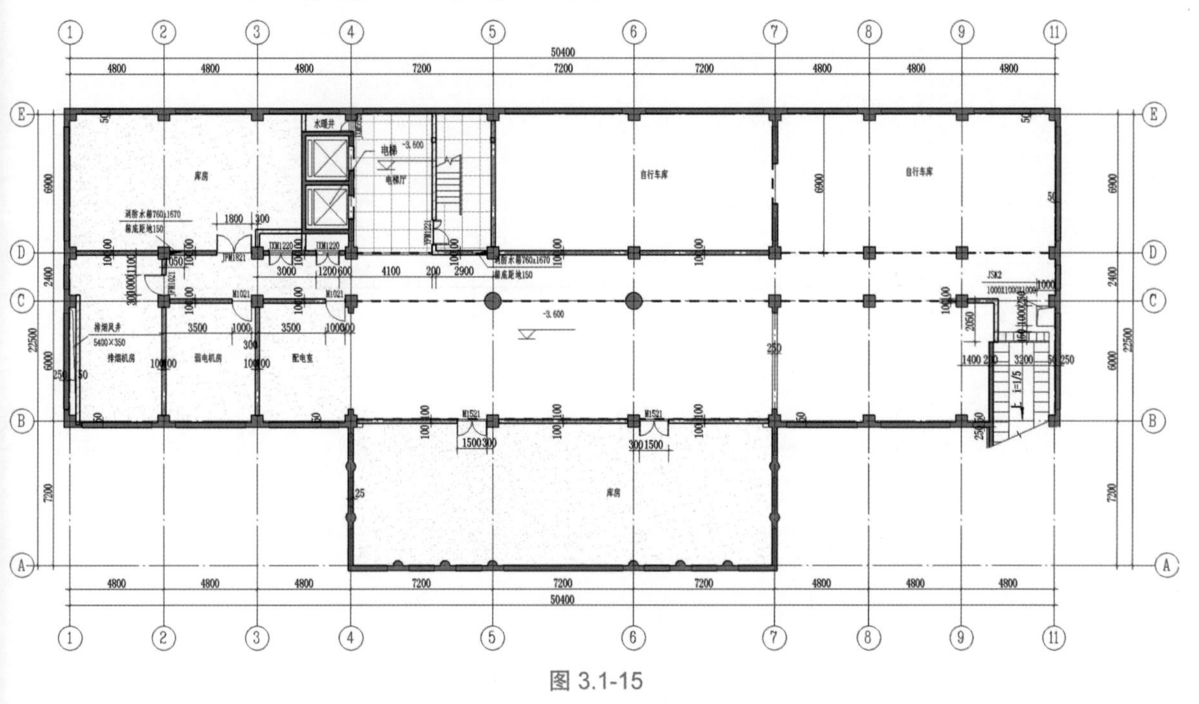

图 3.1-15

单击“注释”>“标记”>“全部标记”命令 全部标记，在弹出的对话框中选择“门标记”，单击确定完成门标记如图 3.1-16、图 3.1-17 所示。

单击“建筑”>“构建”>“构件”>“放置构件”，选择“消火栓明装”>“消火栓箱 750×1650”类型，单击鼠标将构件放置在如图 3.1-19 所示位置，并用“对齐标注”命令进行标注。

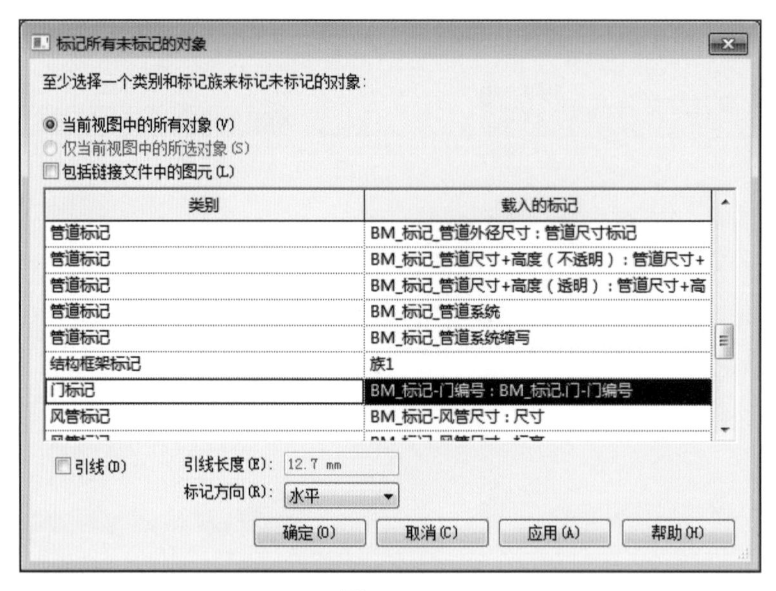

图 3.1-16

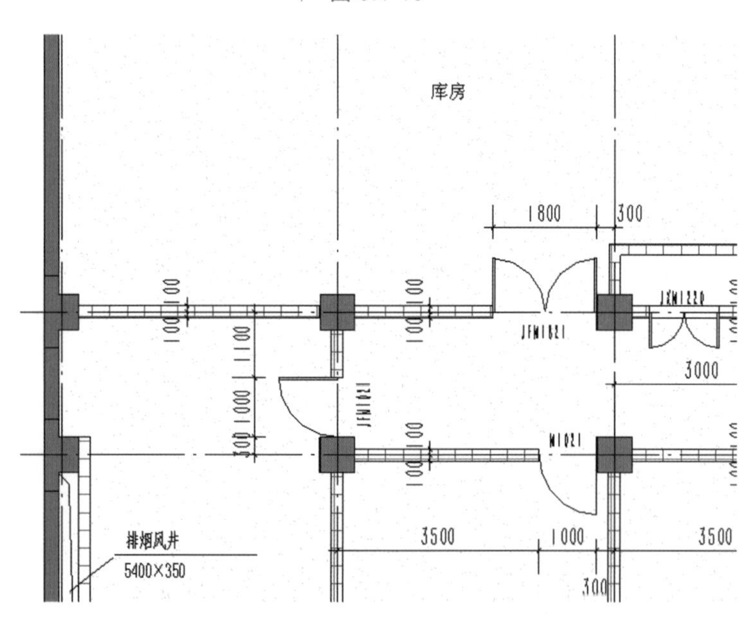

图 3.1-17

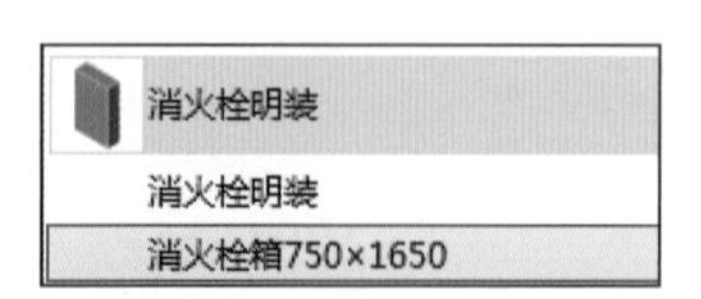

图 3.1-18

单击“注释”>“尺寸标注”>“高程点”命令，在属性栏中将“相对于基面”

选项改为“1F”并取消勾选“引线”选项。在电梯厅内单击鼠标拾取第一点，将鼠标向右移动单击确定第二点，完成标高添加，如图 3.1-20 所示。

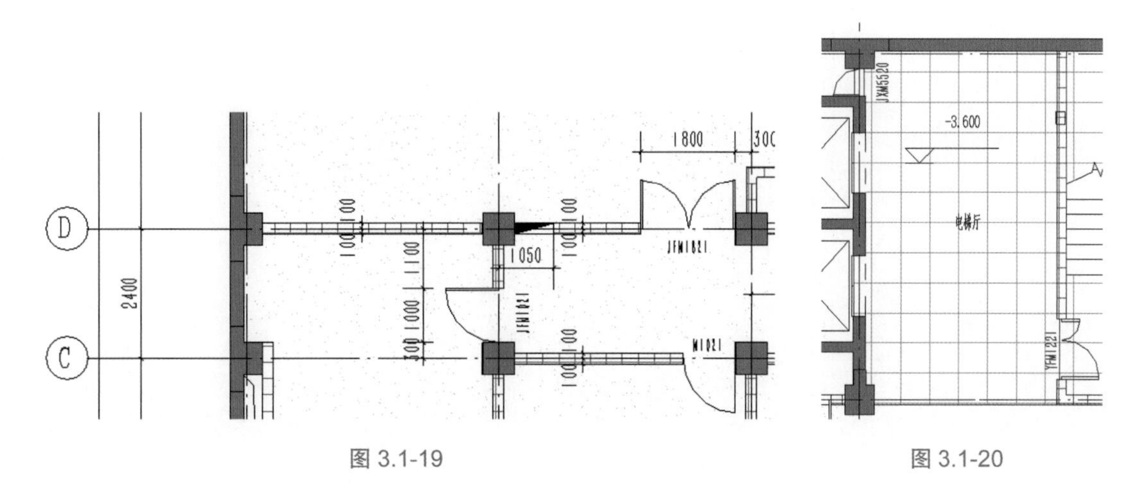

图 3.1-19　　　　图 3.1-20

重复放置命令，在④Ⓑ、⑦Ⓒ轴间自行车库内放置标高。见图 3.1-21。

单击“详图线命令”在①轴右侧④Ⓑ、⑦Ⓒ轴间风井处绘制镂空标记，单击“注释”>“符号”>“符号”命令，在属性面板中选择“文字注释”类型，在选项栏中将“引线数”修改为 1，在绘图区单击鼠标放置符号，通过调整引线将符号调整至如图 3.1-22 所示位置，单击符号中的“?”可以输入注释文字。

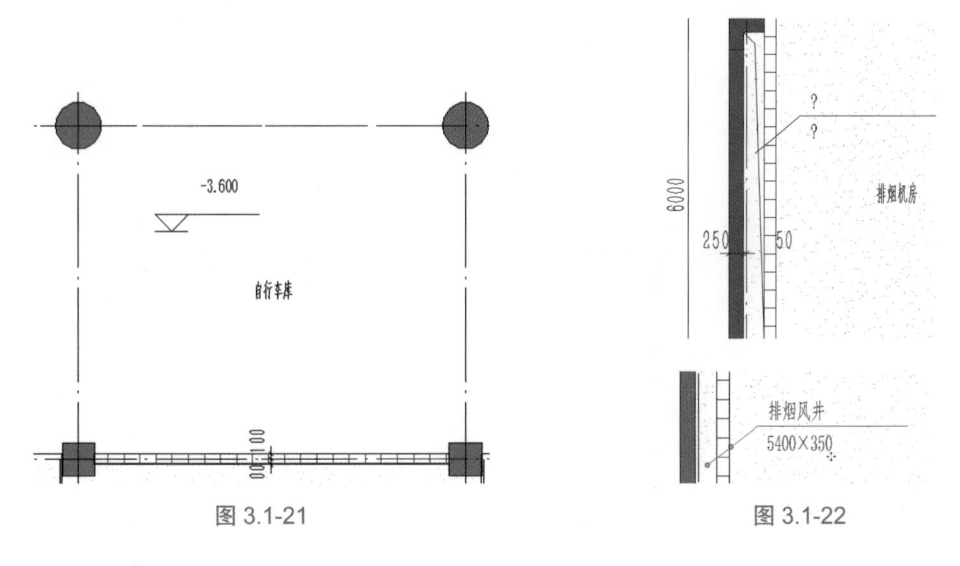

图 3.1-21　　　　图 3.1-22

图面整体标注完成后如图 3.1-23 所示。

进入 1F 视图中，在属性面板中选择“视图样板”，选择“BM_建-平面图出图”。在 –1F 视图中已经修改过视图样板，所以在 1F 中直接单击确定应用视图即可。

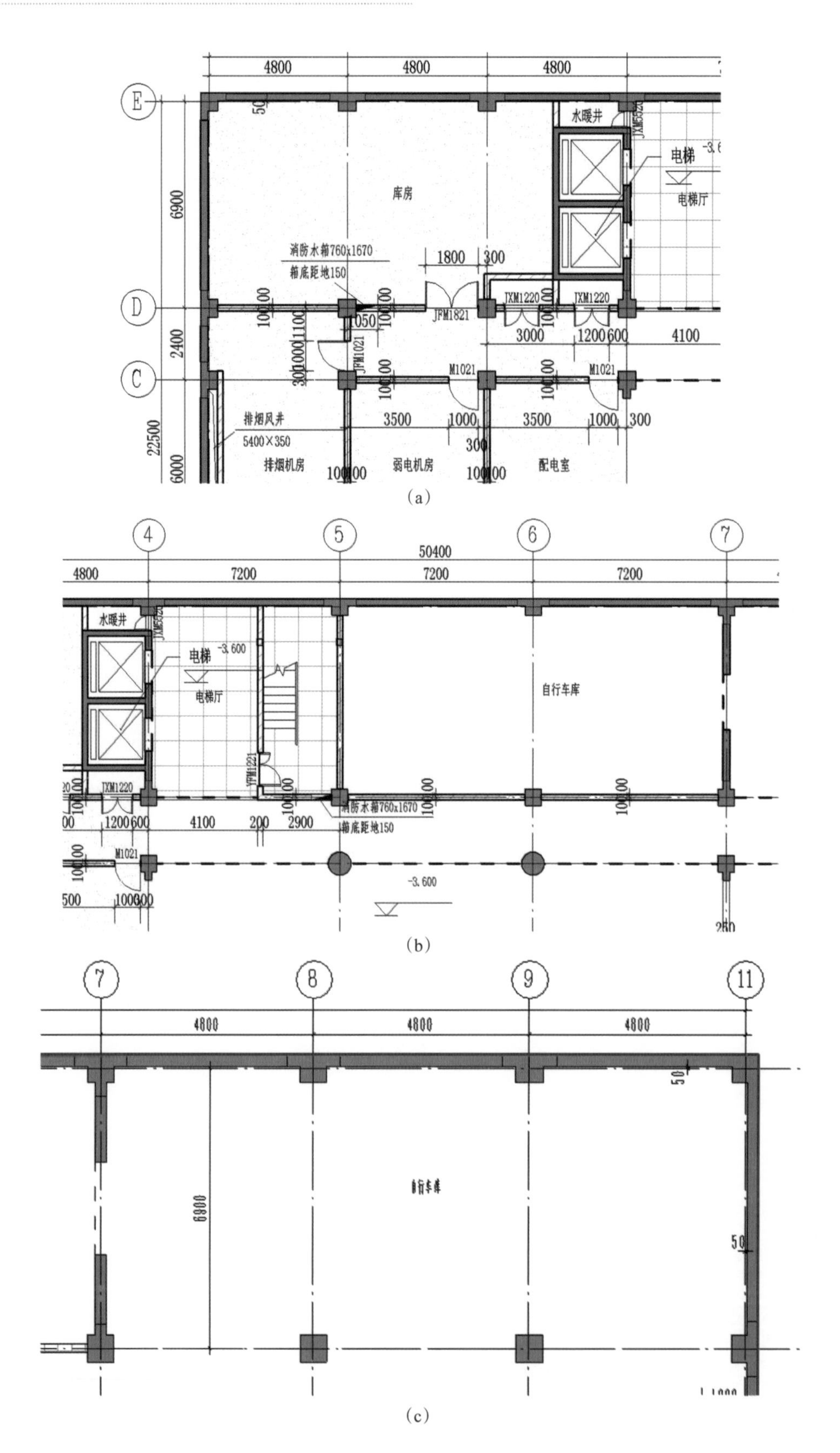
4800
4800
4800
E
D
C
6900
2400
22500
6000
50
水暖井
电梯
电梯厅
库房
消防水箱760x1670
箱底距地150
1800
300
JFM1821
JXM1220
JXM1220
3000
1200
600
4100
M1021
M1021
JFM1021
排烟风井
5400×350
排烟机房
弱电机房
配电室
3500
1000
3500
1000
300
4
5
6
7
50400
4800
7200
7200
7200
水暖井
电梯
-3.600
电梯厅
自行车库
YFM1221
JXM1220
1200
600
4100
200
2900
消防水箱760x1670
箱底距地150
M1021
-3.600
7
8
9
11
4800
4800
4800
6800
自行车库
50
50

(a)

(b)

(c)

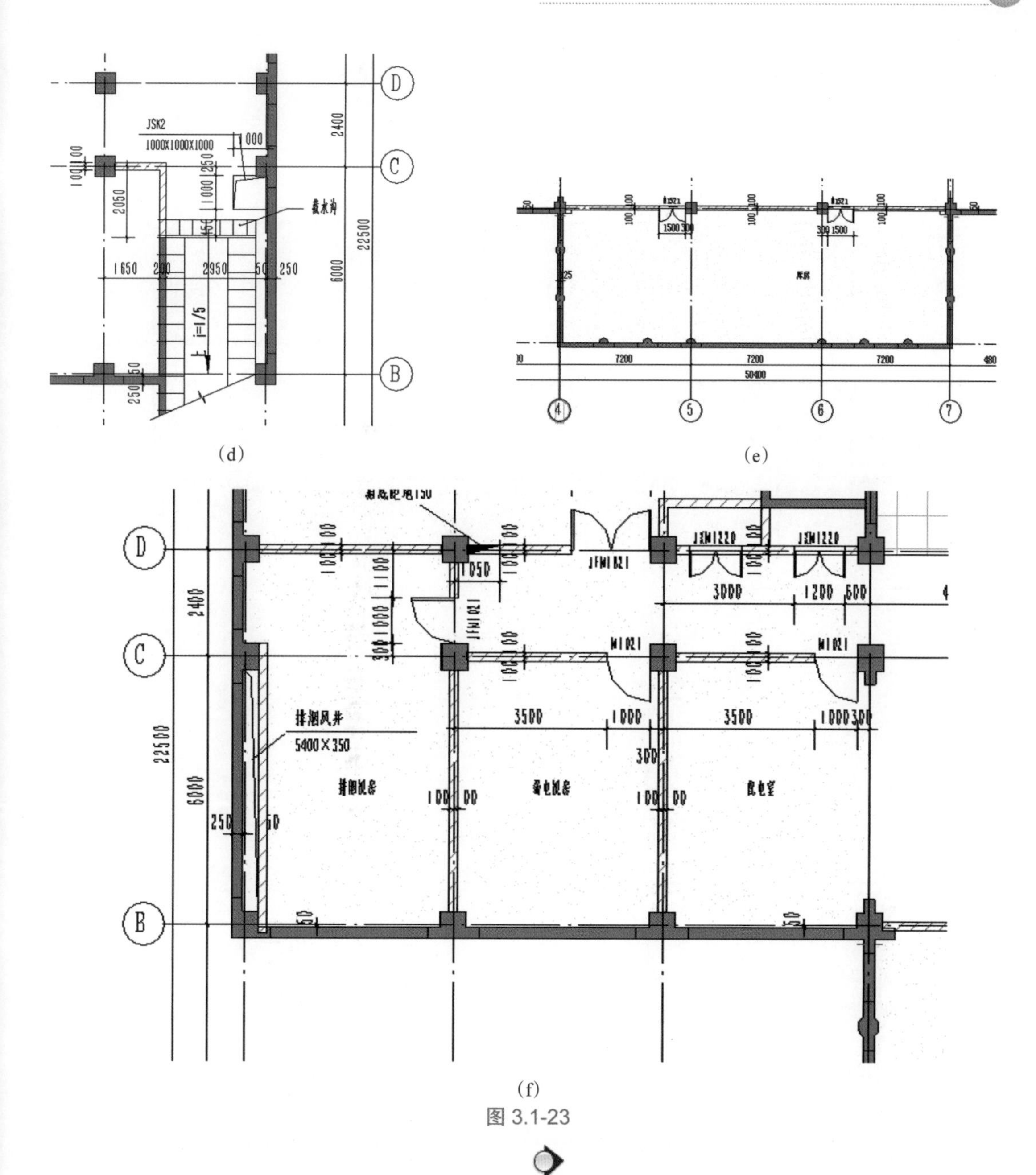

(d)

(e)

(f)

图 3.1-23

单击“视图”>“创建”>“剖面”命令 剖面 ，将鼠标移动到绘图区，在建筑北侧空白处单击确定第一点，将鼠标竖直向下移动在建筑南侧空白处单击确定第二点，绘制如图 3.1-24 所示剖面。

选中如图 3.1-25 所示楼板，单击“修改”>“视图”>“线处理”命令 视图 ，将“线样式”修改为不可见线 线样式: <不可见线> 线样式 ，将鼠标移动到绘图区，单击楼板需要隐藏的边界线，即可将楼边边缘线样式设置为不可见，如图 3.1-26 所示。

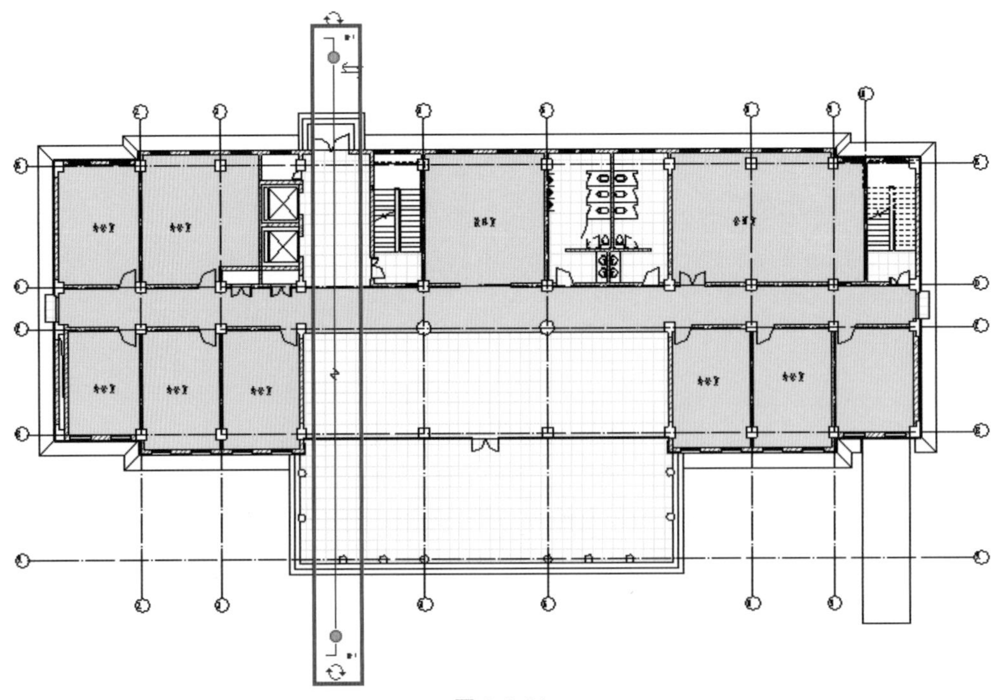

图 3.1-24

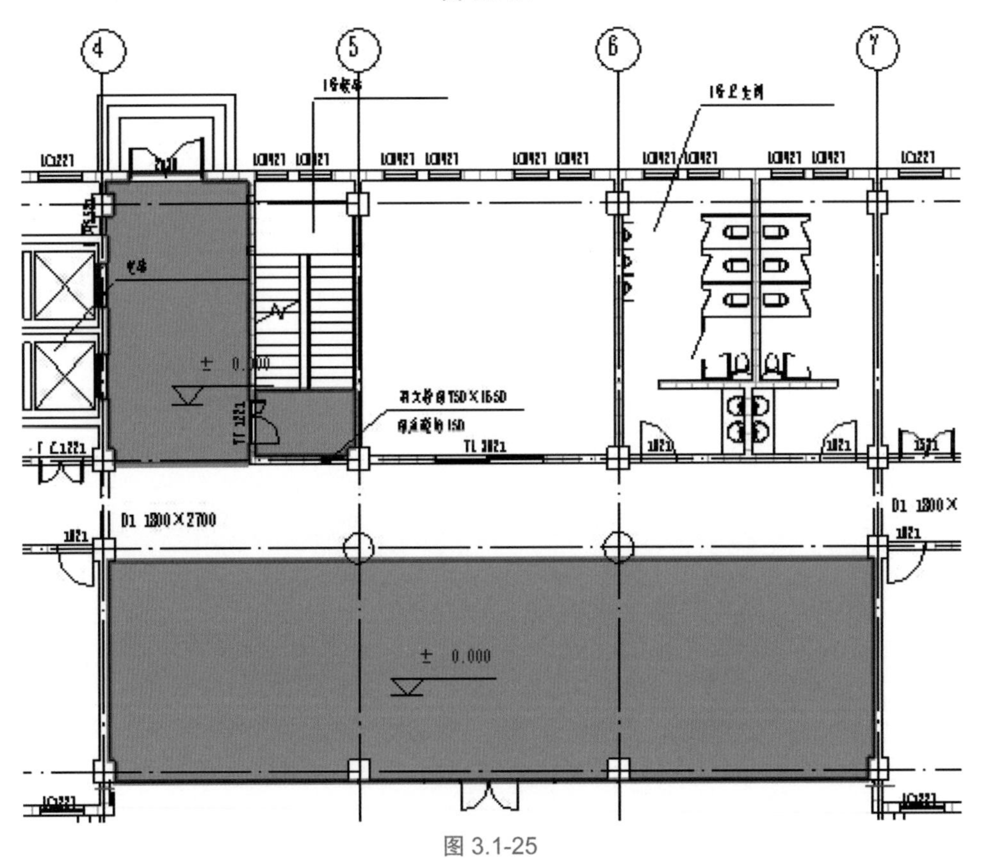

图 3.1-25

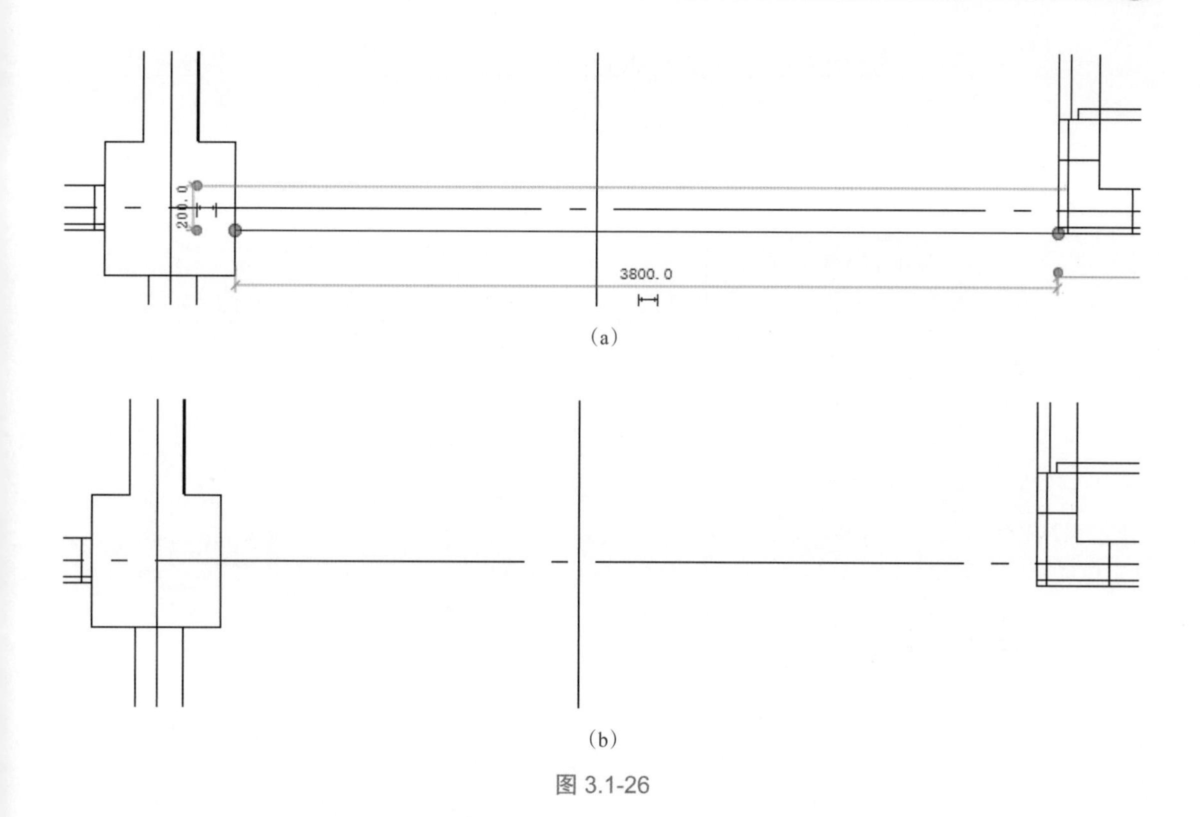

(a)

(b)

图 3.1-26

重复操作将其他需要隐藏的楼板边缘线隐藏。如图 3.1-27 所示。

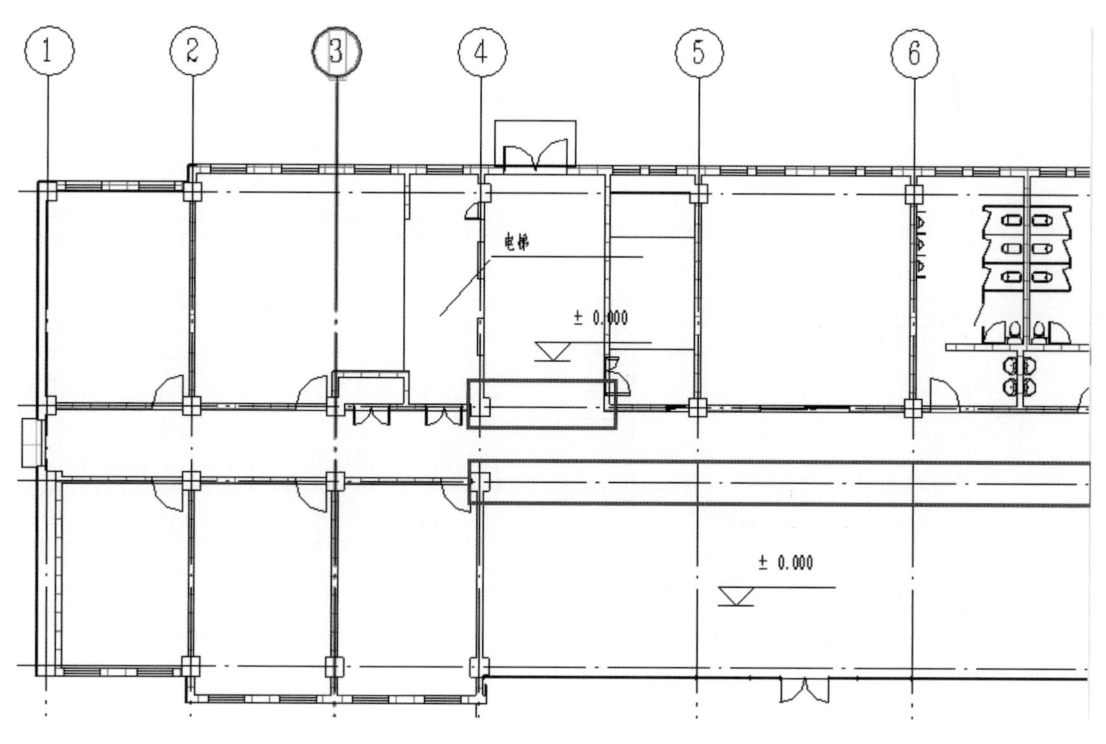

图 3.1-27

单击“注释”>“高程点”命令放置高程点，放置 ±0.000 标高时需要在属性面板将“单一值 / 上偏差前缀”选项中手动输入“ ± ”，如图 3.1-28 所示。

（a）

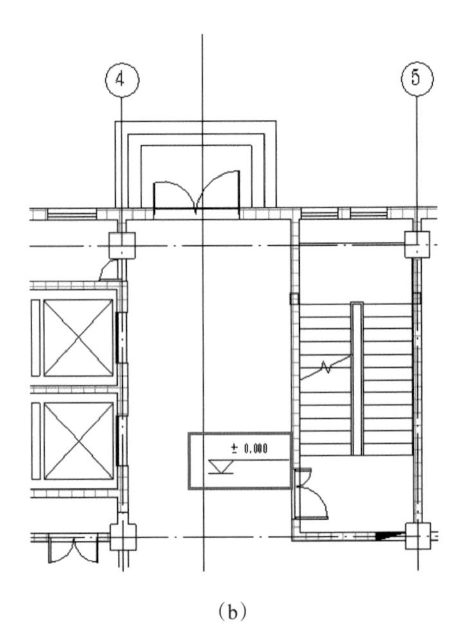

（b）

图 3.1-28

参照 -1F 平面图标注方式标注 1F 平面图，标注结果如图 3.1-29 所示。

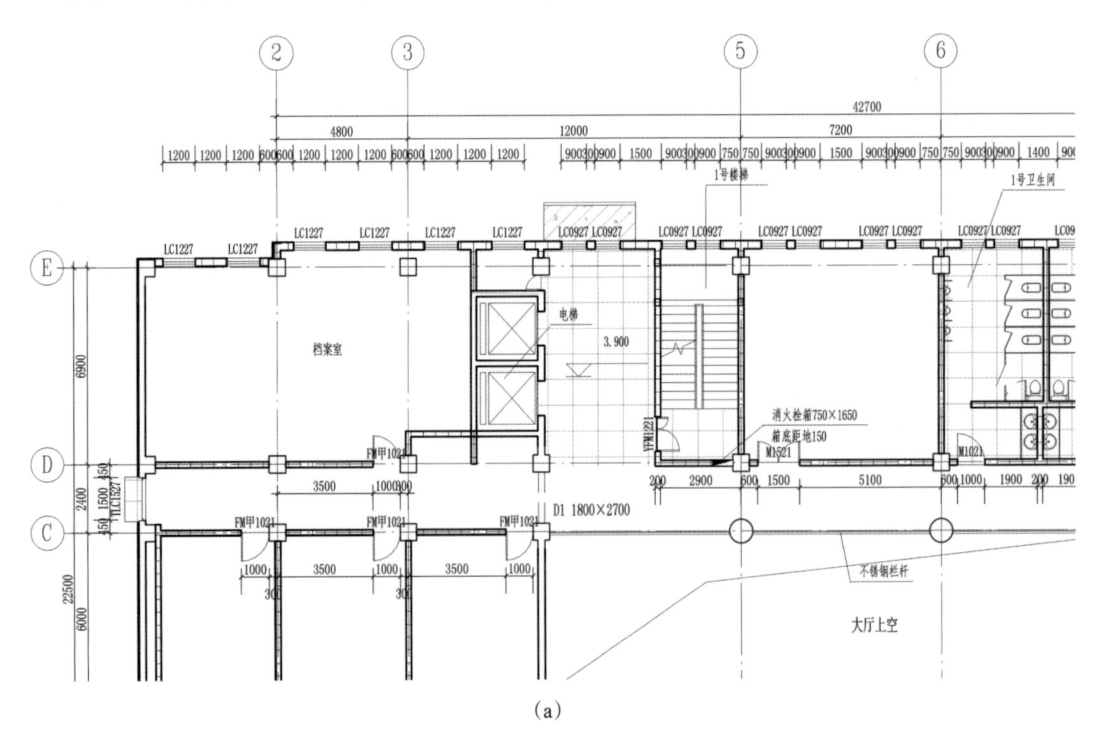

（a）

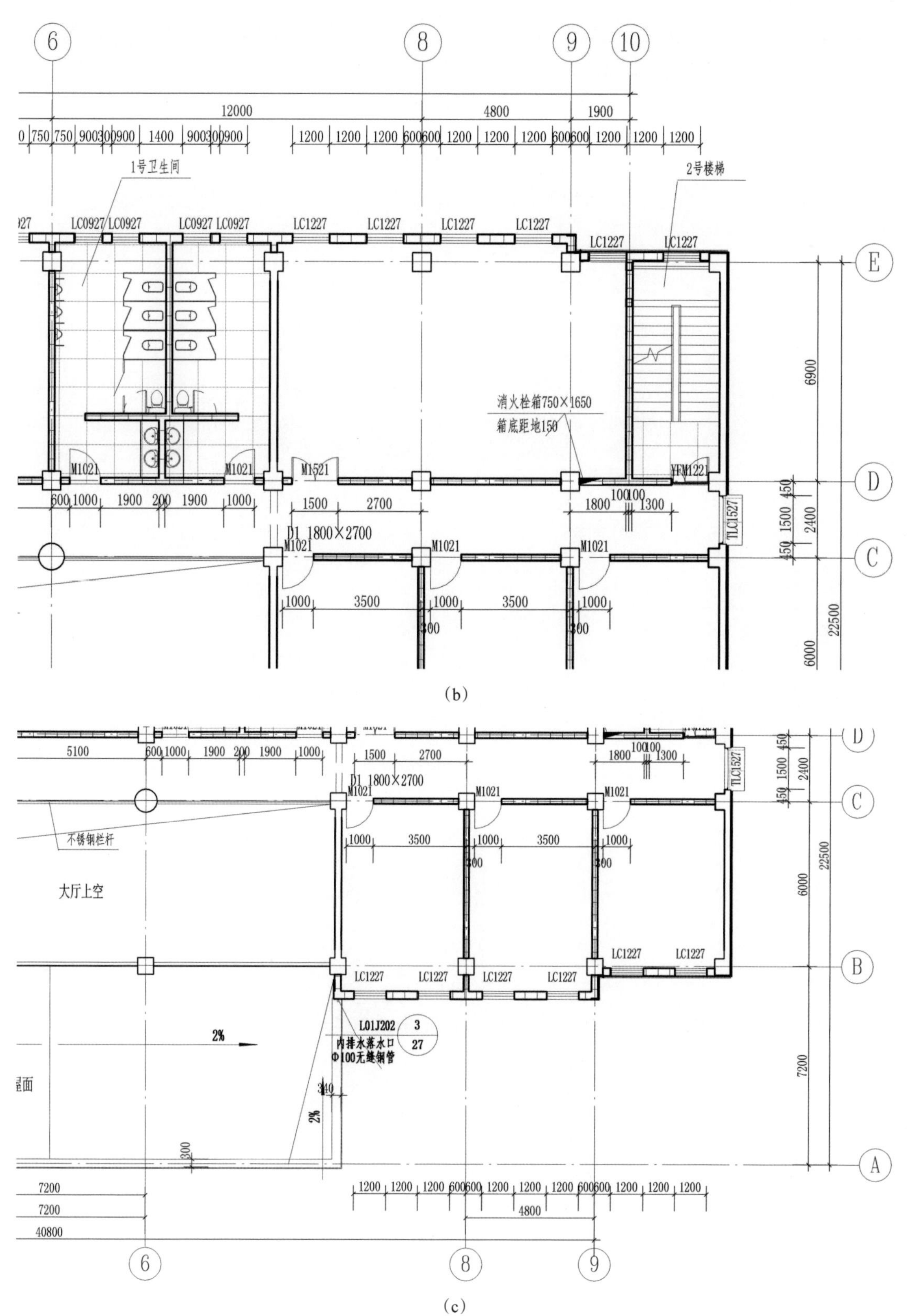
1号卫生间
2号楼梯
消火栓箱750×1650
箱底距地150
D1 1800×2700
不锈钢栏杆
大厅上空
内排水落水口
Φ100无缝钢管
L01J202

(b)

(c)

图 3.1-29

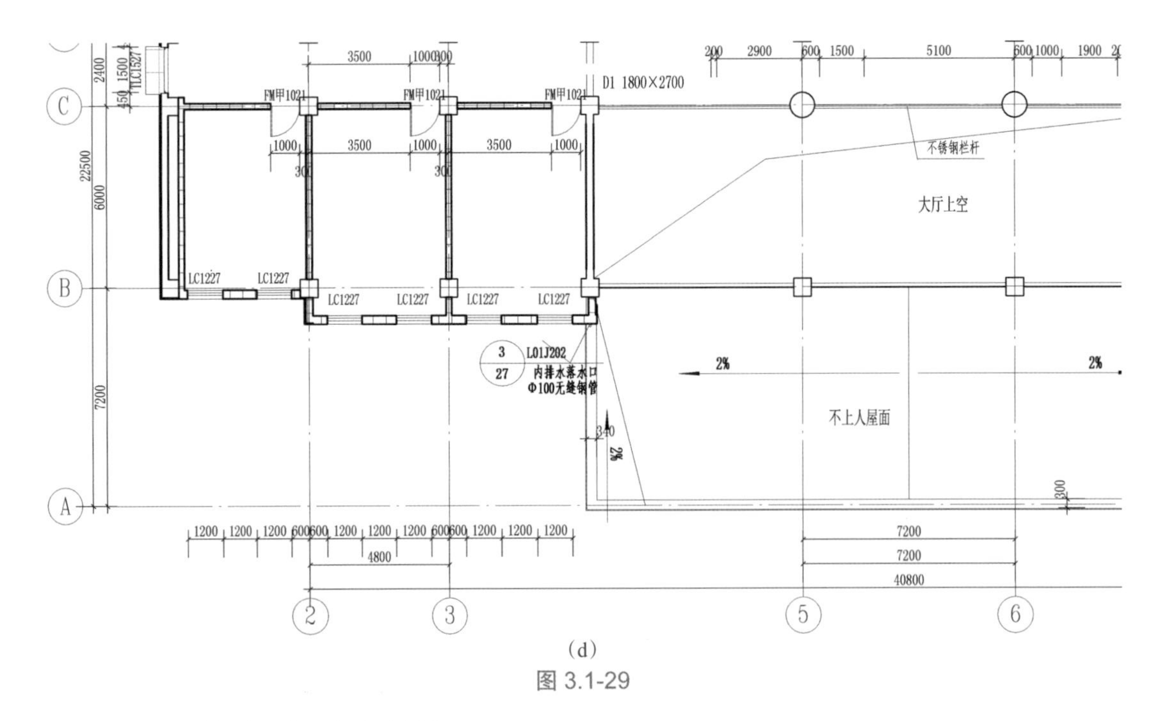

(d)

图 3.1-29

进入 2F 楼层，应用视图样板。

单击“注释” > “符号”命令，在属性面板中选择“详图索引” > “图集索引”，在选项栏中将“引线数”改为 1 引线数: 1 ，在绘图区单击鼠标左键即可创建详图索引符号，在属性面板中将“横线长”选项调整为 8，符号位置可通过调整引线位置进行调整，如图 3.1-30 所示。

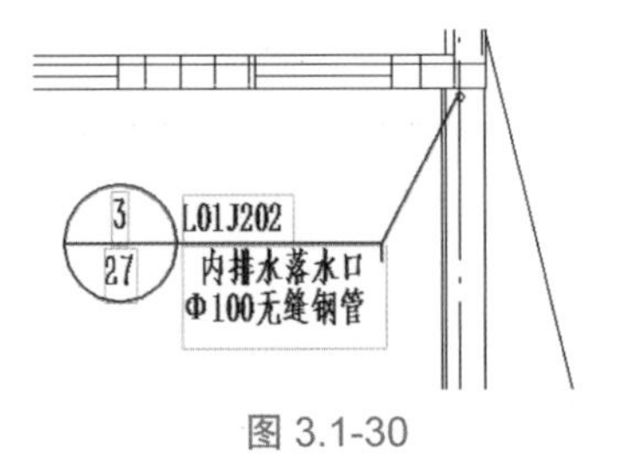

图 3.1-30

单击“注释”>“符号”命令，在属性面板中选择“BM_标记 - 排水箭头”>“有坡度值”类型，利用空格键将标记旋转至所需角度，单击鼠标左键即可放置。放置后选择符号可在属性面板中修改横线长度和坡度值。如图 3.1-31 所示。

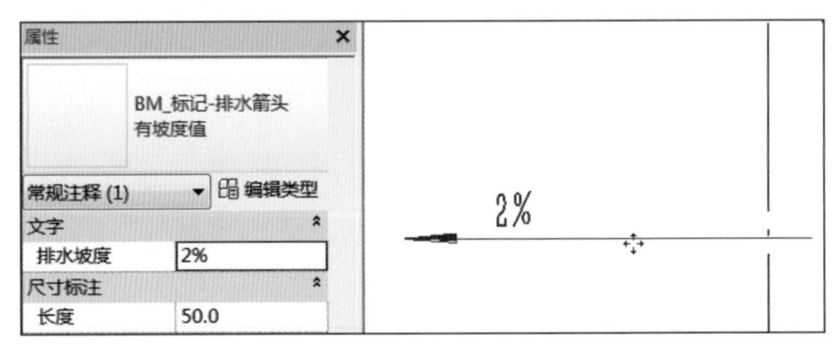

图 3.1-31

2F 标注结果如图 3.1-32 所示。

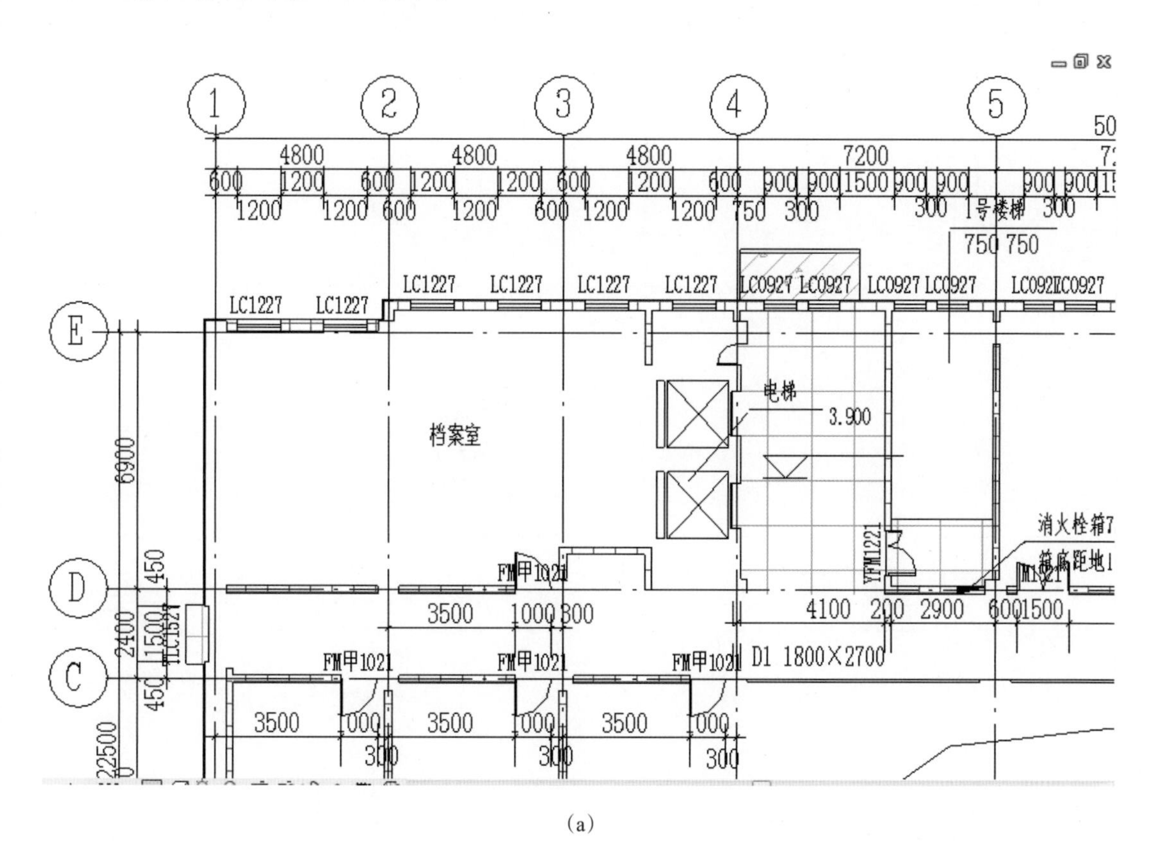

(a)

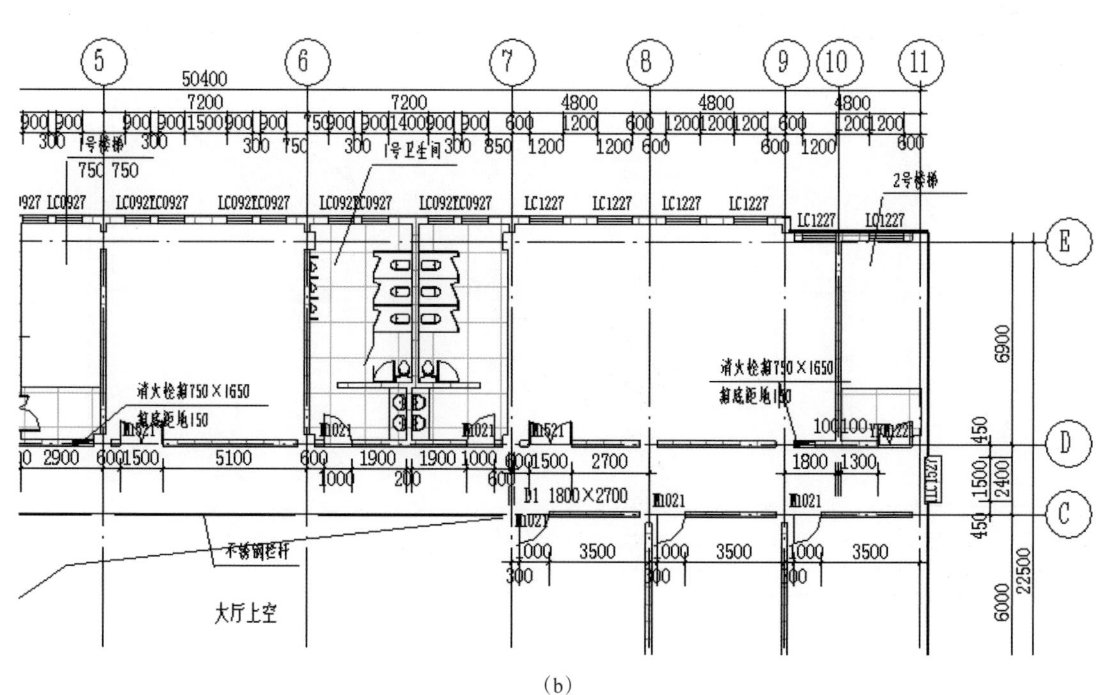

(b)

图 3.1-32

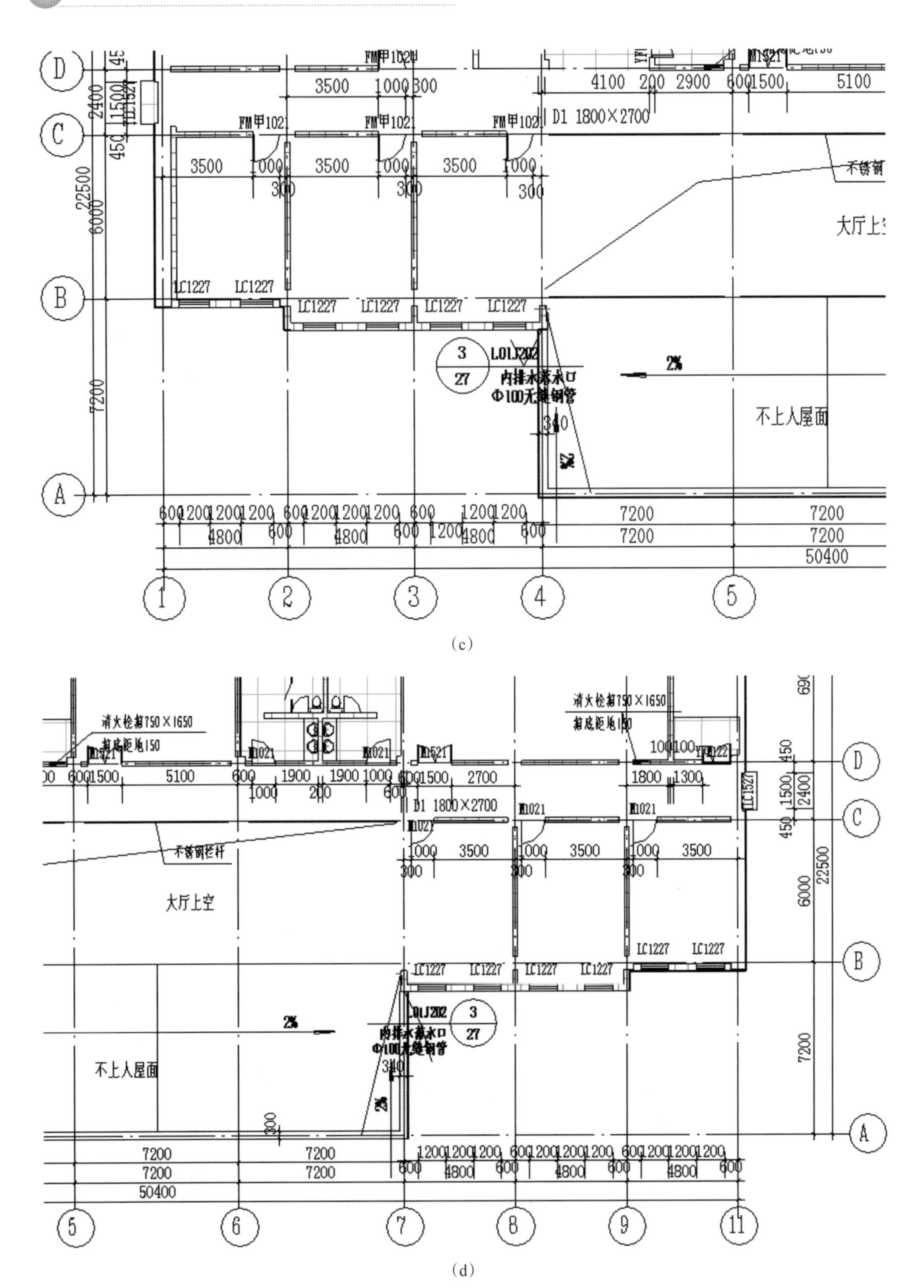
FM甲1021
3500
1000
300
4100
200
2900
600
1500
5100
D1 1800×2700
不锈钢
大厅上空
LC1227
LC1227
3
27
L01J202
内排水落水口
Φ100无缝钢管
2%
不上人屋面
340
7200
50400
22500
6000
2400
1500
450
1200
4800
600
消火栓洞750×1650
洞底距地150
M1521
M1021
1900
2700
1800
1300
不锈钢栏杆
300

(c)

(d)

图 3.1-32

3F 视图标注如图 3.1-33 所示。

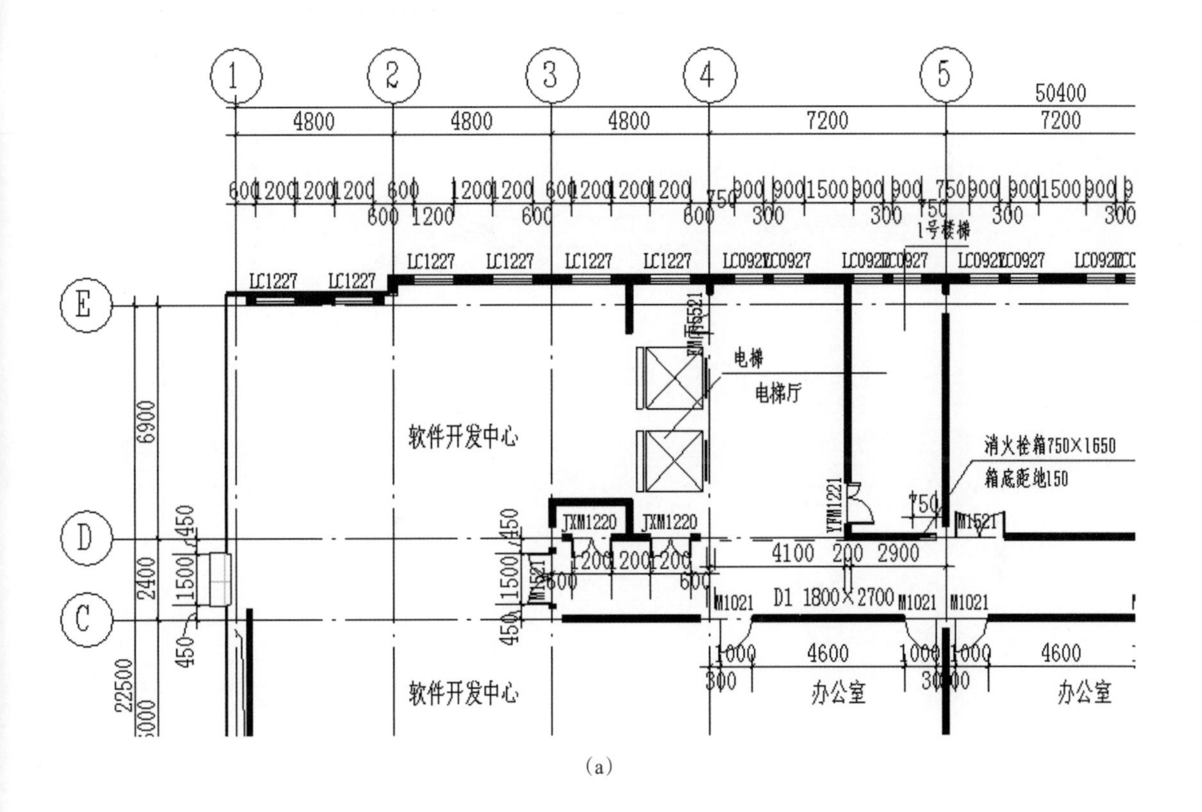

(a)

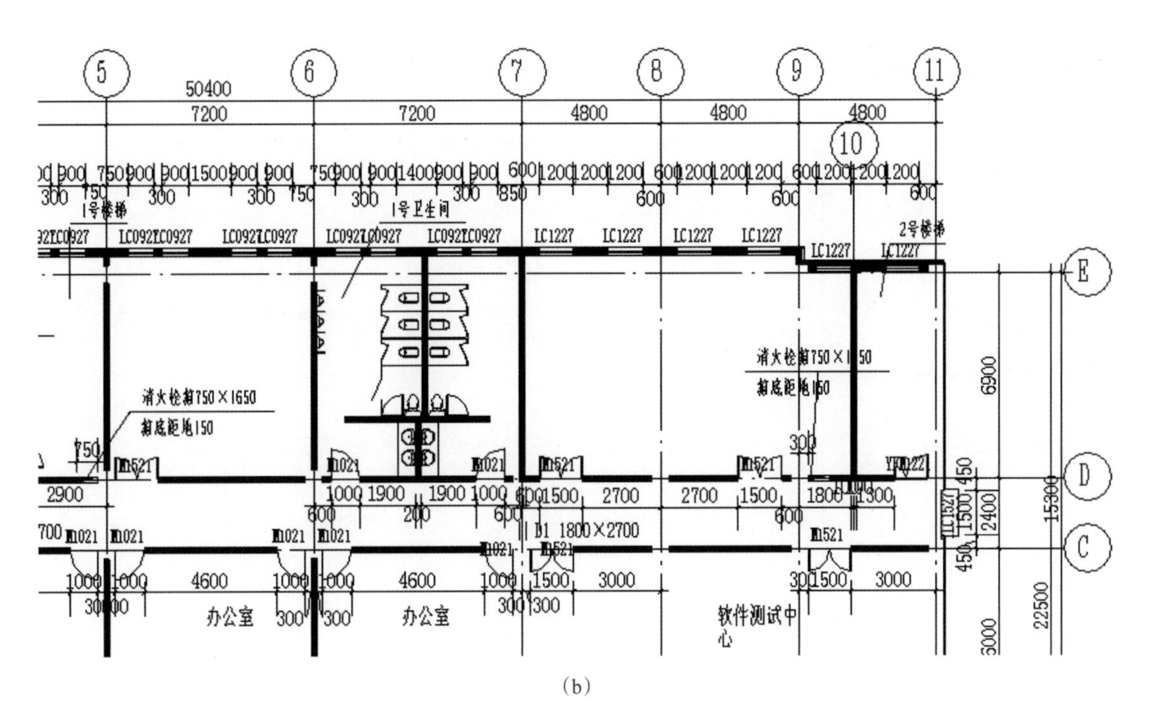

(b)

图 3.1-33

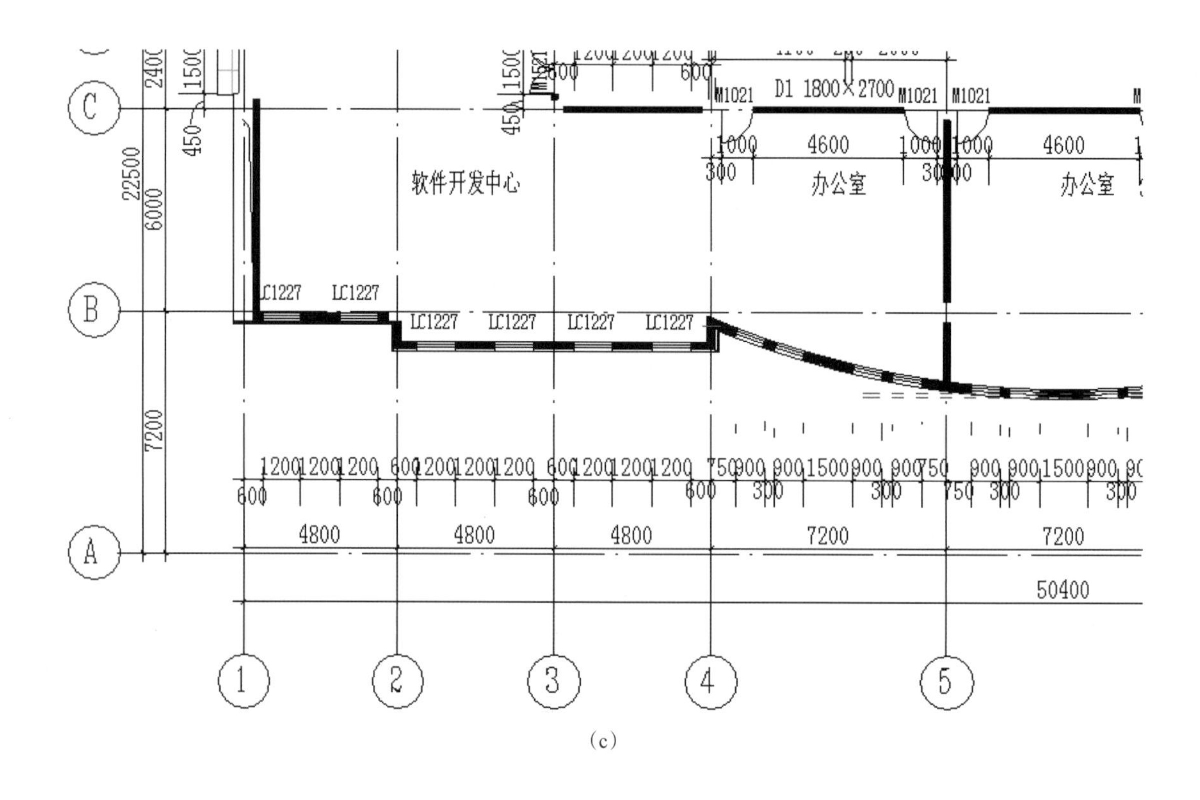
软件开发中心
办公室
办公室
D1 1800×2700
M1021
LC1227
4800
4800
4800
7200
7200
50400
22500
6000
7200
A
B
C
1
2
3
4
5

(c)

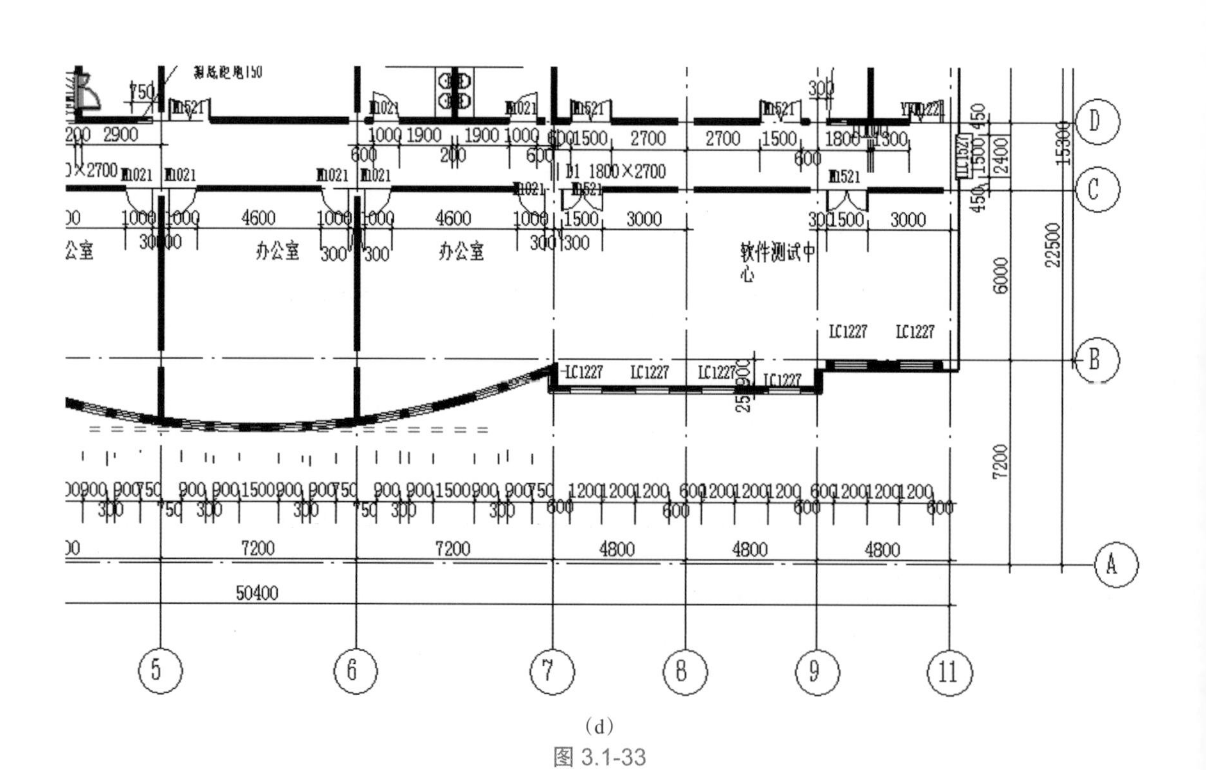
办公室
办公室
软件测试中心
D1 1800×2700
M1021
M521
LC1227
7200
7200
4800
4800
4800
50400
22500
15300
6000
7200
A
B
C
D
5
6
7
8
9
11

(d)

图 3.1-33

4F 视图标注如图 3.1-34 所示。

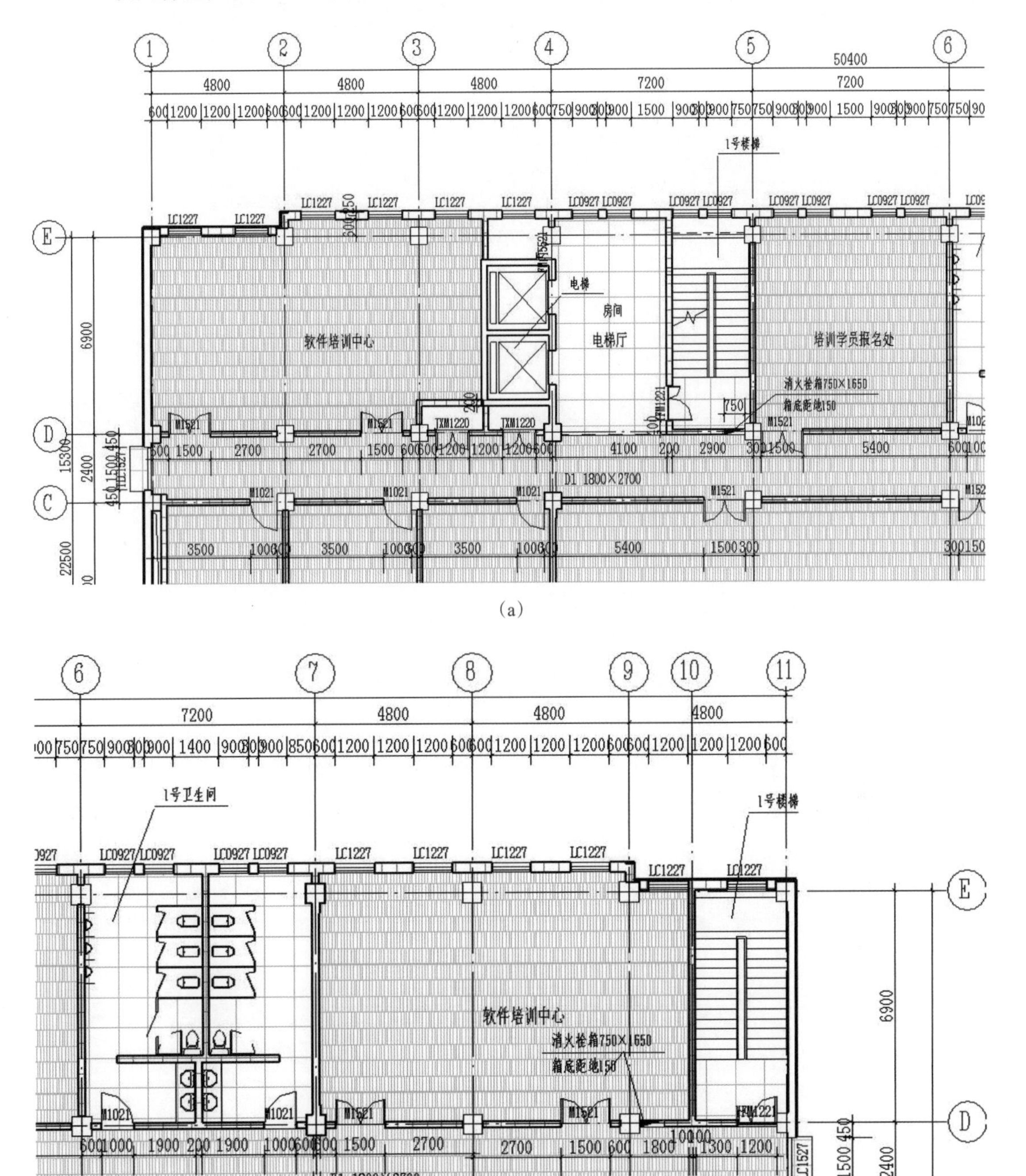

(a)

(b)

图 3.1-34

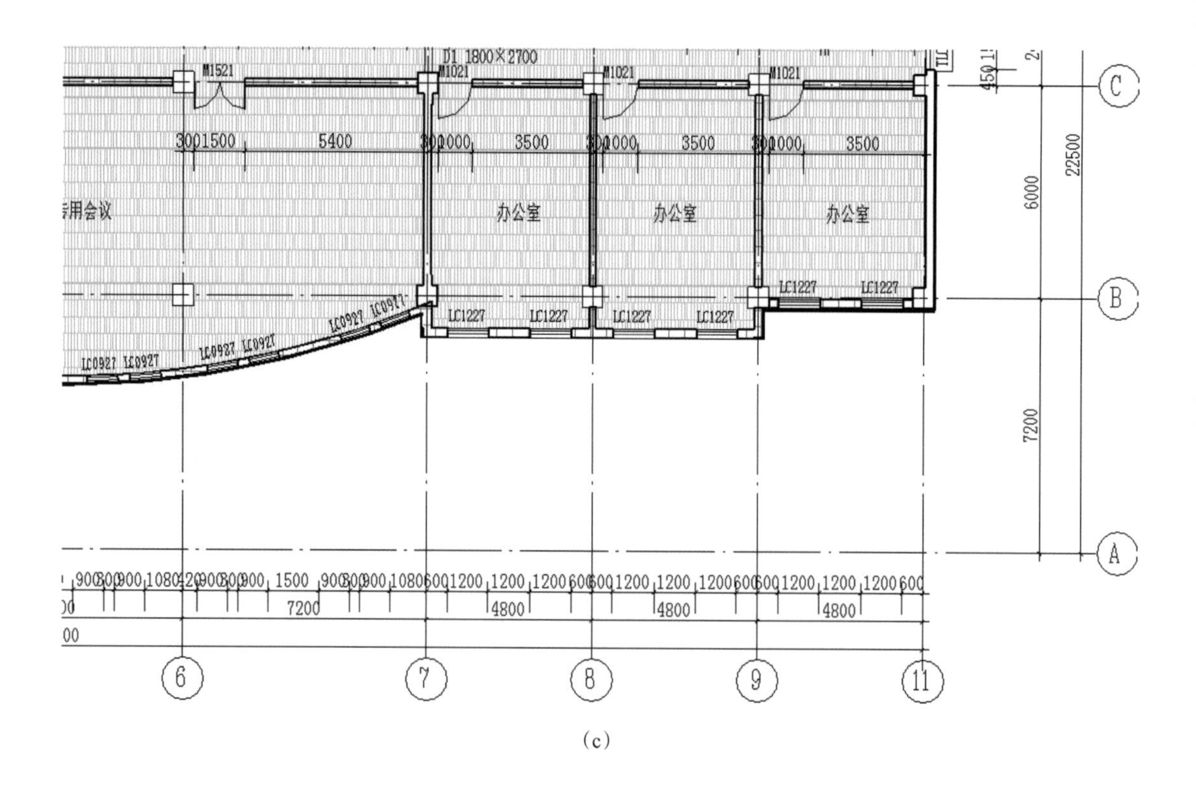
D1 1800×2700
M1521
M1021
M1021
M1021
办公室
办公室
办公室
LC1227
LC0927
7200
4800
4800
4800
6000
7200
22500

(c)

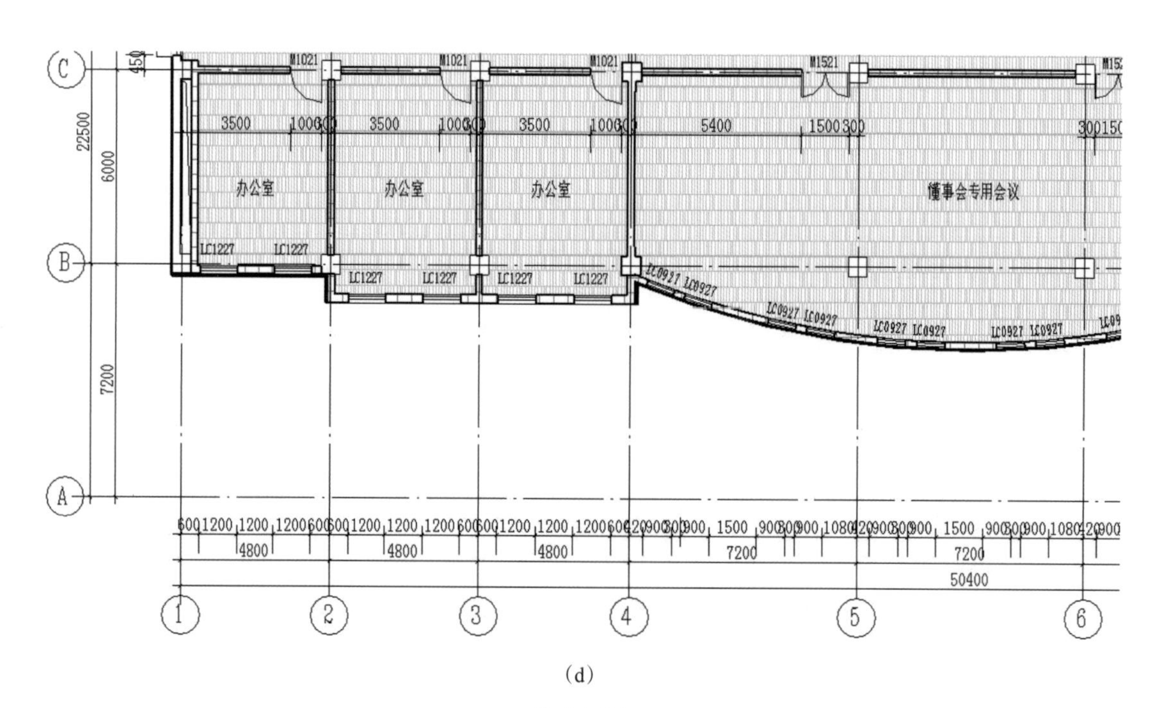
M1021
M1521
办公室
办公室
办公室
懂事会专用会议
LC1227
LC0927
4800
4800
4800
7200
7200
50400
22500
6000
7200

(d)

图 3.1-34

机房层视图标注如图 3.1-35 所示。

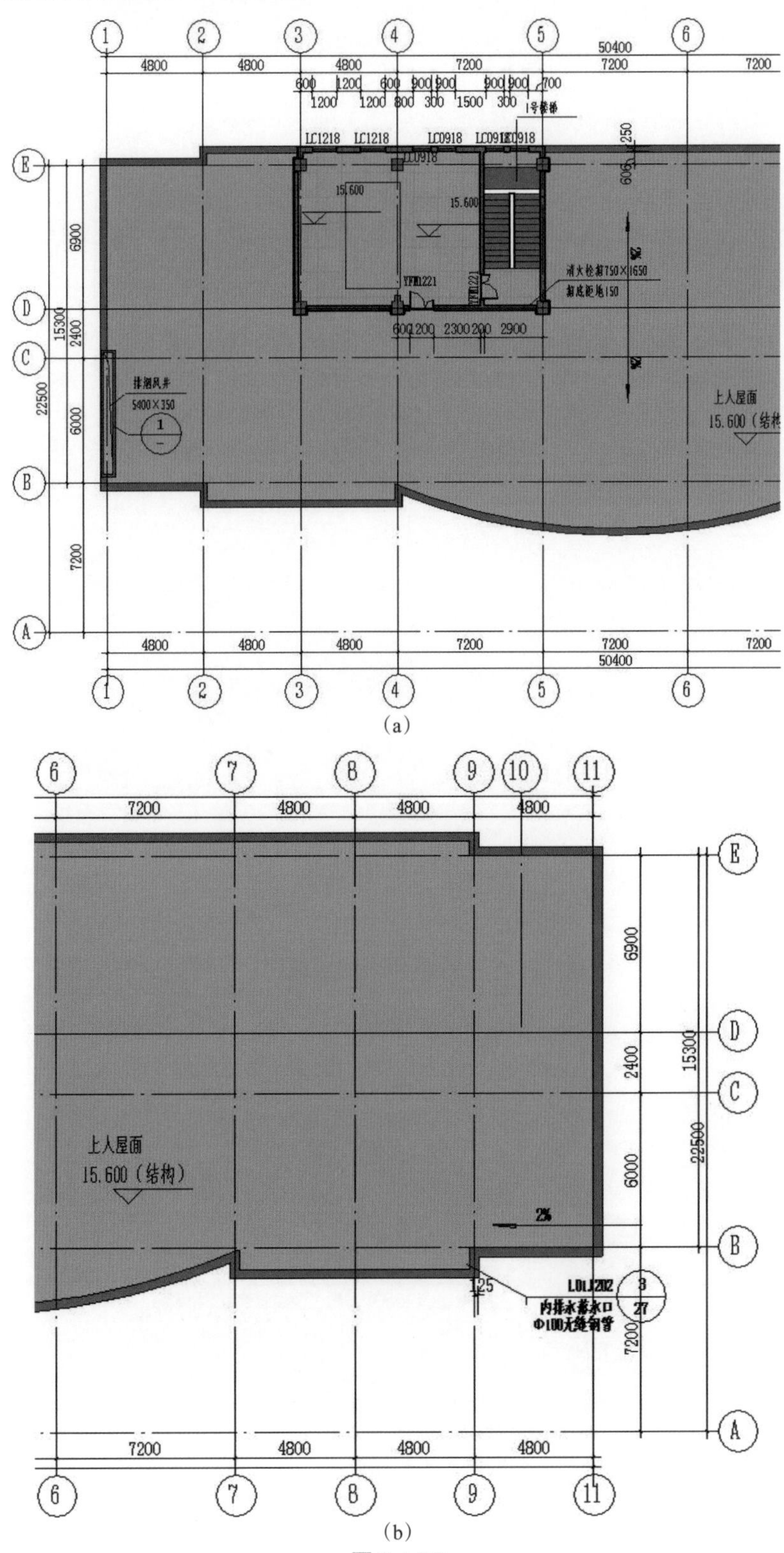

图 3.1-35

屋顶层视图标注如图 3.1-36 所示。

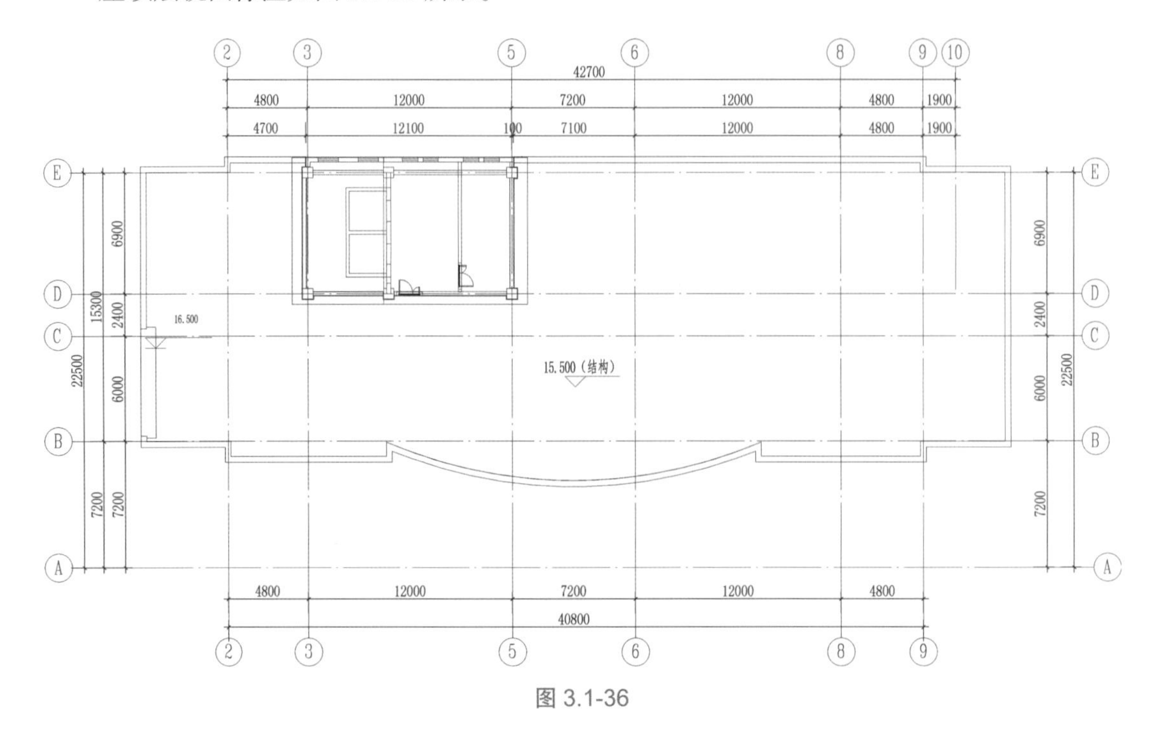

图 3.1-36

（2）立面图深化

在出立面施工图之前首先要对墙面进行处理，使立面效果更好。

单击“建筑”>“墙”命令，选择“外墙 _ 保温 _ 聚苯颗粒 35 厚”类型，在外墙外部绘制墙体，使建筑地上部分除幕墙外的外墙表面均被保温墙体覆盖，绘制完成后单击“修改”>“几何图形”>“连接”命令 连接 几何图形，分别单击“外墙”与“保温墙体”，使其连接，这样保温墙体中才会被外墙上的门窗构件剪切生成洞口，绘制完成后效果如图 3.1-37 所示。

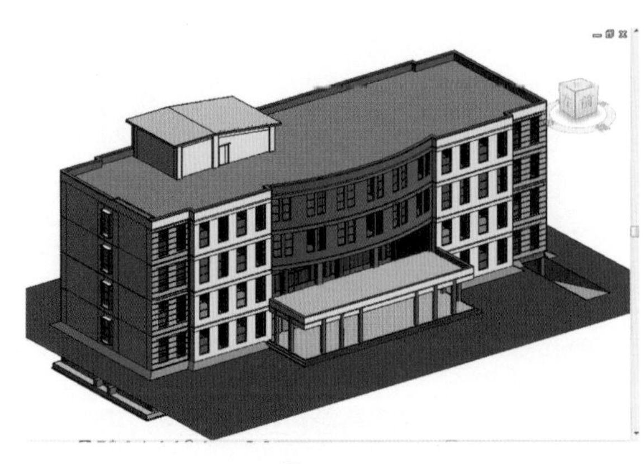

图 3.1-37

打开南立面视图，应用视图样板“BM_ 建 - 立面图出图”在“RVT 链接显示设置”对话框中取消链接 Revit 的注释类别显示。如图 3.1-38 所示。

图 3.1-38

单击“插入”>“从库中载入”>“载入族”命令 

，在弹出对话框中选择“立面底线”。

单击“注释”>“详图”>“构件”>“详图构件”命令，选择“立面底线”类型，在绘图区单击鼠标放置立面底线构件，选择构件，通过拉伸柄调整构件大小及位置直至构件遮盖“室外标高”一下所有图元，如图 3.1-39 所示。

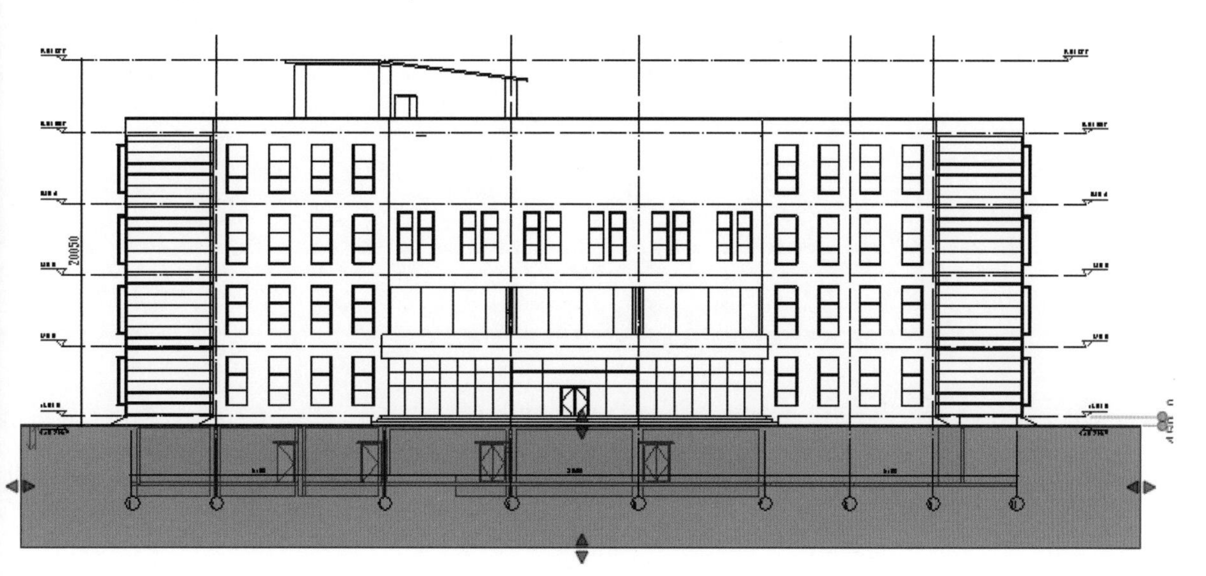

图 3.1-39

利用 Ctrl 键选择 -1F 标高、屋顶层标高、②轴、③轴、⑤轴、⑥轴、⑧轴、⑨轴、⑩轴，单击“修改”>“视图”>“在视图中隐藏”>“隐藏图元”命令，将选中的图元隐藏。如图 3.1-40 所示。

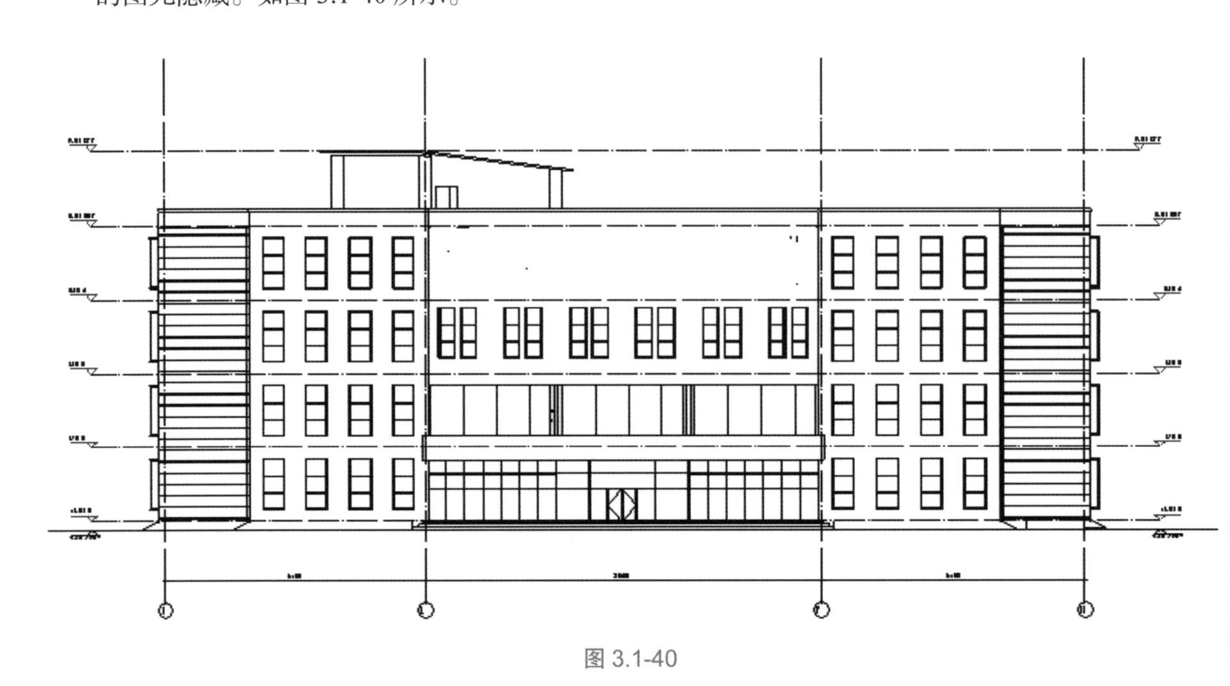

图 3.1-40

选择①轴，单击轴线上方“3D”字样标记将其转换成 2D 模式，这样在该视图中调整轴网不会影响到其他视图。如图 3.1-41 所示。

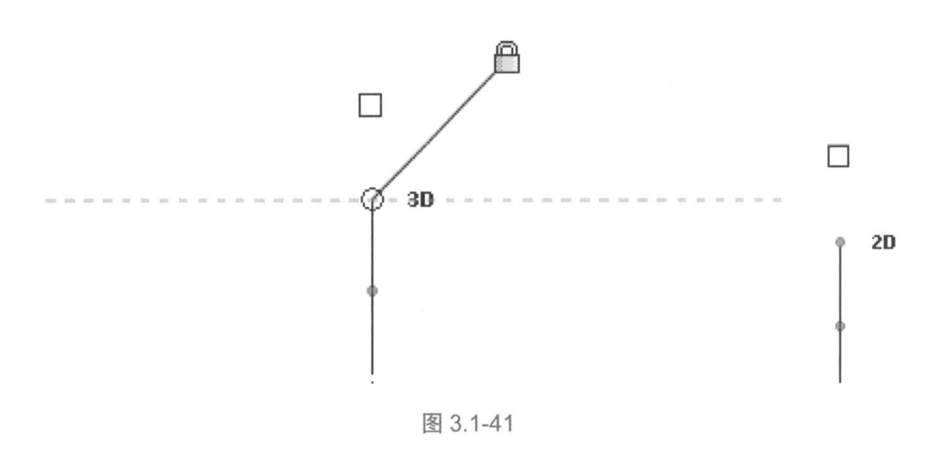

图 3.1-41

用同样的方式将④轴、⑦轴、⑪轴上方模式调整为“2D”并将轴网上方位置拖动至“室外标高”线上。如图 3.1-42 所示。

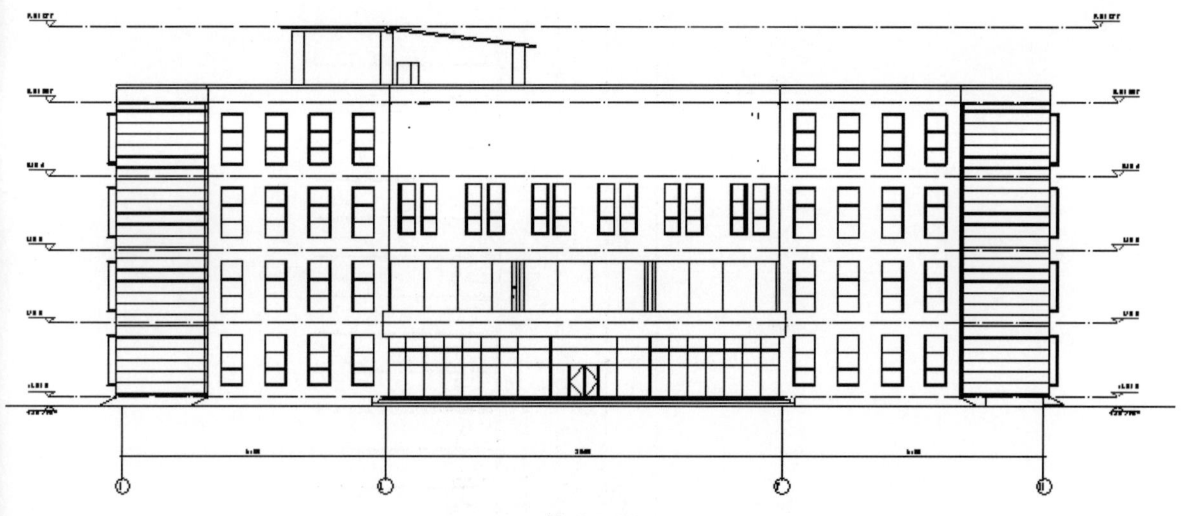

图 3.1-42

单击“注释”>“尺寸标注”>“对齐”命令添加尺寸，如图 3.1-43 所示。

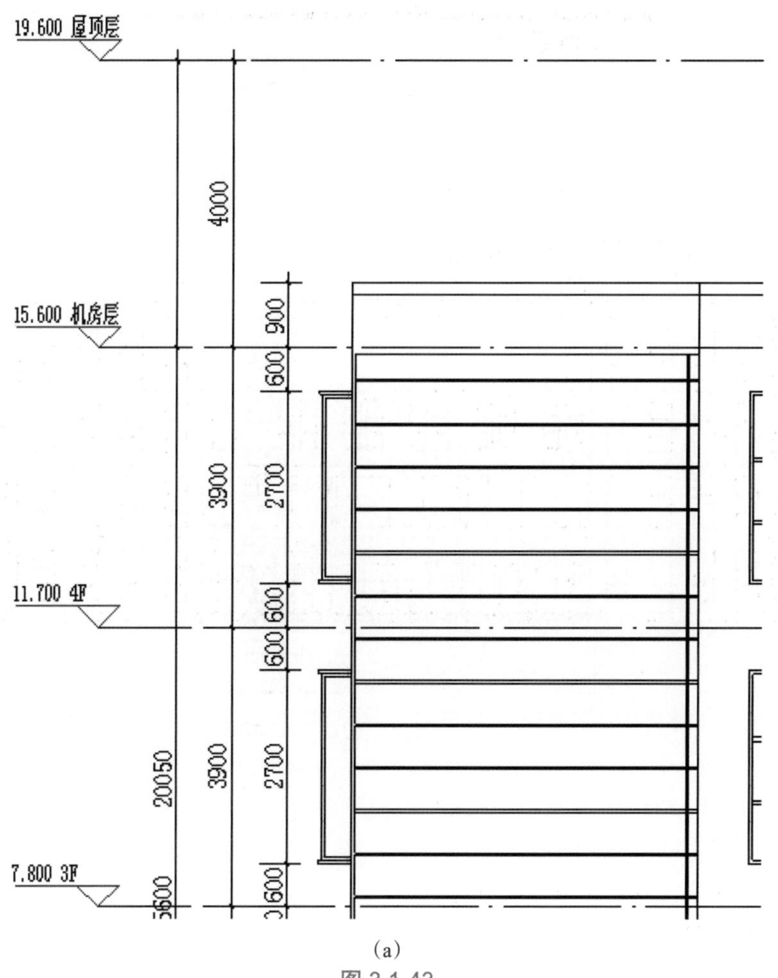

(a)

图 3.1-43

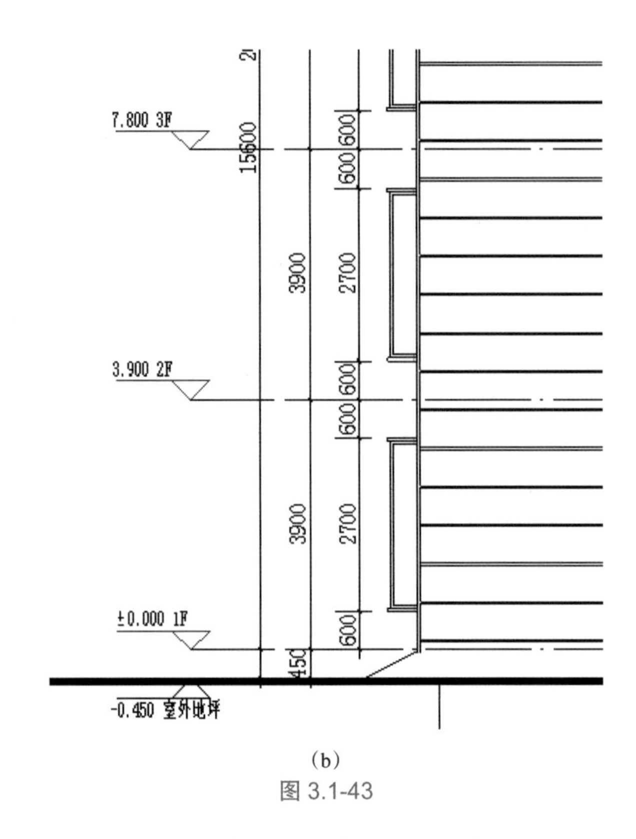

(b)

图 3.1-43

单击“注释”>“尺寸标注”>“高程点”命令，放置如图 3.1-44 所示高程点。

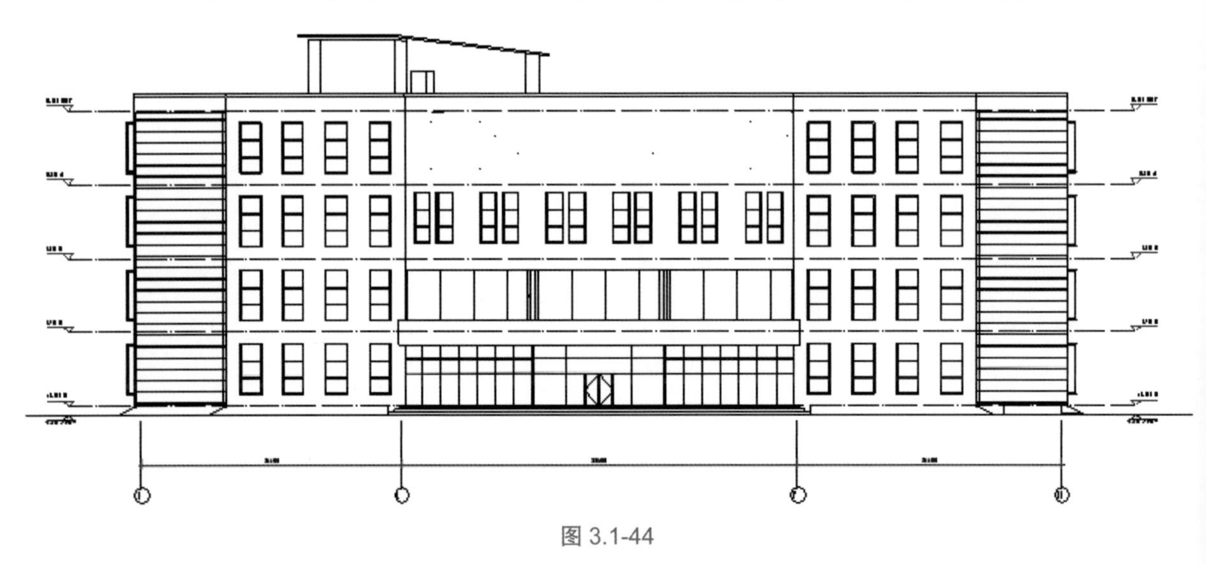

图 3.1-44

单击“注释”>“符号”命令，在属性面板中选择“文字注释”类别，添加注释，保温墙体注释为“外墙 1”，幕墙注释为“外墙 2”。如图 3.1-45 所示。

完成后效果如图 3.1-46 所示。

用同样的方法绘制其他立面。

北立面图效果如图 3.1-47 所示。

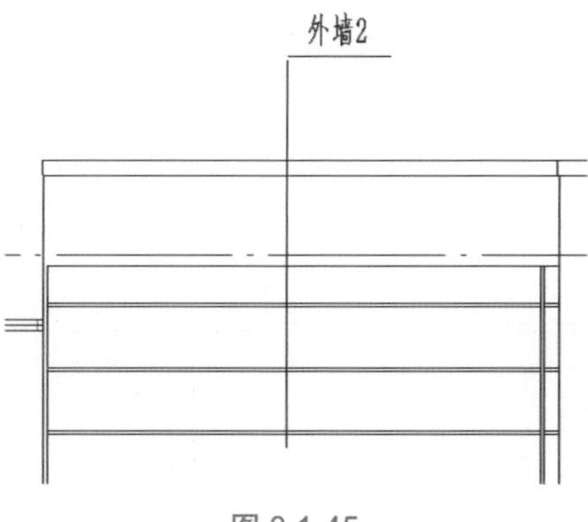

图 3.1-45

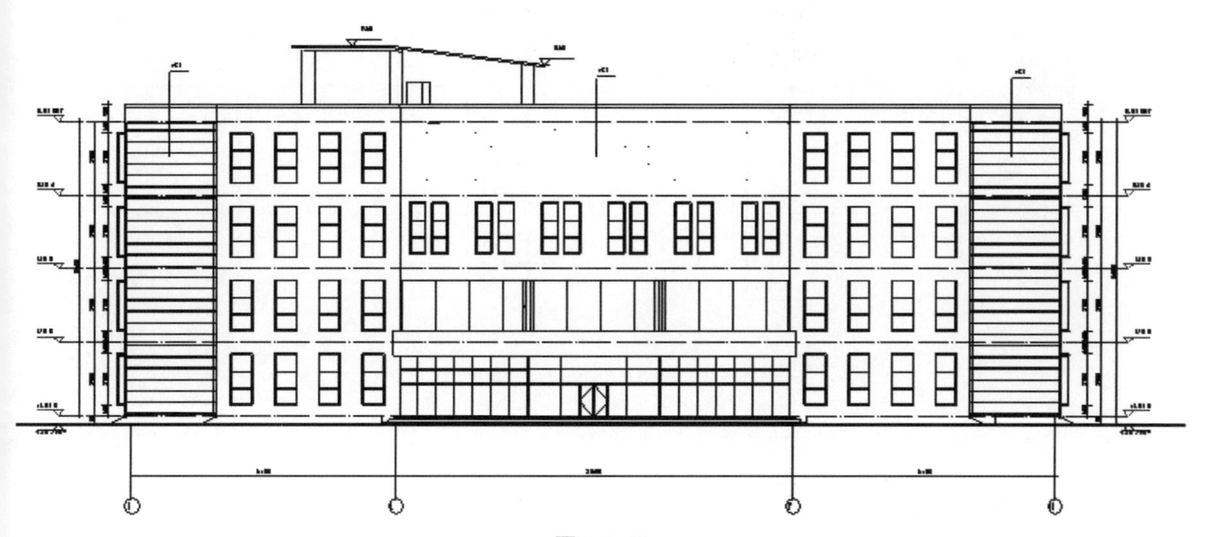

图 3.1-46

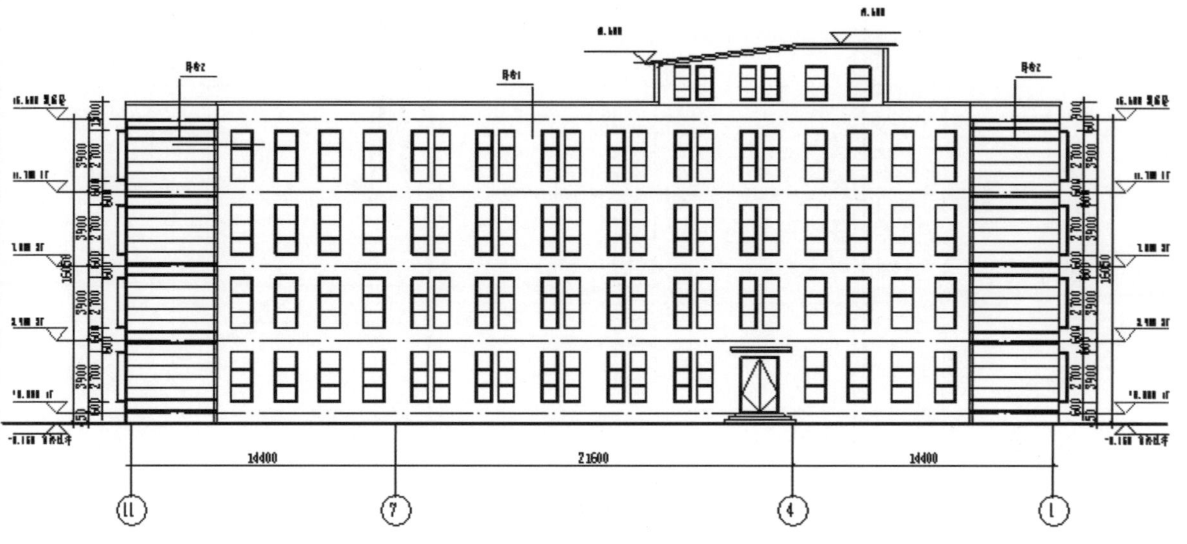

图 3.1-47

东立面图效果如图 3.1-48 所示。

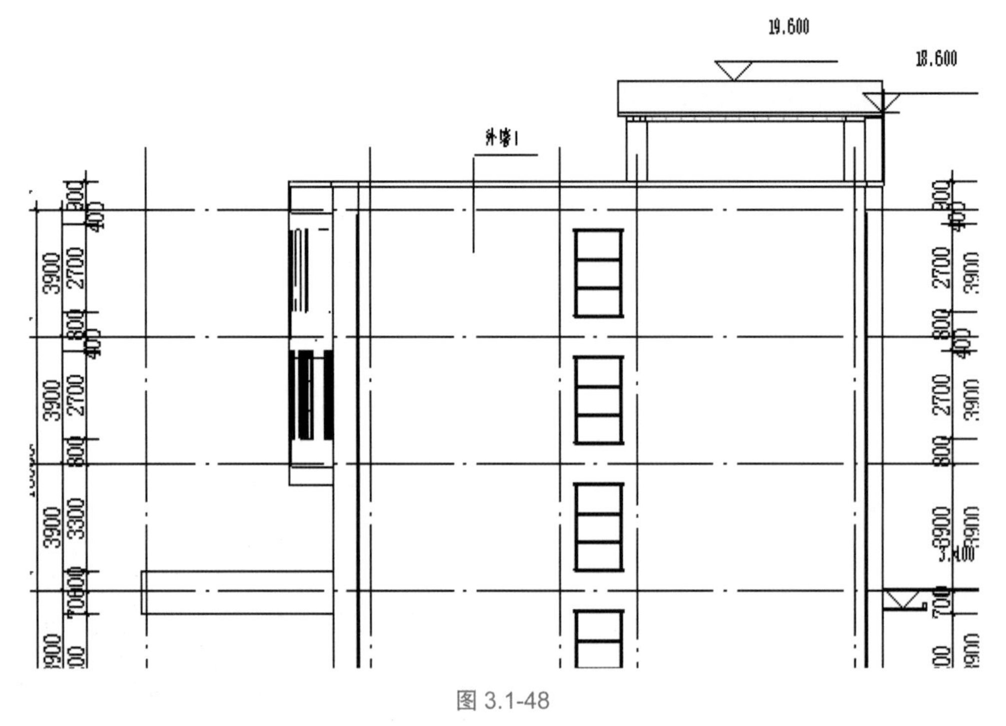

图 3.1-48

西立面图效果如图 3.1-49 所示。

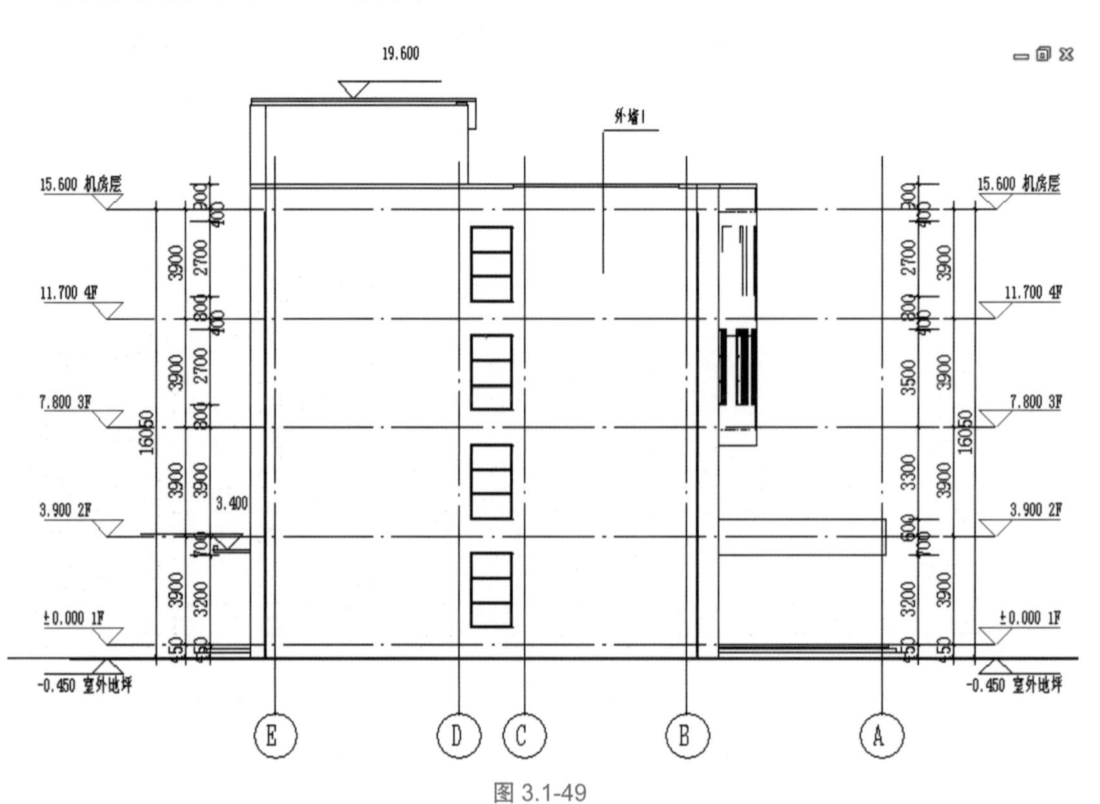

图 3.1-49

（3）剖面图深化

打开“剖面 1”视图，应用视图样板“BM_ 建 - 剖面图出图”在“RVT 链接显示设置”对话框中取消链接 Revit 的注释类别显示。

在属性面板中取消“裁剪视图”选项的勾选。如图 3.1-50 所示。

图 3.1-50

单击“注释”>“详图”>“构件”>“重复详图构件”命令，选择“素土夯实”类型，“室外地坪”标高线上建筑外侧绘制详图，如图 3.1-51 所示。

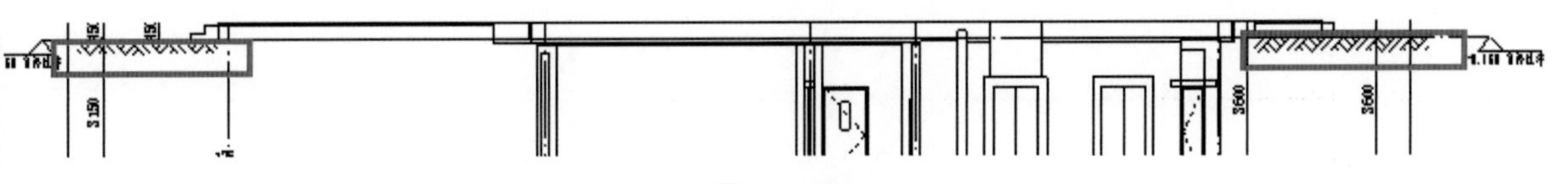

图 3.1-51

单击“注释”>“区域”>“填充区域”命令，在属性面板中选择“编辑类型”，在弹出的对话框中如图 3.1-52 所示设置，并绘制如图 3.1-53 所示轮廓。

单击“注释”>“标记”>“房间标记”，将鼠标移动到绘图区，识别房间，单击鼠标即可添加房间名称标记。如图 3.1-54 所示。

完成后如图 3.1-55 所示。

（4）卫生间大样图

在项目浏览器中右键单击“1F”视图，选择“复制视图”>“复制”命令，在复制的视图中单击右键，选择“重命名”命令将视图命名为“出图 _ 卫生间大样”，如图 3.1-56 所示。

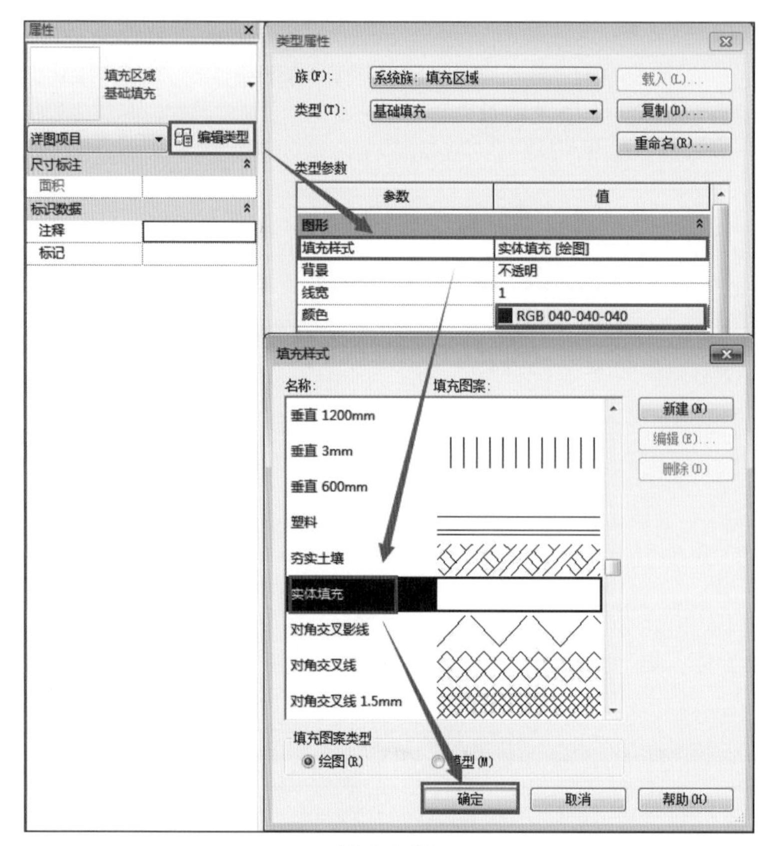

图 3.1-52

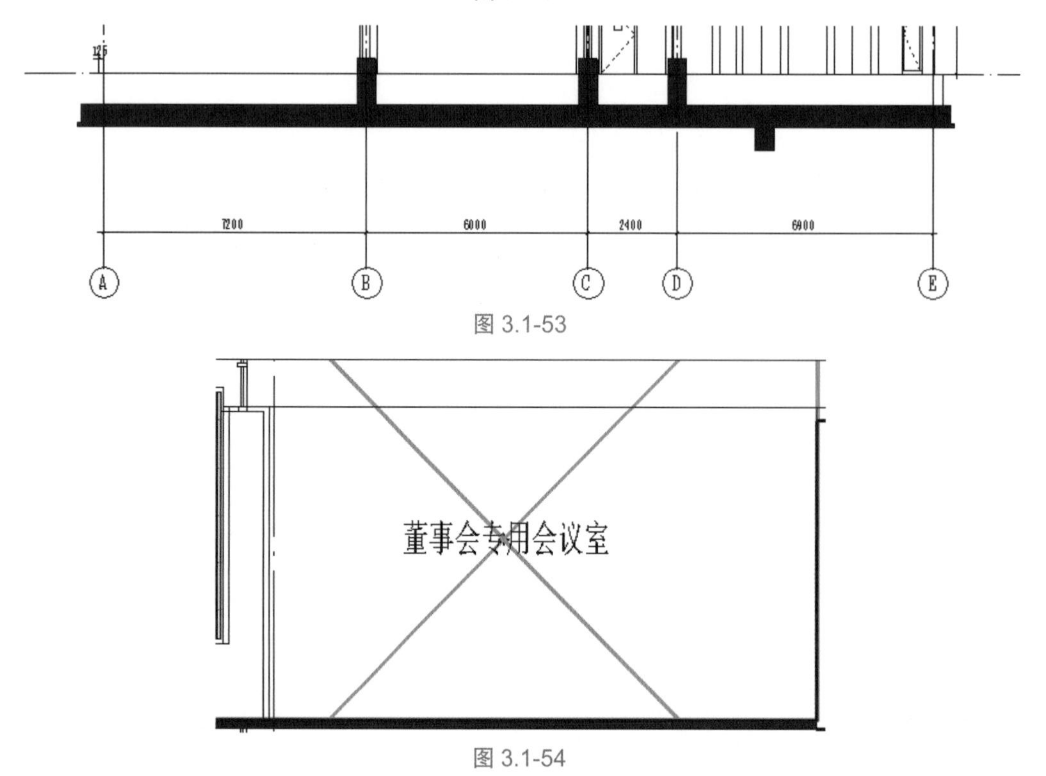

图 3.1-53

图 3.1-54

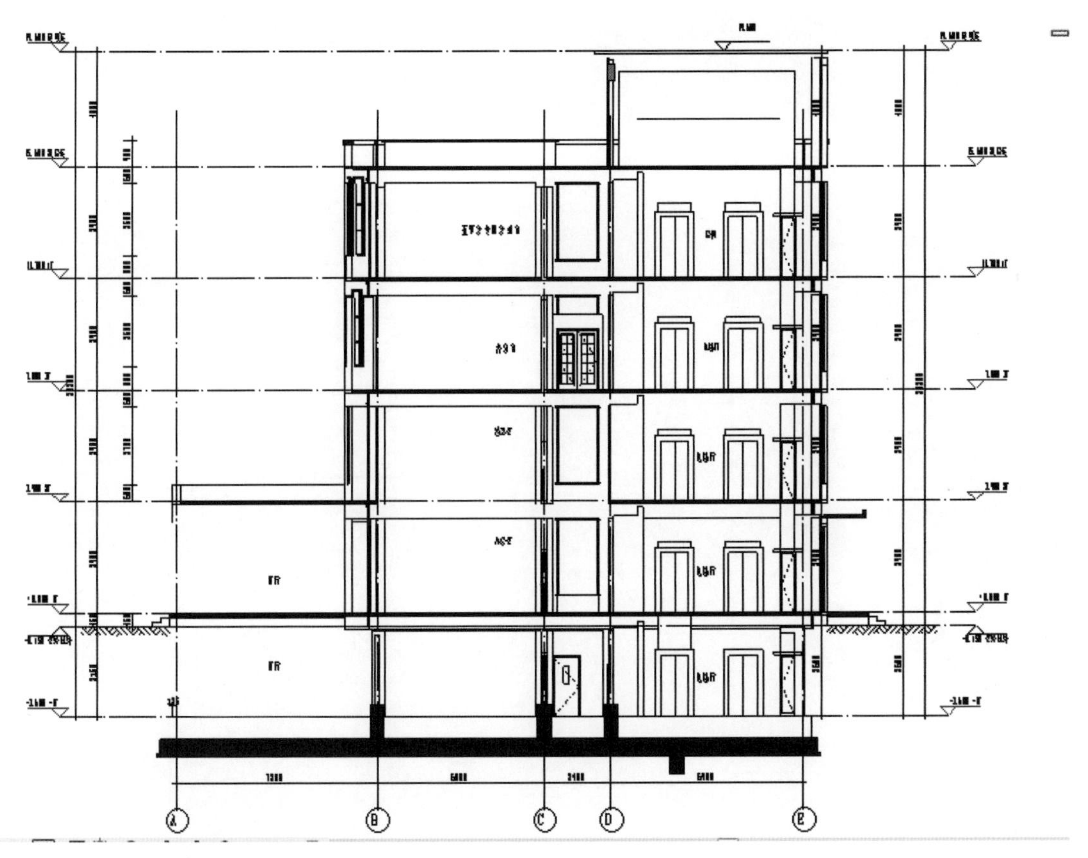

图 3.1-55

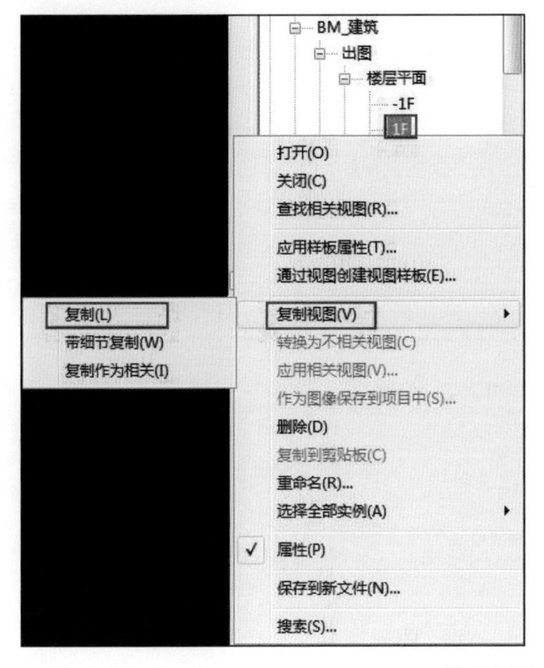
BM_建筑
出图
楼层平面
-1F
1F
打开(O)
关闭(C)
查找相关视图(R)...
应用样板属性(T)...
通过视图创建视图样板(E)...
复制(L)
带细节复制(W)
复制作为相关(I)
复制视图(V)
转换为不相关视图(C)
应用相关视图(V)...
作为图像保存到项目中(S)...
删除(D)
复制到剪贴板(C)
重命名(R)...
选择全部实例(A)
属性(P)
保存到新文件(N)...
搜索(S)...
重命名(R)...
选择全部实例(A)
属性(P)
保存到新文件(N)...
搜索(S)...
副本: 1F
重命名视图
名称(N): 出图_卫生间大样图
确定
取消

图 3.1-56

进入“卫生间大样图”视图，选择视图样板“BM_建-卫生间详图”，在“RVT链接显示设置”中取消“注释类别”的显示。如图3.1-57所示。

在属性面板中勾选“裁剪视图”和“裁剪区域可见”，在绘图区内将裁剪框调整为如图3.1-58所示大小并将⑥轴、⑦轴、Ⓓ轴、Ⓔ轴两端模式改为2D并调整轴线长度。在属性面板中取消勾选“裁剪区域可见”。

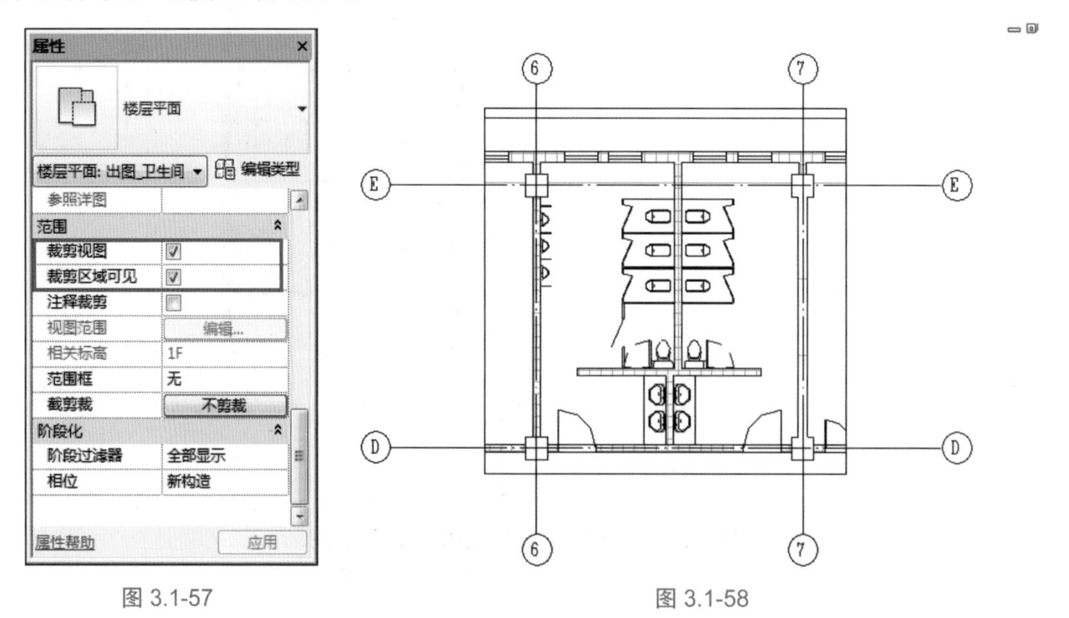

图3.1-57　　　　图3.1-58

选择Ⓓ轴上⑥轴左侧、⑦轴右侧的墙体，单击鼠标右键，选择“在视图中隐藏”>“图元”命令，将墙体隐藏。如图3.1-59所示。

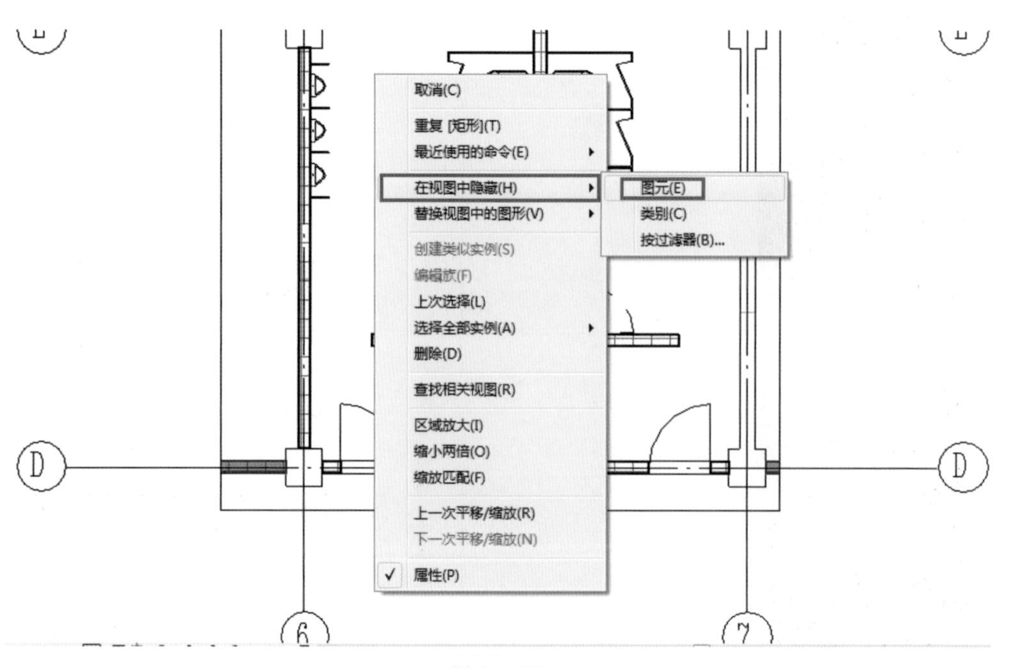

图3.1-59

单击“注释”>“详图”>“区域”>“遮罩区域”命令，单击“修改”>“线样式”>“不可见线”绘制如图 3.1-60（共 3 幅）所示灰色线轮廓，选择“线”类型绘制轮廓。

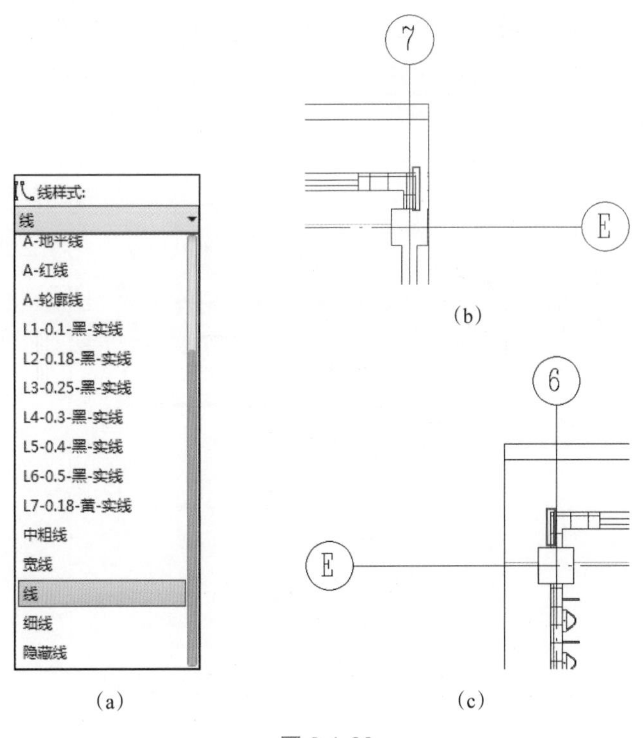

（a） （b） （c）

图 3.1-60

单击“完成”完成绘制。

单击“注释”>“符号”>“符号”命令，在属性面板中选择“假标高”>“上标头”类型，单击绘图区放置标高，单击标高符号上方“?”输入标高数值、“11.700”、“7.800”、“3.900”、“±0.000”，每两个标高之间用空格键连接如图 3.1-61 所示。

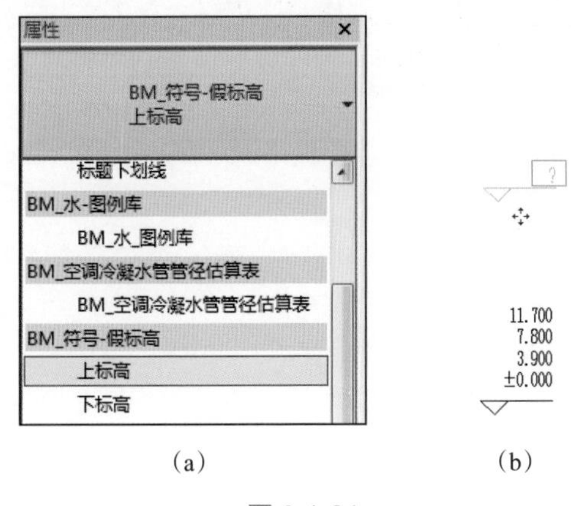

（a） （b）

图 3.1-61

如图 3.1-62 所示放置尺寸等其他标注。

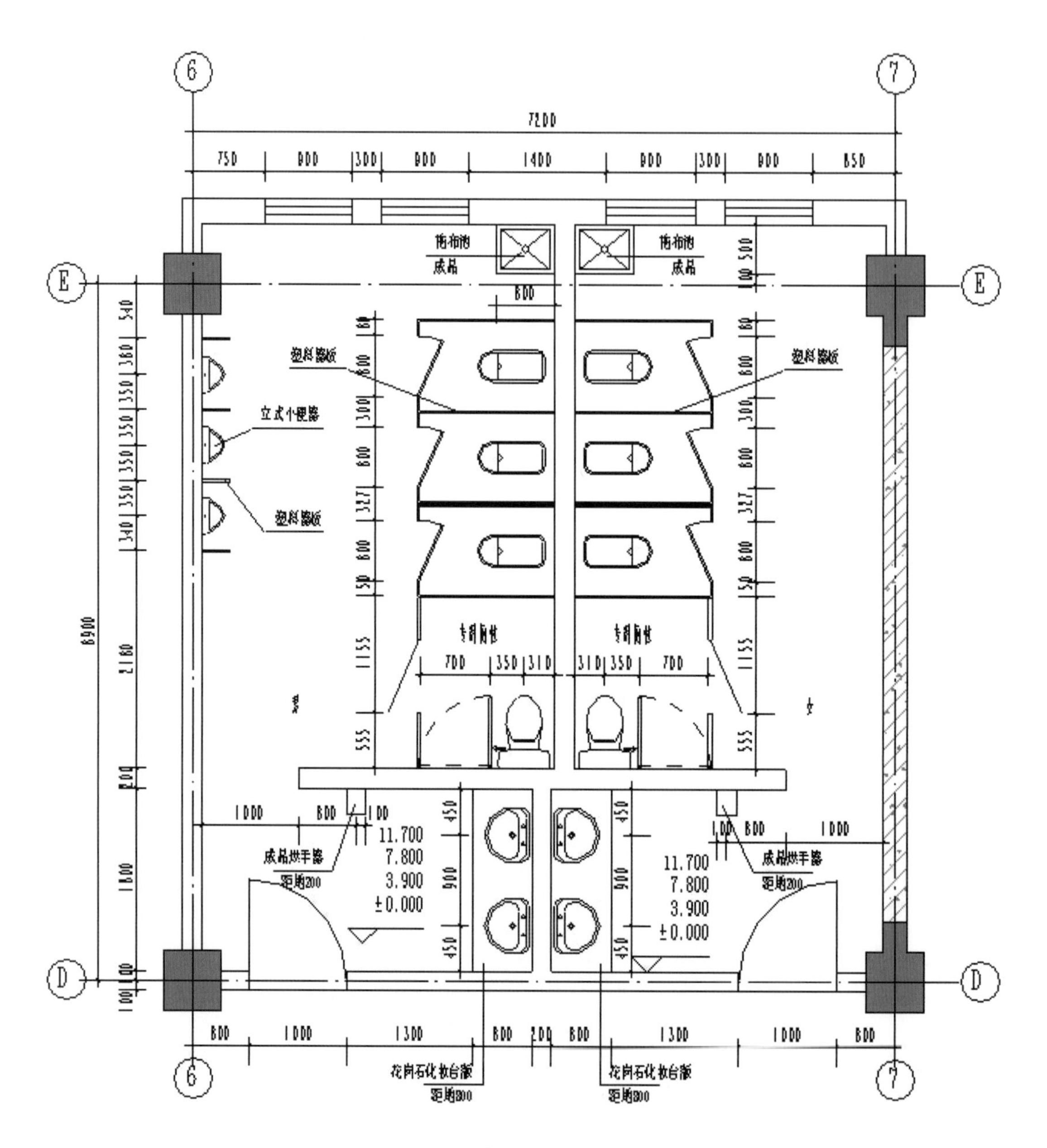

图 3.1-62

（5）楼梯详图大样

复制 –1F 平面图，并重命名为“出图 _ 地下一层楼梯大样平面详图”。

进入视图中，在“应用视图样板”对话框中选择“ BM_ 建 - 楼梯平面详图”，打开“ RVT 链接显示设置”对话框，在“模型类别选项卡”中将楼梯和栏杆扶手类别中所有“< 高于 >”类别线取消选择，如图 3.1-63 所示。

在属性面板中勾选“裁剪视图”和“裁剪区域可见”，调整裁剪框如图 3.1-64 所示。

RVT 链接显示设置

基本 | 模型类别 | 注释类别 | 分析模型类别 | 导入类别 | 工作集

模型类别(O)：<自定义>

☑在此视图中显示模型类别(S)　　如果没有选中某个类别，则该类别将不可见。

过滤器列表(F)：建筑

可见性	投影/表面			截面		半色调	详细程度
	线	填充图案	透明度	线	填充图案		
☑ 栏杆扶手						☐	按视图
☐ <高于> 扶手							
☐ <高于> 栏杆扶...							
☐ <高于> 顶部扶栏							
☑ 扶手							
☑ 扶栏							
☑ 支座							
☑ 栏杆							
☑ 终端							
☑ 隐藏线							
☑ 顶部扶栏							
☐ 植物						☐	按视图
☑ 楼板		隐藏				☐	按视图
☑ 楼梯						☐	按视图
☐ <高于> 剪切标记							
☐ <高于> 支撑							
☐ <高于> 楼梯前...							
☐ <高于> 踢面线							
☐ <高于> 轮廓							
☑ 剪切标记							
☑ 支撑							
☑ 楼梯前缘线							
☑ 踢面/踏板							
☑ 踢面线							

全选(L)　全部不选(N)　反选(I)　展开全部(X)

替换主体层

☑截面线样式(Y)　编辑(E)...

确定　取消　应用(A)　帮助

图 3.1-63

单击“注释”>“详图”>“区域”>“遮罩区域”，将不需要显示的结构构件隐藏，如图 3.1-65 所示。

单击“完成”完成遮罩区域的绘制，在属性面板中取消勾选“裁剪视图可见”，结果如图 3.1-66 所示。

对楼梯大样图进行尺寸和详图标注，结果如图 3.1-67 所示。

复制 1F 视图，重命名为“出图 _ 一层楼梯大样平面详图”，应用视图样板“ BM_ 建 - 楼梯平面详图”。

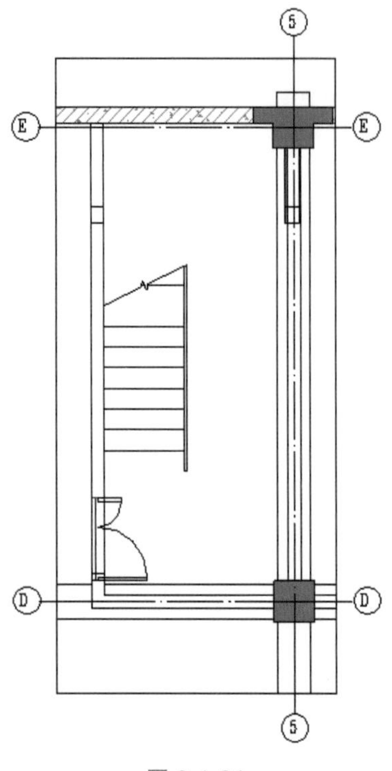

图 3.1-64

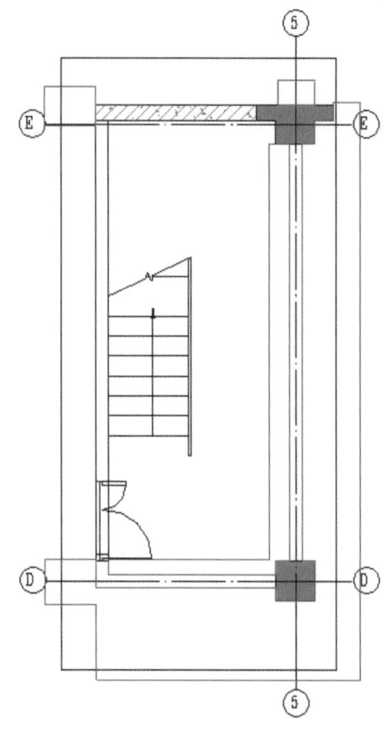

图 3.1-65

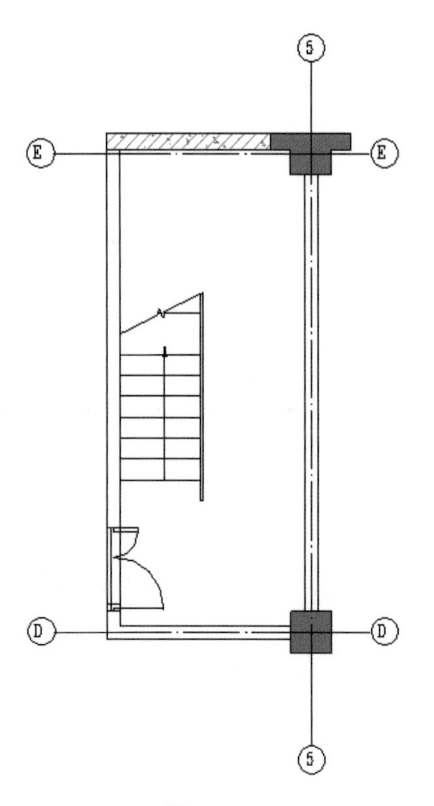

图 3.1-66

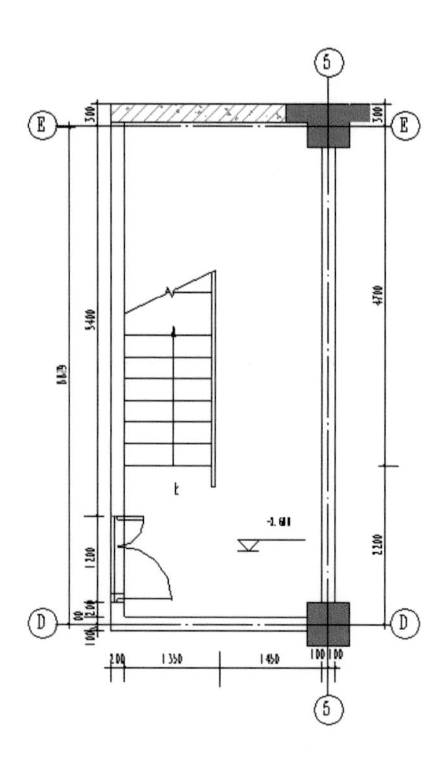

图 3.1-67

用同样的方式编辑标注图面，结果如图 3.1-68 所示。

复制 2F 视图，重命名为“出图 _ 二层至四层楼梯大样平面详图”，应用视图样板并进行图面处理和标注，结果如图 3.1-69 所示。

复制机房层平面图，重命名为“出图 _ 机房层楼梯大样平面详图”，应用视图样板，图面标注后效果如图 3.1-70 所示。

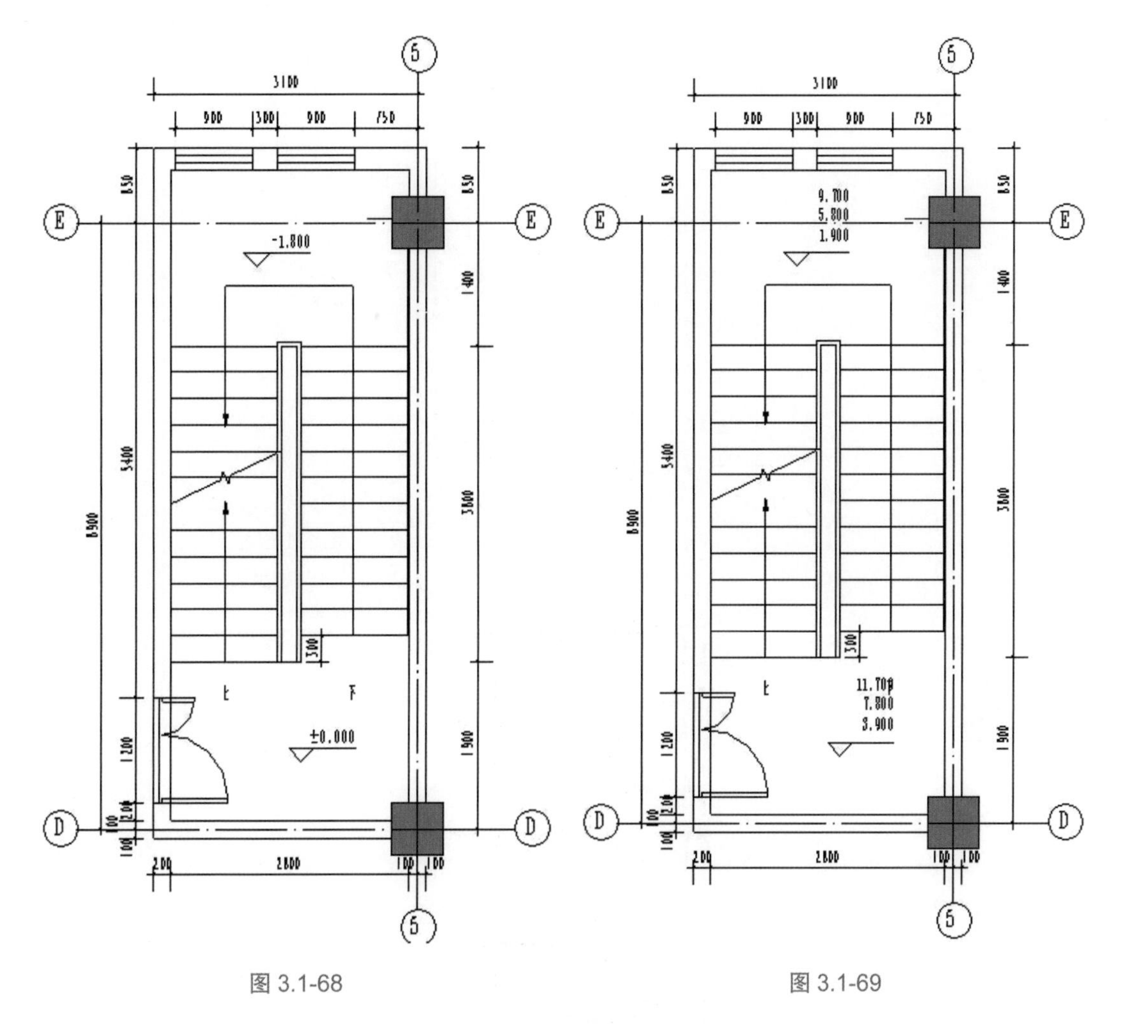

图 3.1-68　　　　图 3.1-69

在项目浏览器中选择“剖面 1”视图并复制视图，重命名为“出图 _ 楼梯剖面详图”，进入视图，在属性面板中单击“视图样板”命令，选择“BM_ 建 - 楼梯剖面详图”，修改“RVT 链接显示设置”，取消勾选链接模型的“注释类别”，并将链接模型的“模型类别”中。楼板、墙体、结构框架、楼梯的截面填充设置为颜色 128-128-128 的实体填充，单击确定，选择建筑模型的“模型类别”，将建筑墙体、楼板的截面及表面填充设置为“隐藏”。

单击确定应用视图样板，调整裁剪框和标高如图 3.1-71 所示。

在属性面板中取消勾选“裁剪区域可见”选项，使用“填充区域”命令将结构截面填充，用“遮罩区域”命令，将不需要显示的构件隐藏，如图 3.1-72 所示。

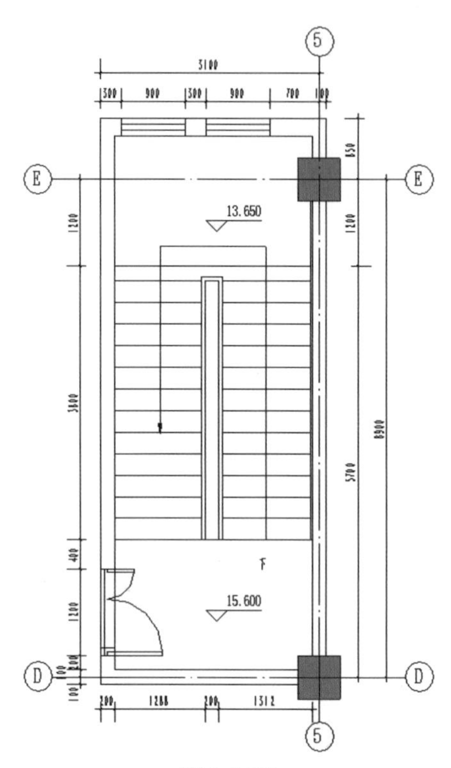
5
3100
E
13.650
15.600
D
5

图 3.1-70

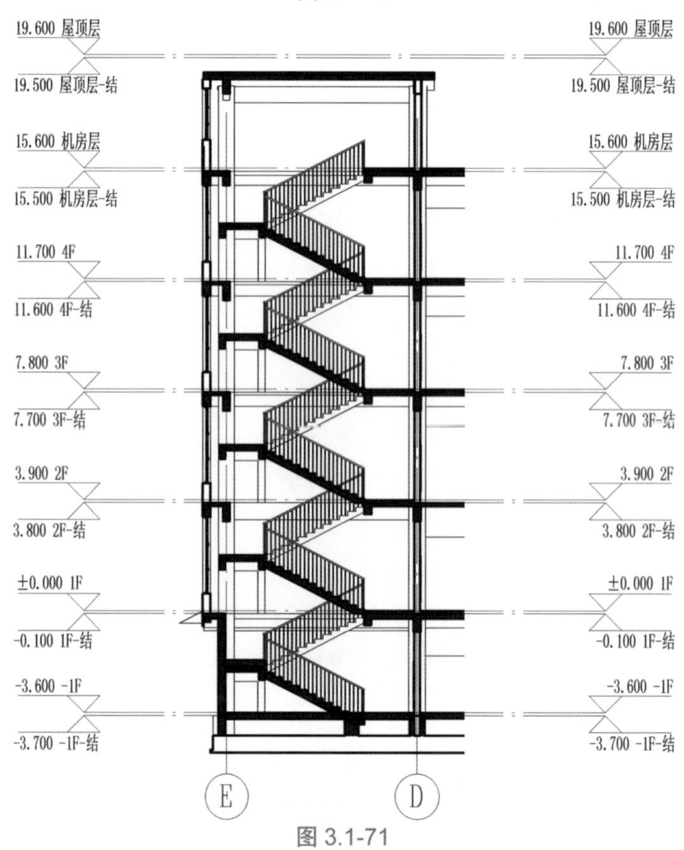
19.600 屋顶层
19.500 屋顶层-结
15.600 机房层
15.500 机房层-结
11.700 4F
11.600 4F-结
7.800 3F
7.700 3F-结
3.900 2F
3.800 2F-结
±0.000 1F
-0.100 1F-结
-3.600 -1F
-3.700 -1F-结
E
D

图 3.1-71

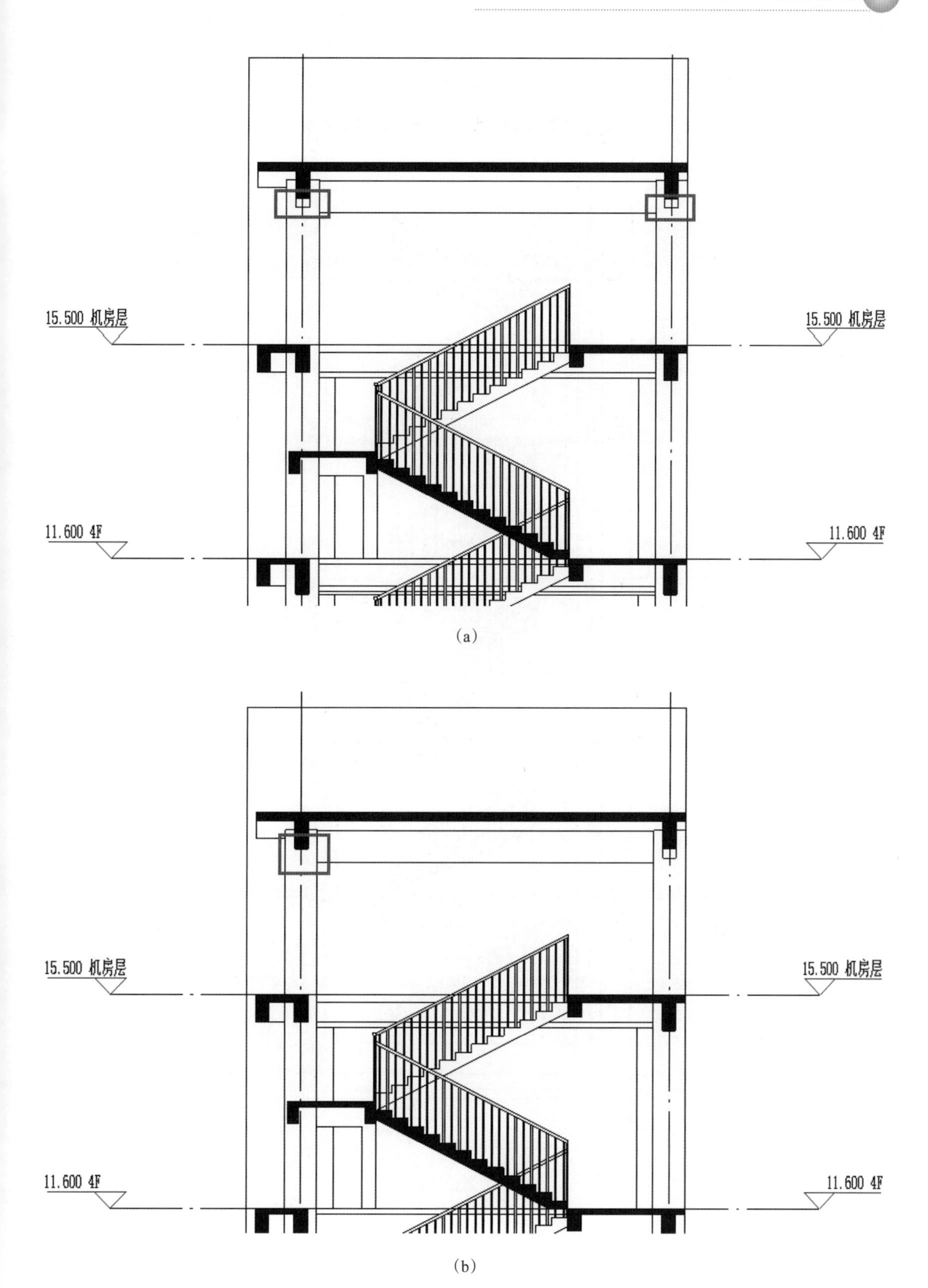
15.500 机房层
15.500 机房层
11.600 4F
11.600 4F
(a)
15.500 机房层
15.500 机房层
11.600 4F
11.600 4F
(b)

图 3.1-72

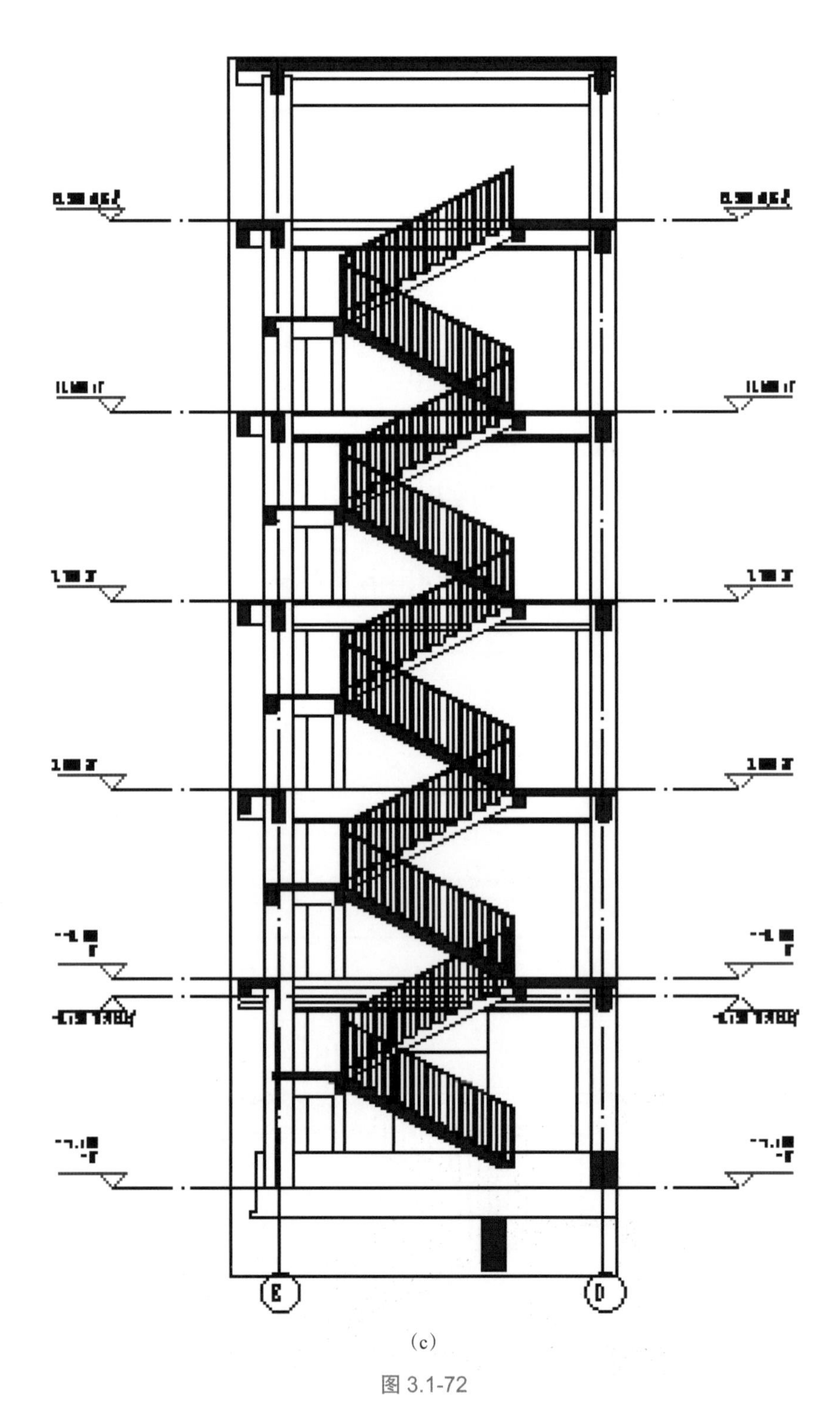

(c)

图 3.1-72

用尺寸标注、标高放置、图集索引等命令标注剖面大样，结果如图 3.1-73 所示。

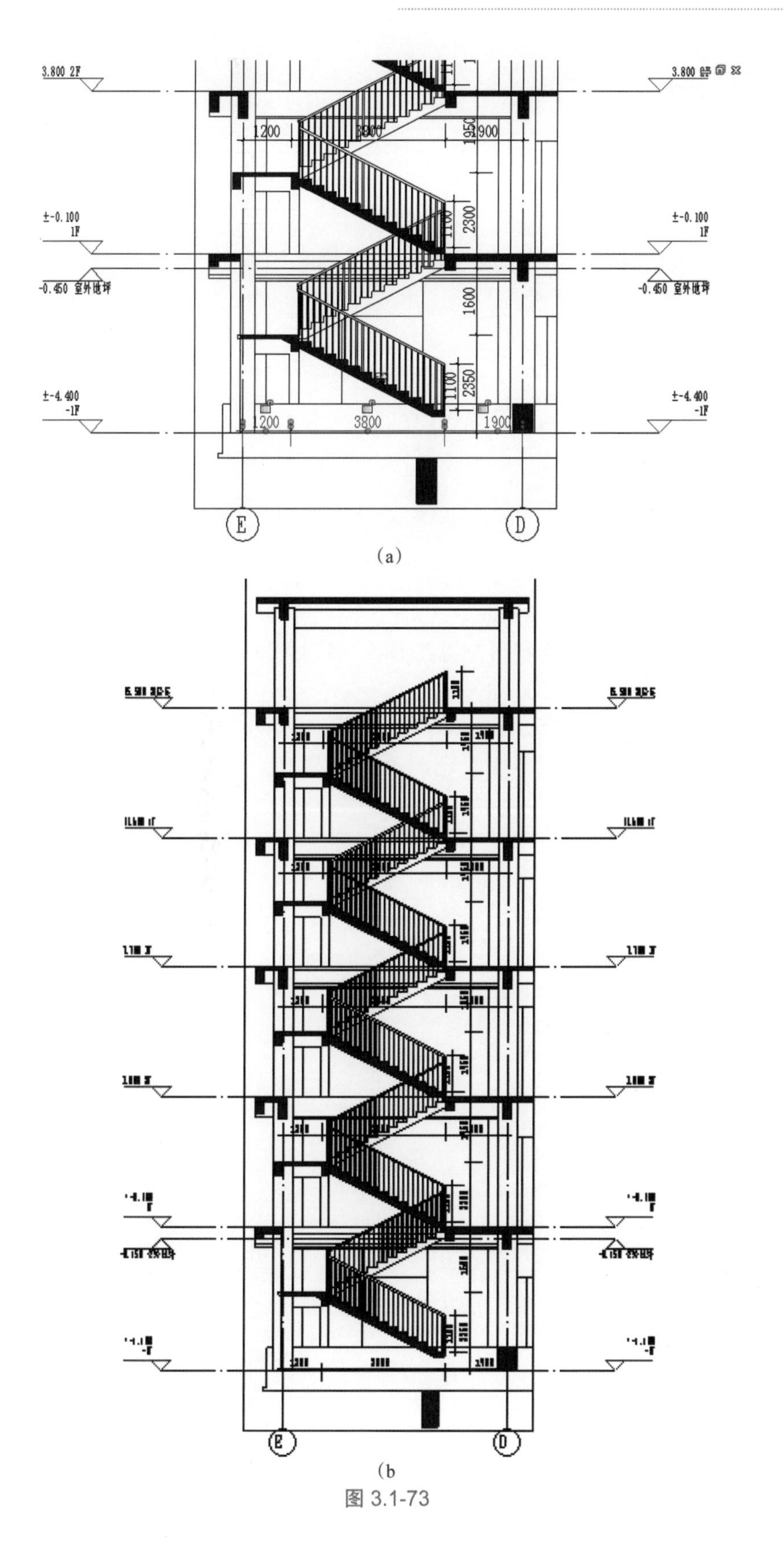
3.800 2F
±-0.100
1F
-0.450 室外地坪
±-4.400
-1F
1200
3800
1900
1950
2300
1100
1600
2350
E
D

(a)

(b

图 3.1-73

3.2 结构模板图出图

3.2.1 任务说明

根据《办公大厦建筑工程图》，在 Revit Architecture 中完成结构模板图出图。

3.2.2 任务分析

在 Revit Architecture 中如何创建模板图？

3.2.3 任务实施

结构模板图需要标注轴网尺寸，柱截面尺寸及定位，梁截面尺寸及定位，以及楼板洞口尺寸及定位。

打开出图 - 结构模型，双击项目浏览器 BM_ 结构 > 出图 > 楼层平面 > 出图 3 一层模板图，进入出图 3 一层模板图视图。

打开类型属性栏标识数据选项下视图样板，在运用视图样板中选择 BM_ 结 - 模板图。将运用视图样板中 BM_ 结 - 模板图，视图范围修改为“底 -600，视图深度 -600”。如图 3.2-1 所示。

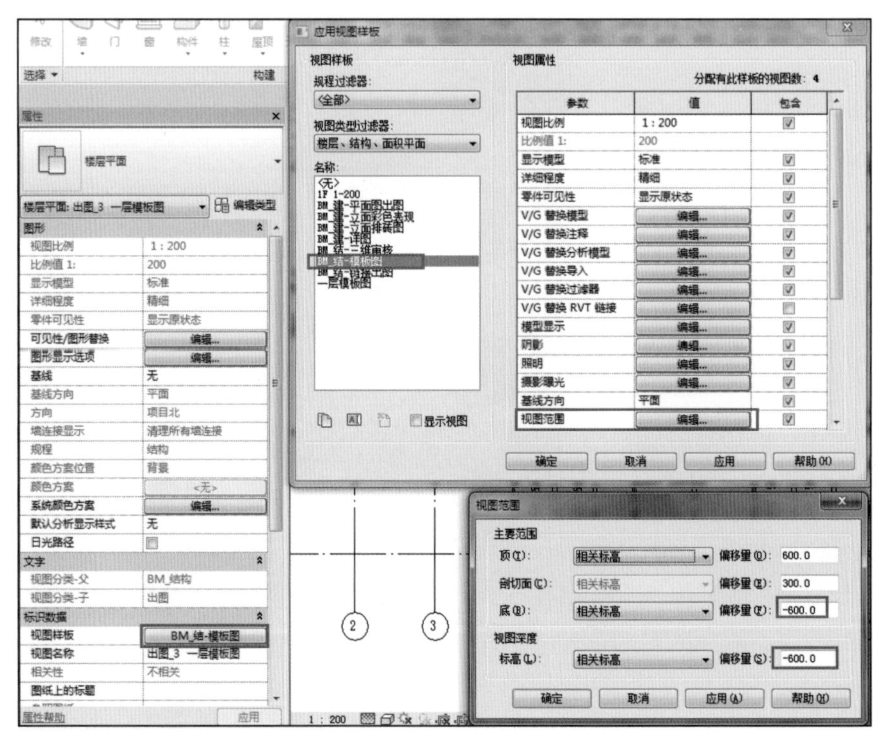

图 3.2-1

单击“注释”>“对齐”，在属性栏选择“3.5- 长仿宋 -0.8(上右)”，依次选择Ⓐ轴至Ⓔ轴标注轴线尺寸。见图 3.2-2、图 3.2-3。用同样的方式标注①轴 ~ ⑪轴轴线尺寸。

用同样的方式，标注结构柱截面轴线定位尺寸。见图 3.2-4。若标注的尺寸显示过于拥挤，可以点击数字下方“退拽文字”控制点。使数字间距适当隔开。见图 3.2-5。

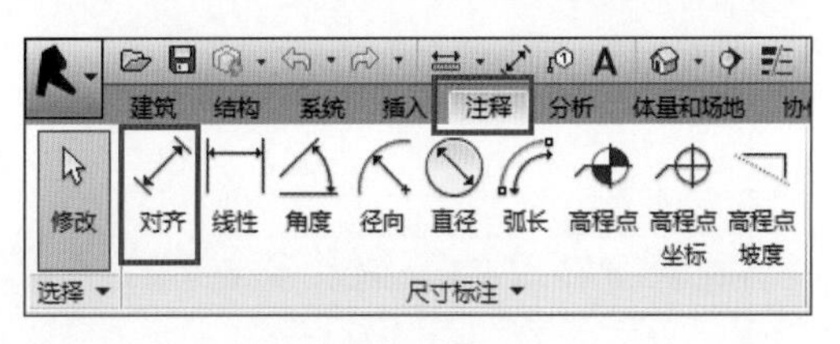

图 3.2-2

注意

标注Ⓒ轴上⑤轴⑥轴上的圆形柱时，先点击轴线，再点击圆形柱边界。见图 3.2-6。

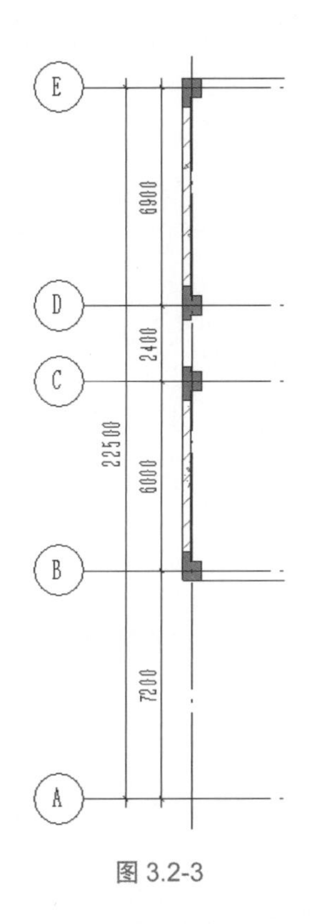

图 3.2-3

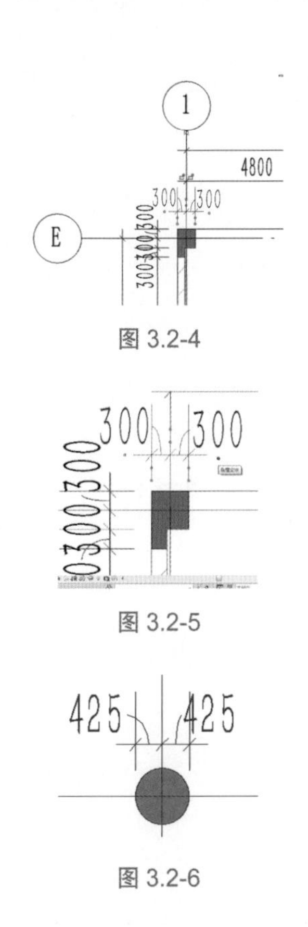

图 3.2-4

图 3.2-5

图 3.2-6

模板图结构框架梁标记。点击“注释”>“全部标记”，选择“当前视图中的所有对象”，选择“结构框架标记”，“勾选引线”，引线长度为 5mm。见图 3.2-7。

若结构框架标记较密，影响其余尺寸标记，可点击框架标记上✥，将框架梁标记适当位置。见图 3.2-8。

其中Ⓒ轴上，④轴⑥轴间 KL2（9）截面变为 250×600，用文字注释的方式将其标记。点击“注释”>“文字”，点击Ⓒ轴上，④轴⑥轴间 KL2（9）输入 250×600。见图 3.2-9。

单击“注释”>“模型线”，选择绘制圆形，绘制半径为 300 的圆形模型线。见图 3.2-10。

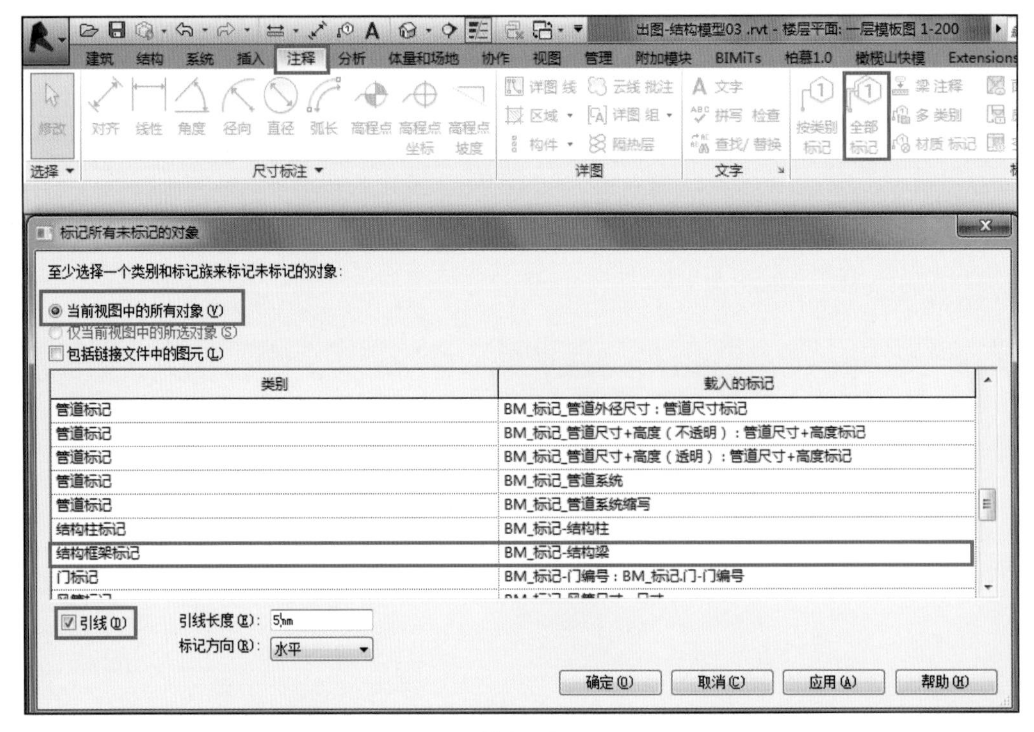

图 3.2-7

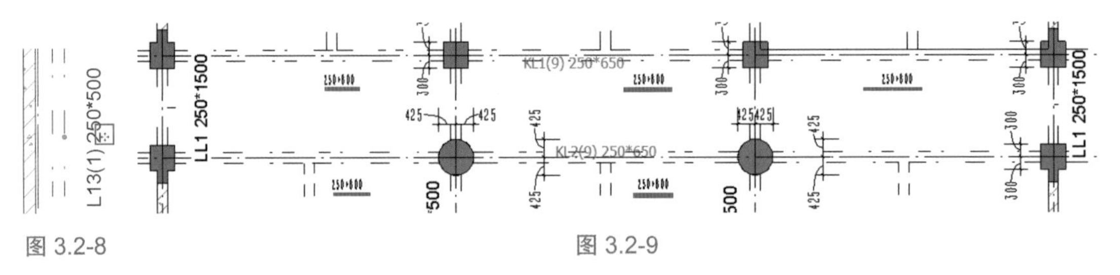

图 3.2-8

图 3.2-9

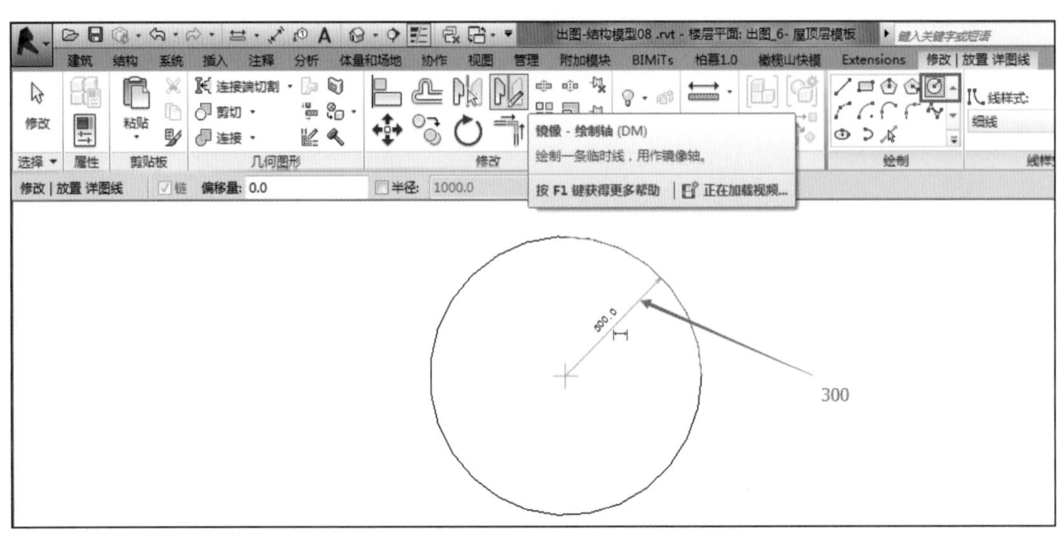

图 3.2-10

单击“注释”>“文字”，在类型属性中选择文字“_长仿宋3.0-0.7”，输入“LB1”，并将文字移动至圆形模型线中心。见图 3.2-11。

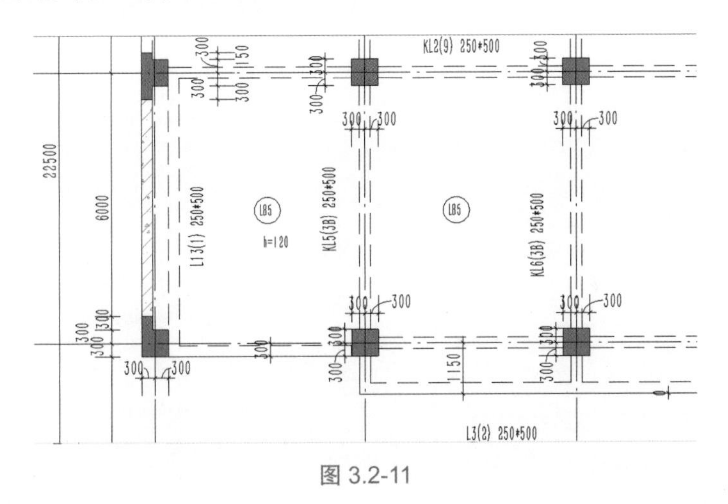

图 3.2-11

展开项目浏览器，打开“BM_建筑>建模>楼层平面”，选择-1F，右键选择复制视图，选择复制，将复制后的副本右键重命名为“出图_1-地下室基础模板图”。见图 3.2-12。

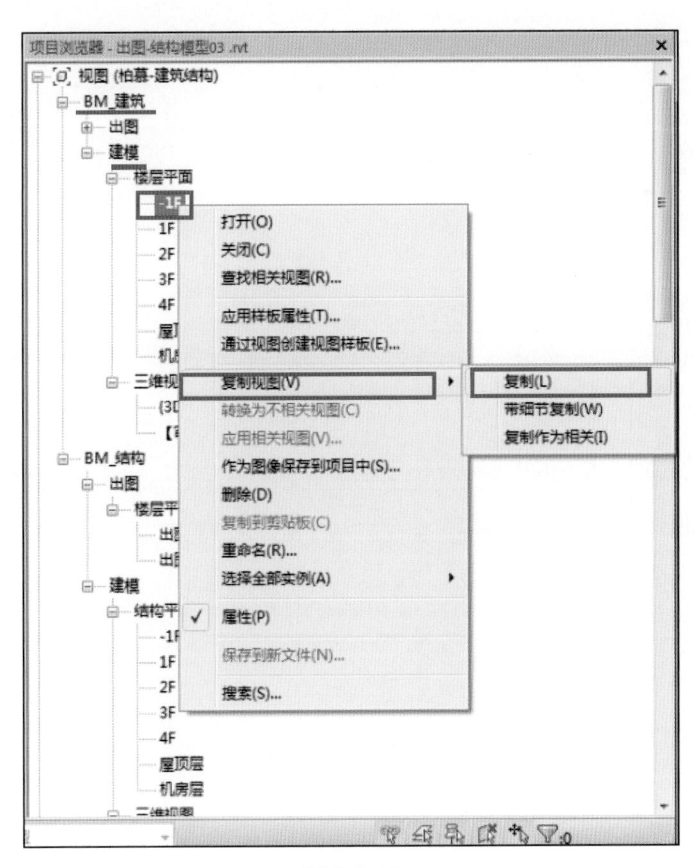

图 3.2-12

双击打开已复制的“出图 _1- 地下室基础模板图”，在视图属性栏文字选项修改为：视图分类 - 父 -BM_ 结构，视图分类 - 子 - 出图。视图样板选择“ BM_ 结 - 模板图”。见图 3.2-13。

展开项目浏览器 BM_ 结构，出图，楼层平面，即可看到上一步创建的出图 1_ 地下室基础模板图。用同样的方式创建“出图 _2 地下室顶模板图”、“出图 _4 二三层模板图”、“出图 5_ 机房层模板图”、“出图 _6- 屋顶层模板”。见图 3.2-14。

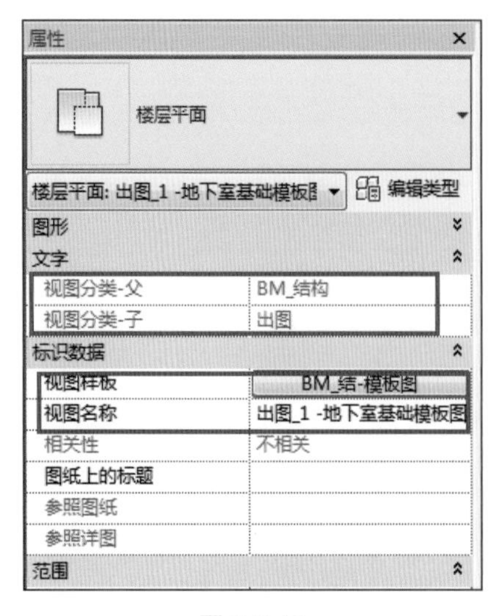

图 3.2-13

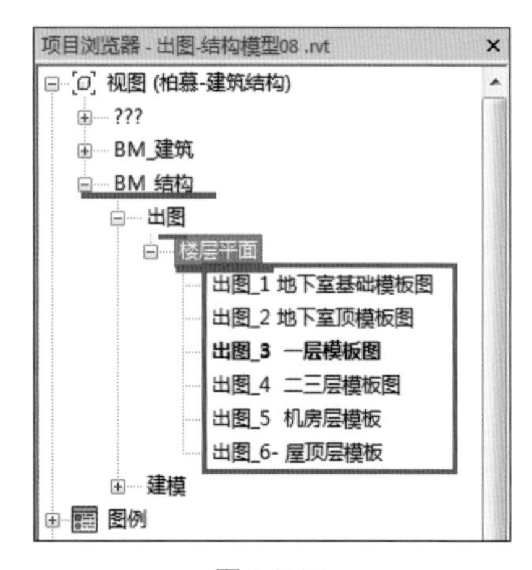

图 3.2-14

参照标记“出图 _3 一层模板图”的方式标记“出图 1_ 地下室基础模板图”、“出图 _2 地下室顶模板图”、“出图 _4 二三层模板图”、“出图 5_ 机房层模板图”、“出图 _6- 屋顶层模板”。见图 3.2-15 ~ 图 3.2-19。

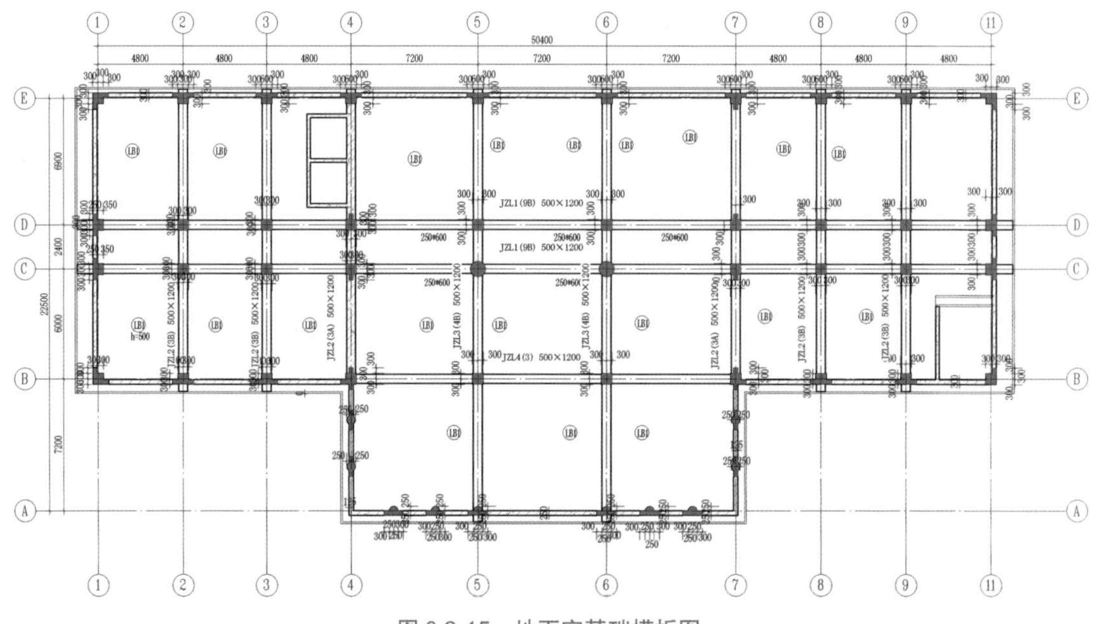

图 3.2-15 地下室基础模板图

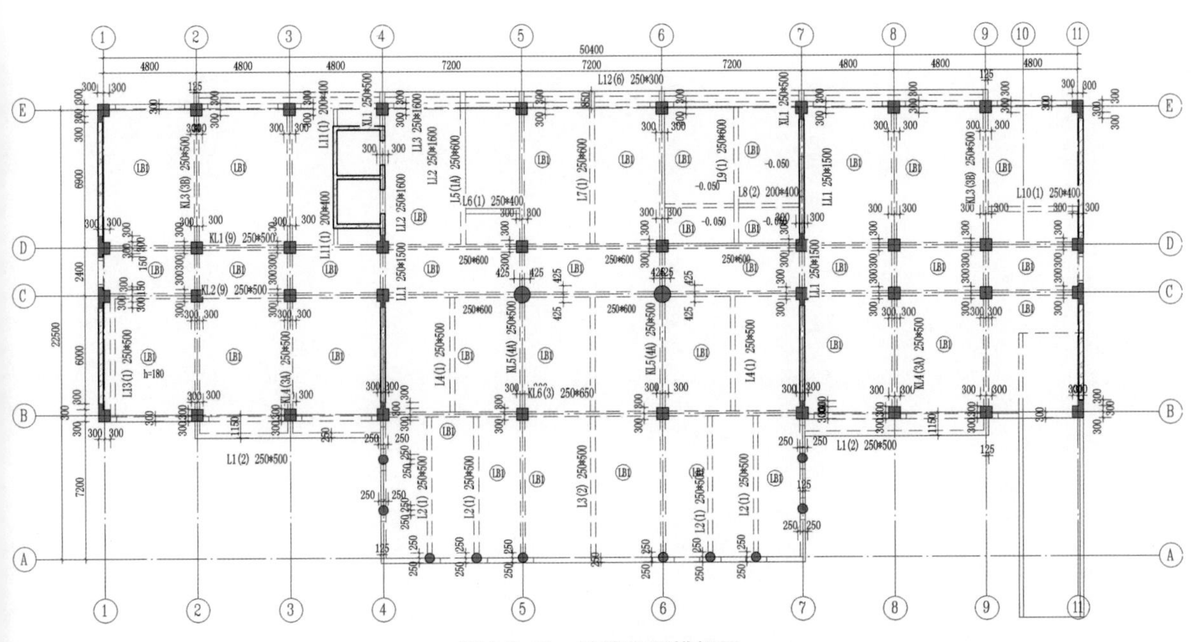

图 3.2-16 地下室顶模板图

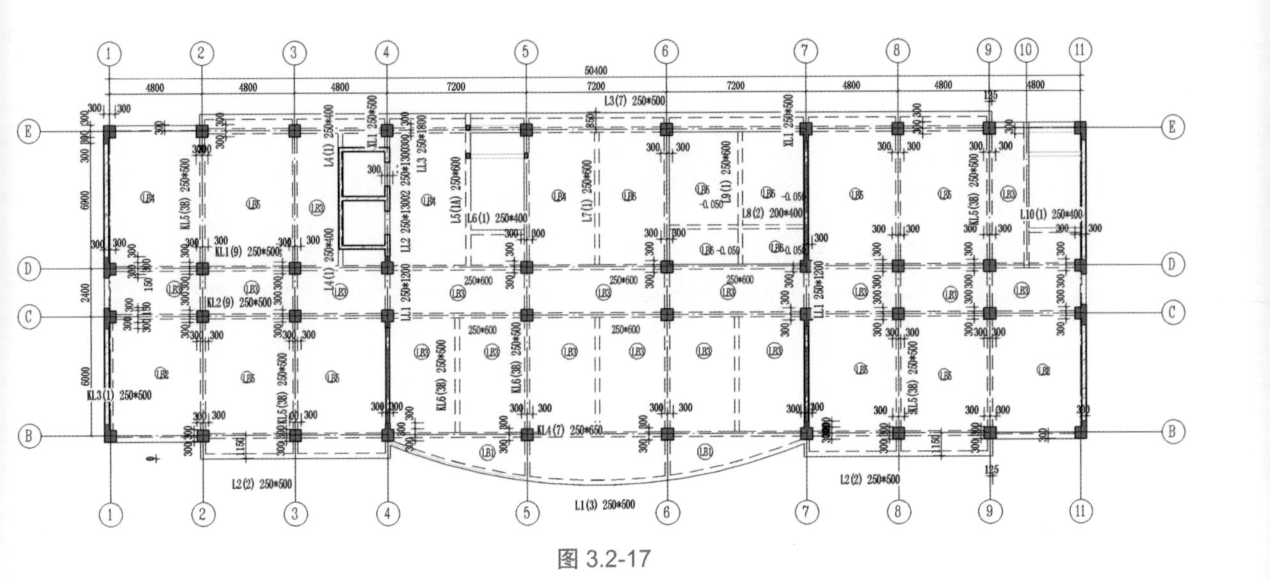

图 3.2-17

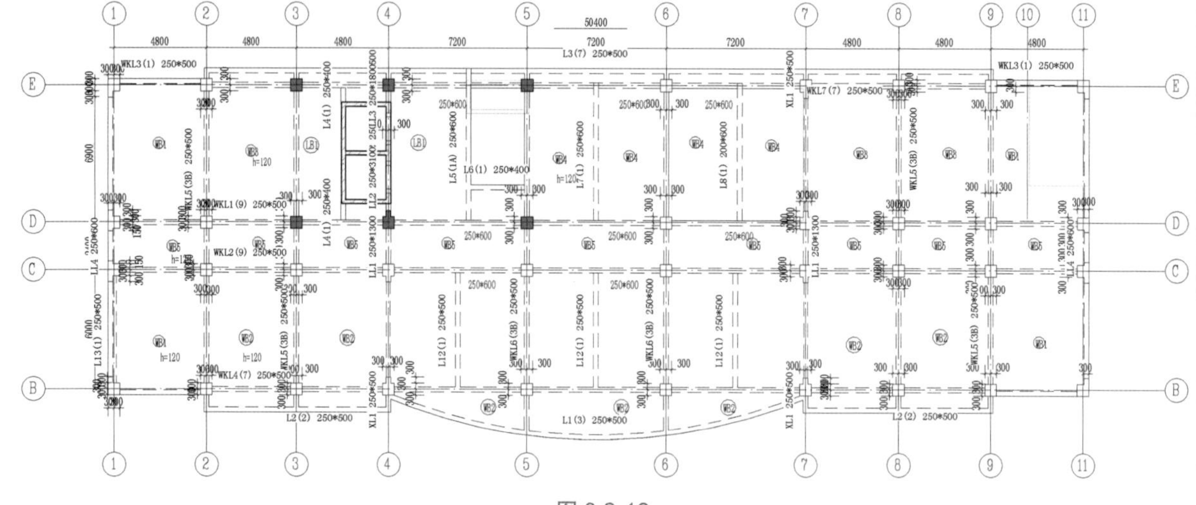

图 3.2-18

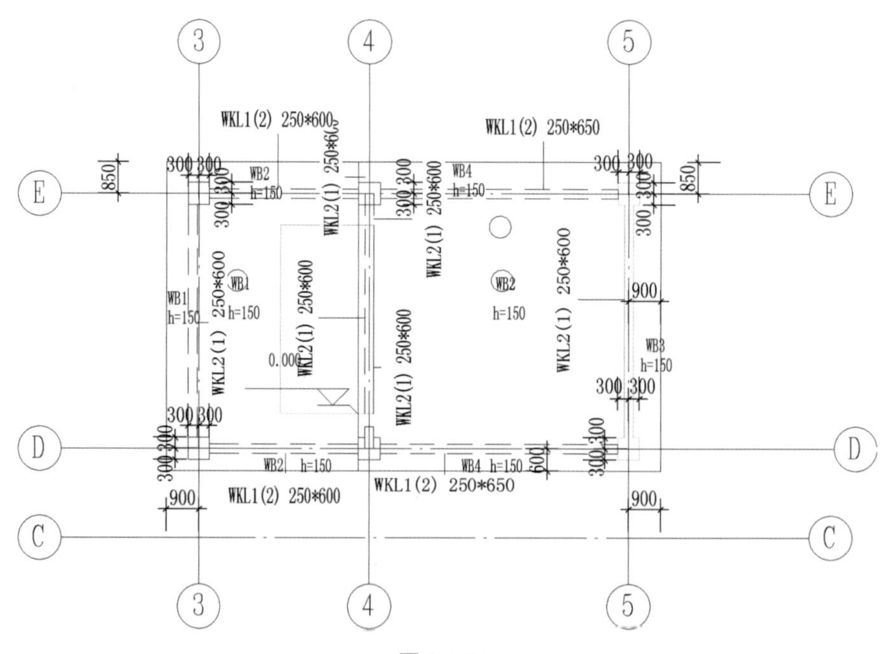

图 3.2-19

至此，结构模型模板图出图完成。

第4章 工程量清单算量

本章主要介绍把 Revit 模型导入广联达土建 GCL 算量软件。

4.1 任务说明

广联达 BIM 算量 GFC：一款由广联达软件股份有限公司自主开发，将设计软件 Revit 的建筑、结构模型导出为广联达土建算量软件可读取的 BIM 模型的应用软件。通过 GFC 直接将 Revit 设计文件转换为算量文件，无需二次建模，避免传统算量软件繁琐的建模工作，快速解决全生命周期工程量计算问题。

此次将建立好的 Revit 模型直接导入到广联达土建算量 GCL2013，无需在广联达土建算量 GCL 重复建模，即可汇总出量，完成工程量清单算量。

4.2 任务分析

（1）在广联达软件中完成墙构件的算量。

（2）在广联达软件中完成梁构件的算量。

（3）在广联达软件中完成板构件的算量。

（4）在广联达软件中完成柱构件的算量。

（5）在广联达软件中完成楼梯构件的算量。

（6）在广联达软件中完成门构件的算量。

（7）在广联达软件中完成窗构件的算量。

（8）在广联达软件中完成幕墙构件的算量。完成此项任务，需要掌握一些基本的技能和软件。

第一：熟悉并了解 Revit 模型的建立和操作；

第二：熟练掌握 GFC 文件的操作流程，包括插件的导出导入流程、关键功能使用等；

第三：熟悉广联达土建算量 GCL2013。

4.3 任务实施

4.3.1 Revit 模型导入广联达软件

（1）申请试用

GFC 是通过在线方式申请试用的。申请步骤如下。

第一步：登陆申请试用网址 https://yun.glodon.com/market/pkgdetail/7；选择“土建钢筋 BIM 邀请版”，然后点击申请试用。

第二步：申请完成后，待审核通过后，使用申请时的账号密码（广联云账号）登陆即可使用 BIM 应用功能。

（2）GFC 安装程序下载

程序更新和下载地址：http://gfc.fwxgx.com。

（3）操作流程

① 第一步：导出 GFC 文件。

在 Revit 软件中，“附加模块”>“广联达 BIM 算量”>“导出 GFC” 工具（如图 4.3-1 所示）。

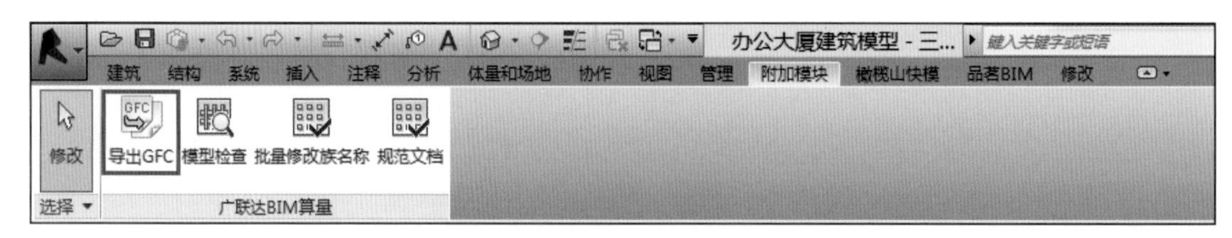

图 4.3-1

楼层转化设置如下。

功能一：分楼层导出三维模型；对于工程大，导出效率低的可按楼层导出模型。

功能二：灵活指定楼层与标高对应关系；对于夹层、空调板等局部标高，软件可以手动指定不作为楼层标高标志（如图 4.3-2 所示）。

然后点击下一步，进入构件转化设置。如图 4.3-3 所示，构件转化设置是将 Revit 构件和算量构件按照给定原则自动对应；当根据族名未匹配到理想效果时，用户可以调整构件对用关系，导出时按照用户调整后的最终对应关系导出。这样可以提高默认匹配成功率。

将模型另存为“gfc”格式，单击保存。如图 4.3-4 所示。

【拓展功能】

功能一：模型检查（如图 4.3-5 所示）。

由于设计师的建模精细程度不同，难免会出现各种构件重叠的问题。此功能用于重叠构件的自动检查。对墙、梁、板、柱、筏板、条形基础、独立基础、板与楼梯的全部重叠和部分重叠，包括跨层，弹出非法图元提示列表，包括图元名称、标高、重叠信息。双击定位非法图元，可以选中在 Revit 里进行修改，避免来回修改检查。

功能二：批量修改族名称（如图 4.3-6 所示）。

如果需要对 Revit 中某个族名称进行修改，可在【批量修改族名称】下统一修改 Revit

构件的名称，即支持批量修改族名称，统一支持添加前缀功能。列表里修改的族名称会自动对应到 Revit 中。

图 4.3-2

图 4.3-3

图 4.3-4

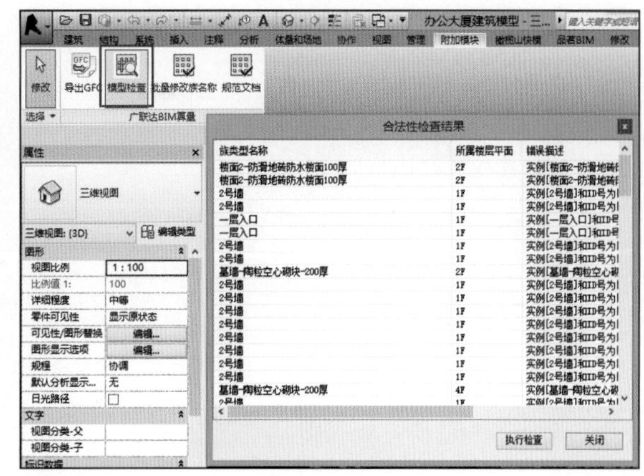

图 4.3-5

图 4.3-6

② 第二步：导入 GFC 文件。

打开广联达 BIM 土建算量软件，自动弹出“GCL2013”界面，选择“新建导向”(如图 4.3-7 所示)。

在弹出的对话框中具体设置如图 4.3-8 所示。单击“下一步”。

图 4.3-7

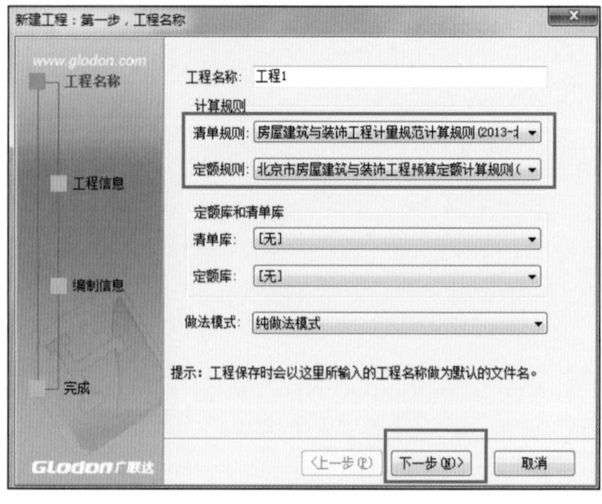

图 4.3-8

4.3.2 结构模型在广联达软件中构件识别

打开广联达 BIM 土建算量软件后，在“BIM 应用”选项卡下拉菜单中选择“导入 Revit 交换文件 (GFC)”，如图 4.3-9 所示。

图 4.3-9

选择导出的结构模型，如图 4.3-10 所示。

弹出的“GFC 文件导入向导”界面，如图 4.3-11 所示。一般选择默认设置，单击完成。

图 4.3-10

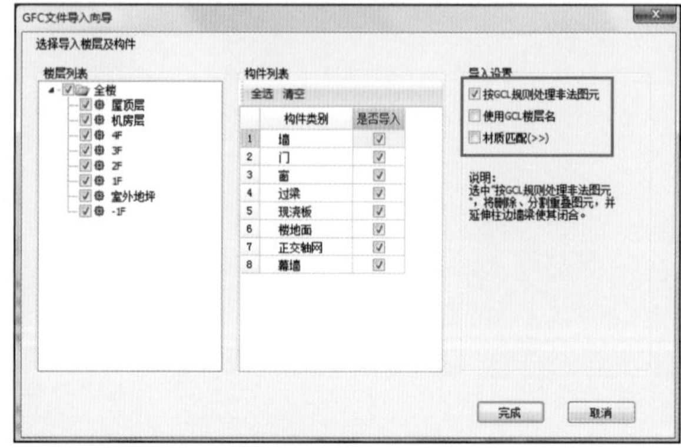

图 4.3-11

导入的过程中，会形成一个网页的文件，方面查看每个构件的处理情况。单击完成之后，会出现如图 4.3-12 所示的对话框，单击“是”。

导入的过程中有些图元发生了变化，可以根据网页中图元变化记录中 Revit 图元 ID，可以在 Revit 中查找具体哪个构件发生了变化，如图 4.3-13 所示。

图 4.3-12

图 4.3-13

形成的网页文件，如图 4.3-14 所示。

图元变化记录

楼层名称	导入前图元信息(GFC)			导入后图元信息(GCL)			备注
	构件类型	图元名称	Revit图元ID	构件类型	图元名称	图元ID	
-1F	墙	基墙-钢筋混凝土C25-250厚	2468583	墙	基墙-钢筋混凝土C25-250厚	163	导入后自动延伸
-1F	墙	基墙-钢筋混凝土C30-250厚	2460902	墙	基墙-钢筋混凝土C30-250厚	157	导入后自动延伸
-1F	墙	基墙-钢筋混凝土C30-250厚	2458366	墙	基墙-钢筋混凝土C30-250厚	153	导入后自动延伸
-1F	墙	基墙-钢筋混凝土C30-250厚-1	2435401	-	-	-	Id为 179 的图元与Id为 183 的图元完全重叠，自动删除
-1F	墙	基墙-钢筋混凝土C30-250厚-1	2434879	-	-	-	Id为 177 的图元与Id为 183 的图元完全重叠，自动删除
-1F	墙	基墙-钢筋混凝土C30-250厚-1	2434684	-	-	-	Id为 175 的图元与Id为 183 的图元完全重叠，自动删除
-1F	墙	基墙-钢筋混凝土C30-250厚-1	2434530	-	-	-	Id为 173 的图元与Id为 183 的图元完全重叠，自动删除
-1F	墙	基墙-钢筋混凝土C30-250厚-1	2434183	-	-	-	Id为 171 的图元与Id为 183 的图元完全重叠，自动删除
-1F	墙	基墙-钢筋混凝土C30-250厚-1	2433926	-	-	-	Id为 169 的图元与Id为 183 的图元完全重叠，自动删除
-1F	墙	基墙-钢筋混凝土C30-250厚-1	2433535	-	-	-	Id为 167 的图元与Id为 183 的图元完全重叠，自动删除
-1F	墙	基墙-钢筋混凝土C30-250厚-1	2433277	-	-	-	Id为 165 的图元与Id为 183 的图元完全重叠，自动删除
-1F	梁	JZL2(3A) 500×1200	2427391	梁	JZL2(3A) 500×1200	689	导入后自动延伸
-1F	梁	JZL3(4B) 500×1200	2427389	梁	JZL3(4B) 500×1200	687	导入后自动延伸
-1F	梁	JZL3(4B) 500×1200	2427387	梁	JZL3(4B) 500×1200	685	导入后自动延伸
-1F	梁	JZL2(3A) 500×1200	2427385	梁	JZL2(3A) 500×1200	683	导入后自动延伸
-1F	梁	JZL4(3) 500×1200	2427373	梁	JZL4(3) 500×1200	673	导入后自动延伸
1F	墙	基墙-钢筋混凝土C30-250厚-1	2467429	-	-	-	Id为 141 的图元与Id为 143 的图元完全重叠，自动删除
3F	墙	基墙-钢筋混凝土C25-200厚	2464635	墙	基墙-钢筋混凝土C25-200厚	85	导入后自动延伸
3F	墙	基墙-钢筋混凝土C25-250厚	2464623	墙	基墙-钢筋混凝土C25-250厚	83	导入后自动延伸
3F	墙	基墙-钢筋混凝土C25-250厚	2464593	墙	基墙-钢筋混凝土C25-250厚	71	导入后自动延伸
3F	墙	基墙-钢筋混凝土C25-250厚	2464591	墙	基墙-钢筋混凝土C25-250厚	69	导入后自动延伸
3F	梁	L1(3) 250*500	2464711	梁	L1(3) 250*500	461	导入后自动延伸
4F	墙	基墙-钢筋混凝土C25-200厚	2464633	墙	基墙-钢筋混凝土C25-200厚	59	导入后自动延伸
4F	墙	基墙-钢筋混凝土C25-200厚	2464631	墙	基墙-钢筋混凝土C25-200厚	57	导入后自动延伸
4F	墙	基墙-钢筋混凝土C25-200厚	2464629	墙	基墙-钢筋混凝土C25-200厚	55	导入后自动延伸
4F	墙	基墙-钢筋混凝土C25-250厚	2464627	墙	基墙-钢筋混凝土C25-250厚	53	导入后自动延伸

图 4.3-14

完成导入后，在广联达软件中，“绘图输入”栏中可以看到导入的构件。查看“墙”直接双击即可。

广联达软件识别“墙”族的类型名称及厚度，如图 4.3-15 所示。

广联达软件识别“柱”族的类型名称及尺寸，如图 4.3-16 所示。

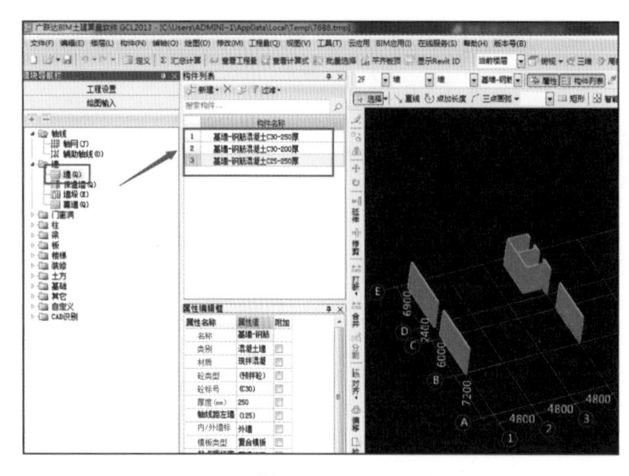

图 4.3-15

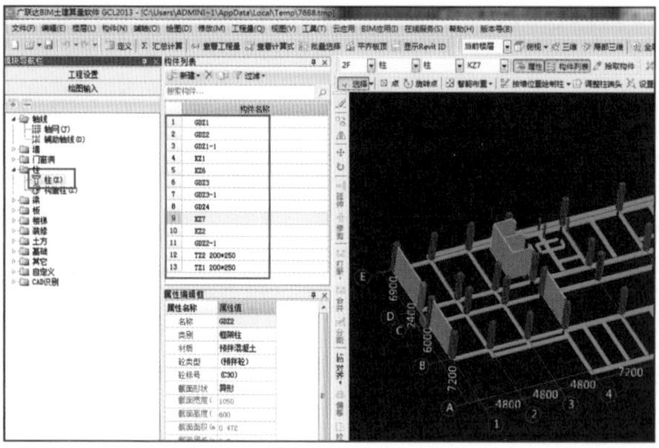

图 4.3-16

广联达软件识别“梁”族的类型名称及尺寸，如图 4.3-17 所示。

广联达软件识别“连梁”族的类型名称及尺寸，如图 4.3-18 所示。

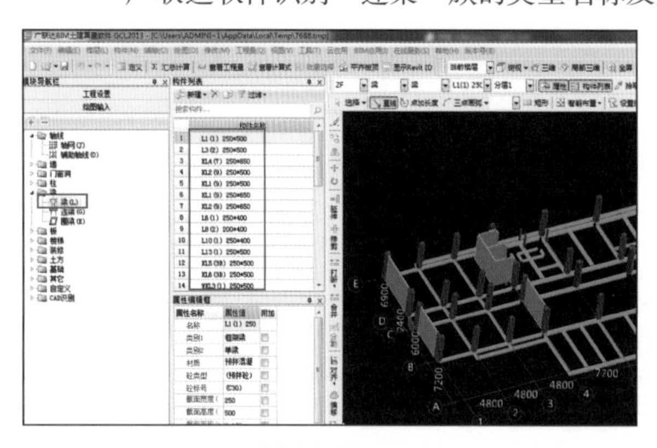

图 4.3-17

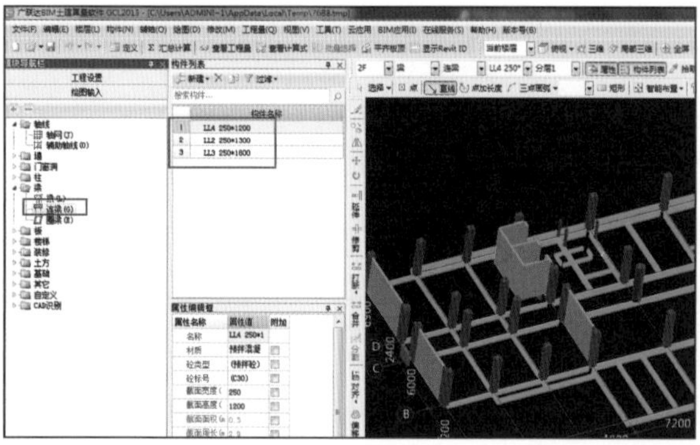

图 4.3-18

广联达软件识别“现浇板”族的类型名称及厚度，如图 4.3-19 所示。

广联达软件识别“楼梯”族名称，如图 4.3-20 所示。

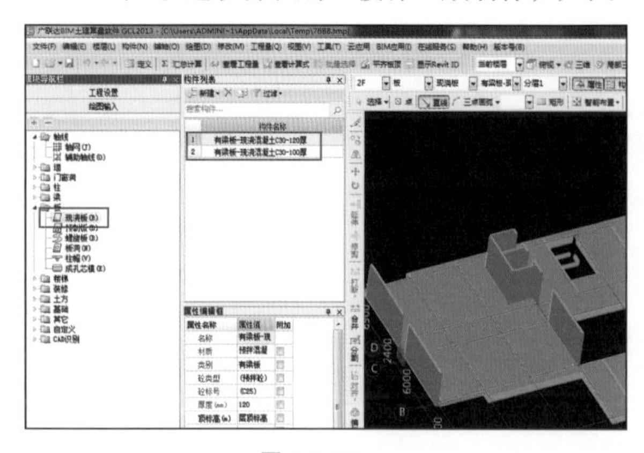

图 4.3-19

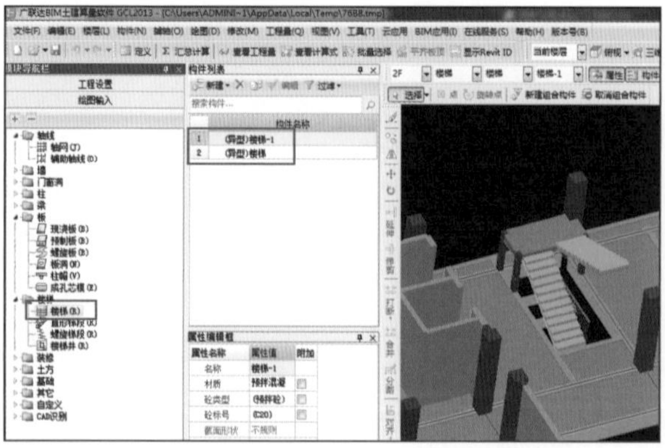

图 4.3-20

在三维中查看全部楼层，如图 4.3-21 所示。

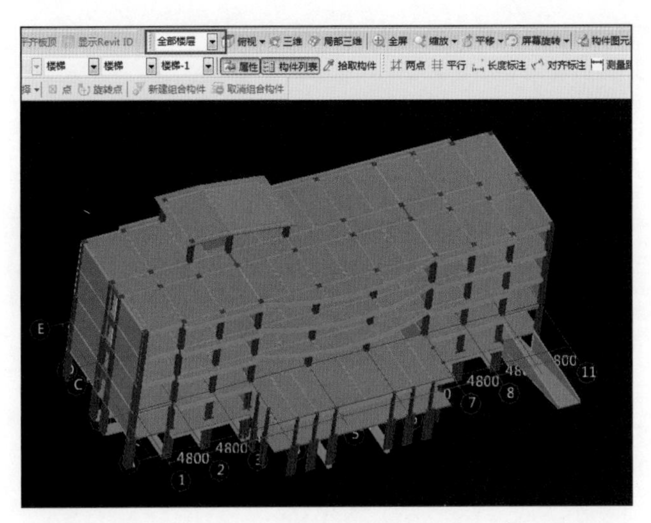

图 4.3-21

4.3.3 建筑模型在广联达软件中构件识别

打开广联达 BIM 土建算量软件后，在“BIM 应用”>“导入 Revit 交换文件（GFC）”（如图 4.3-22 所示）。

图 4.3-22

选择导出的建筑模型。如图 4.3-23 所示。

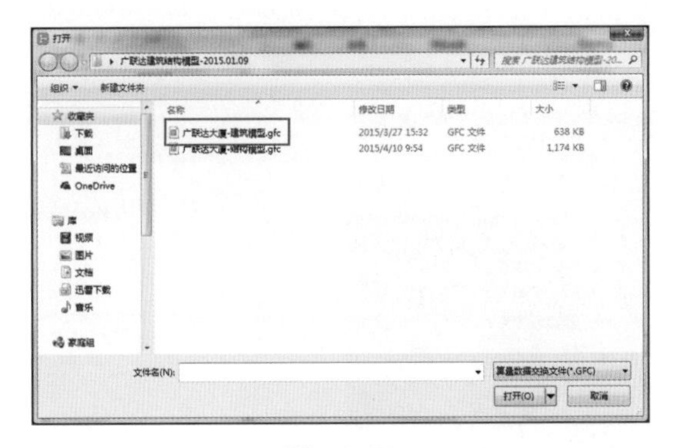

图 4.3-23

形成的网页文件，如图 4.3-24 所示。

完成导入后，在广联达软件中，“绘图输入”栏中可以看到导入的构件。查看“墙”直接双击即可。

楼层名称	导入前图元信息(GFC)			导入后图元信息(GCL)			备注
	构件类型	图元名称	Revit图元ID	构件类型	图元名称	图元ID	
1F	墙	基墙-陶粒空心砌块-200厚	2512233	-	-	-	Id为 391 的图元与Id为 383 的图元完全重叠，自动删除
1F	墙	基墙-陶粒空心砖-250厚	2455309	-	-	-	Id为 169 的图元与Id为 389 的图元完全重叠，自动删除
1F	墙	基墙-陶粒空心砖-250厚	2456251	-	-	-	Id为 167 的图元与Id为 389 的图元完全重叠，自动删除
3F	墙	基墙-陶粒空心砖-250厚	2514000	-	-	-	Id为 79 的图元与Id为 307 的图元完全重叠，自动删除
3F	墙	基墙-陶粒空心砖-250厚	2514002	-	-	-	Id为 73 的图元与Id为 307 的图元完全重叠，自动删除
4F	墙	基墙-陶粒空心砌块-200厚	2514868	-	-	-	Id为 259 的图元与Id为 251 的图元完全重叠，自动删除
4F	墙	基墙-陶粒空心砖-250厚	2514750	-	-	-	Id为 29 的图元与Id为 261 的图元完全重叠，自动删除
4F	墙	基墙-陶粒空心砖-250厚	2514752	-	-	-	Id为 27 的图元与Id为 261 的图元完全重叠，自动删除

图 4.3-24

广联达软件识别“墙”族的类型名称及厚度，如图 4.3-25 所示。

广联达软件识别“幕墙”构件内部，如图 4.3-26 所示。

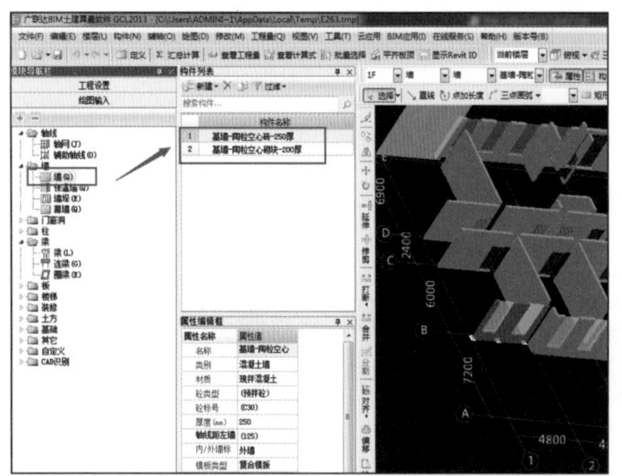

图 4.3-25

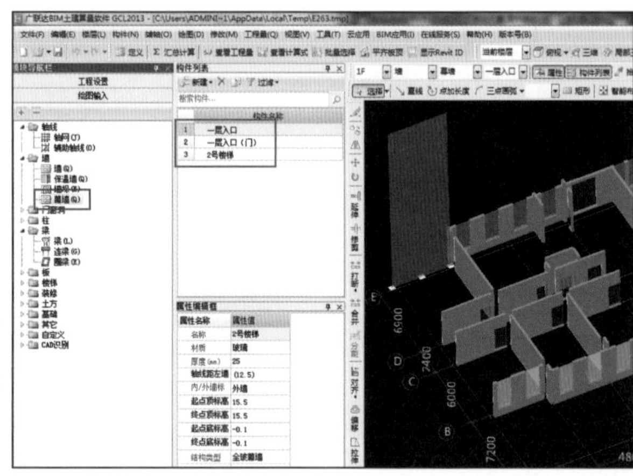

图 4.3-26

广联达软件识别“门”族的类型名称及尺寸，如图 4.3-27 所示。

广联达软件识别“窗”族的类型名称，如图 4.3-28 所示。

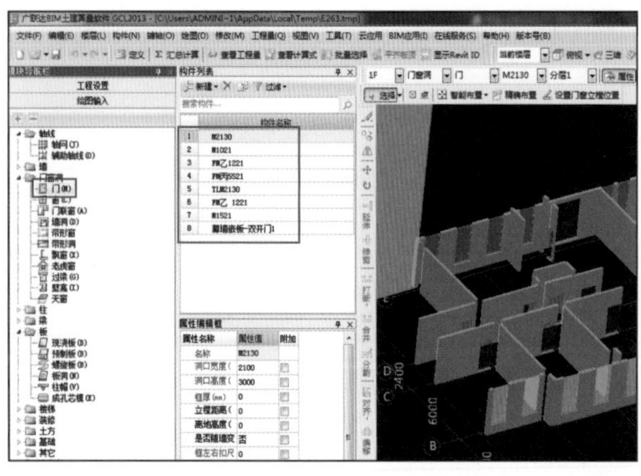

图 4.3-27

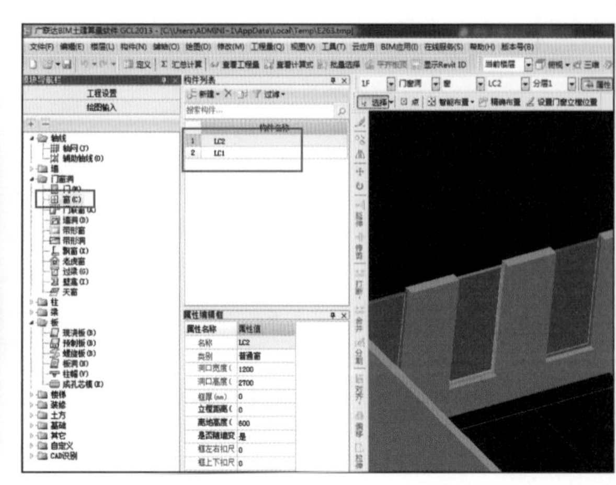

图 4.3-28

广联达软件识别“现浇板”族的类型名称及厚度，如图 4.3-29 所示。

在三维中查看全部楼层，如图 4.3-30 所示。

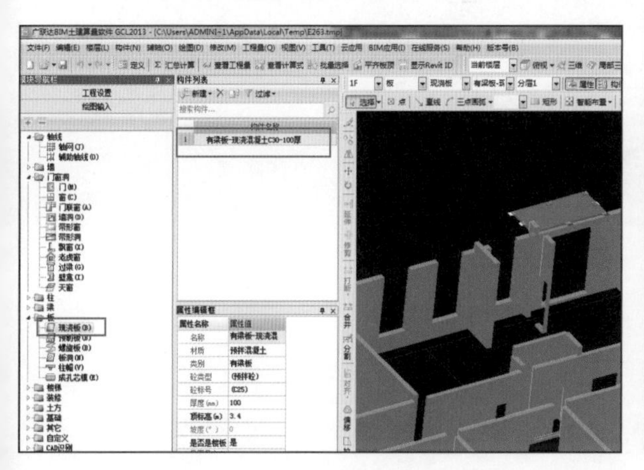

图 4.3-29

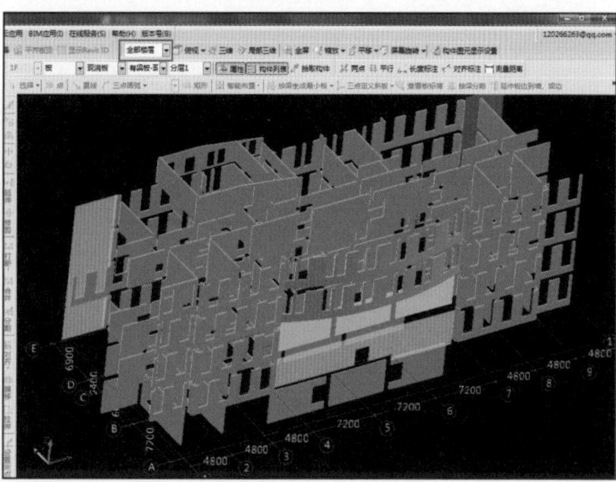

图 4.3-30

4.4 任务总结

（1）墙、楼板等系统族直接识别类型名称，标准命名可以在广联达软件内被识别并分类到各类别中。

（2）梁、柱、门、窗等可载入族识别族类型名称，当前项目的命名可以符合被识别的标准及分类，现构造柱无法识别。

（3）楼地面和墙面等精装修工程可直接通过命名识别到该类别中。

（4）模型需分开导入，链接模型不能随主模型导入广联达中，见图 4.4-1、图 4.4-2，结构链接到建筑中，导入到广联达，结构模型丢失。

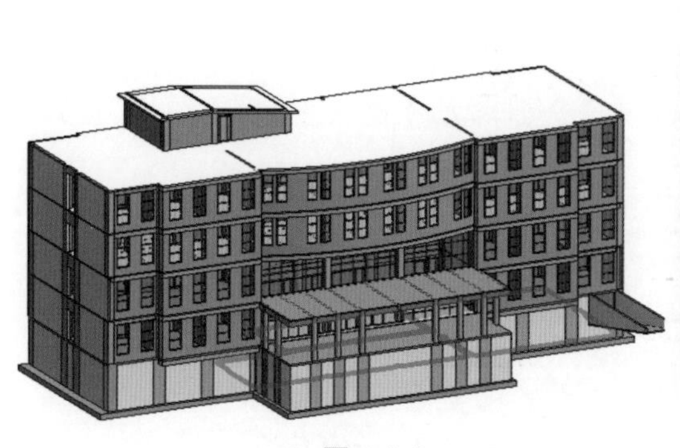

图 4.4-1

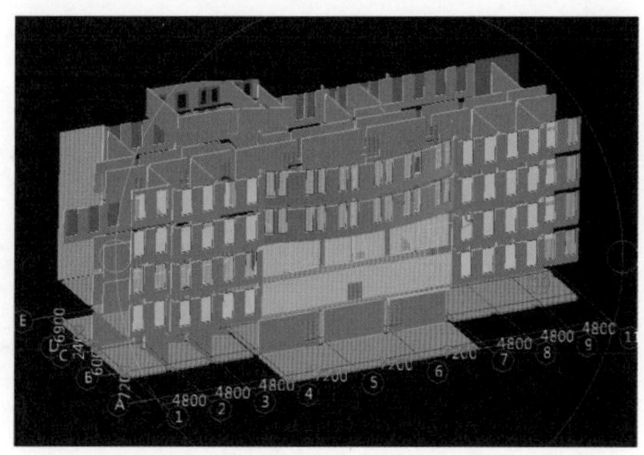

图 4.4-2

（5）墙和梁建模注意点：需要在两柱之间一段段绘制，如果整条绘制被柱子剪切，则会在导入广联达中丢失该构件。

栏杆识别不附着在楼梯之上，需导入到广联达之后重新创建栏杆。

第5章 模型浏览

5.1 模型导入 BIM 浏览器

5.1.1 任务说明

从 Revit 中导出 igms 文件后，导入 BIM 浏览器，进行模型的浏览及应用。

5.1.2 任务分析

（1）如何从 Revit 中导出 igms 文件？
（2）Igms 文件如何导入 BIM 浏览器？

5.1.3 任务实施

（1）从 Revit 中导出 igms 文件

①安装插件　双击 Revit 导出 igms 插件的 exe，直接安装即可。

② Revit 导出 igms 文件　安装后打开 Revit 在【附加模块】点击【导出 igms】文件即可，见图 5.1-1。

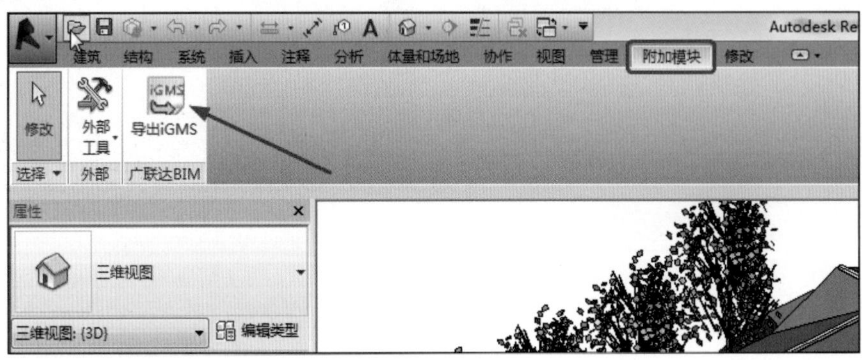

图 5.1-1

目前此插件支持 2014 和 2015 版本。

（2）将 igms 导入 BIM 浏览器

①新建项目 打开软件点击【新建项目】，进入浏览界面，如图 5.1-2 所示。

图 5.1-2

②从本地导入 在浏览界面点击【导入模型】，选择【从本地文件】，导入要浏览的 igms 文件。如图 5.1-3 所示。

③从云端导入 第一步：在界面右上方点击登录按钮，登录广联云，如图 5.1-4 所示。

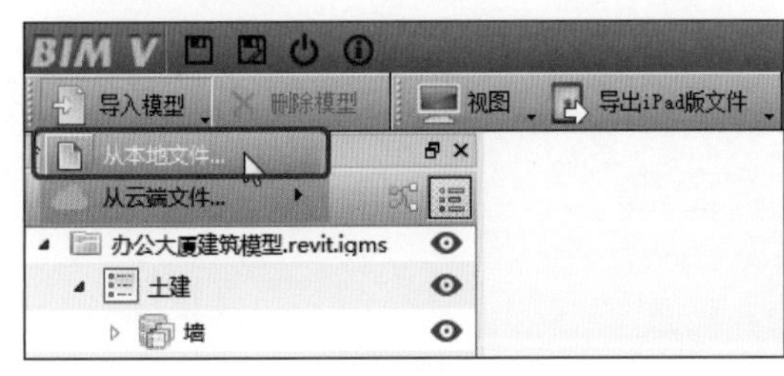

图 5.1-3

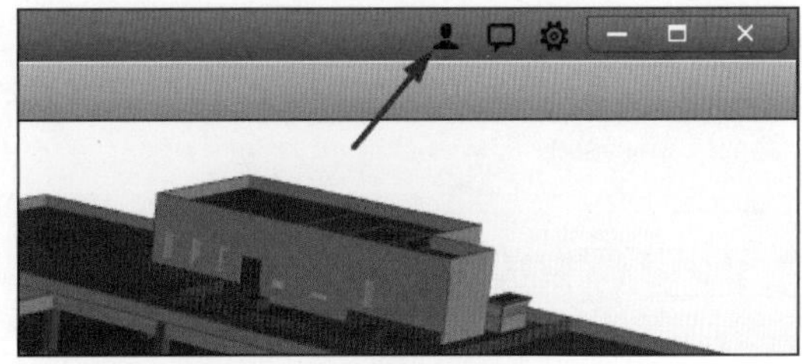

图 5.1-4

第二步：在浏览界面点击导入模型，选择【从云端文件】，导入要浏览的 igms 文件，如图 5.1-5 所示。

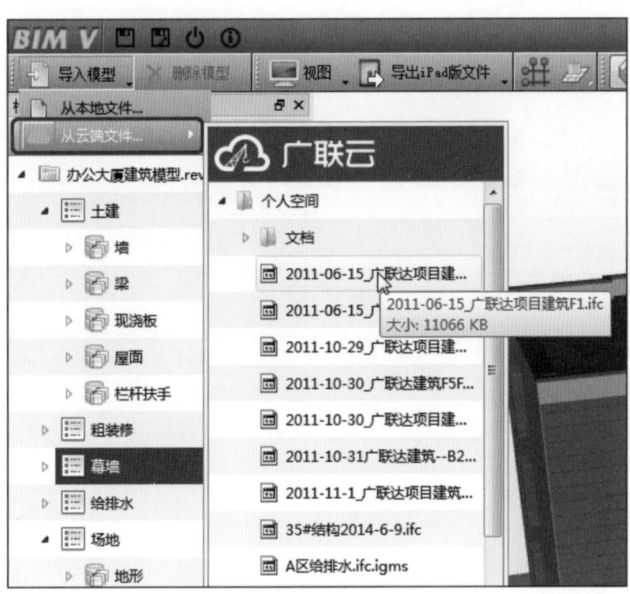

图 5.1-5

④移动模型　第一步：点击模型树下方的【移动模型】按钮，如图 5.1-6 所示。

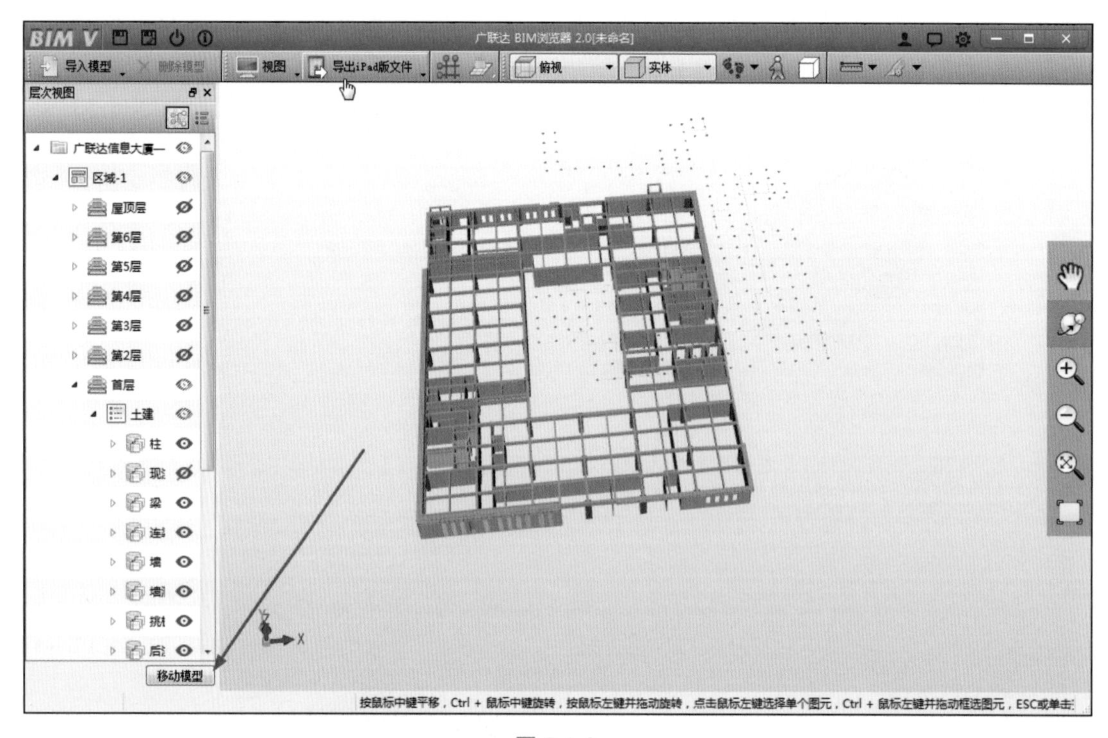

图 5.1-6

第二步：选中需要使用的焦点，如图 5.1-7 所示。

第三步：在模型上选中移动模型焦点，如图 5.1-8 所示。

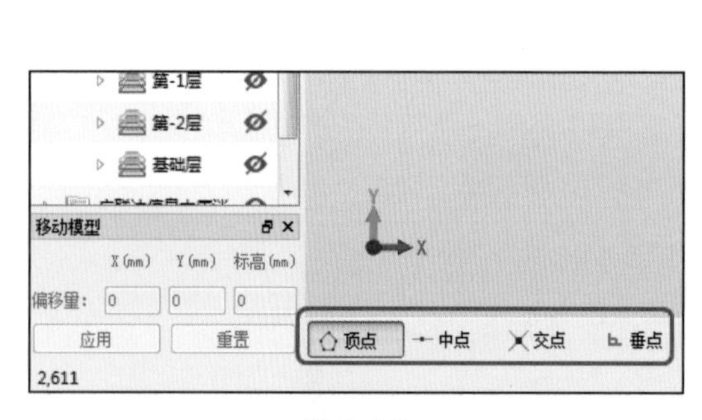

图 5.1-7

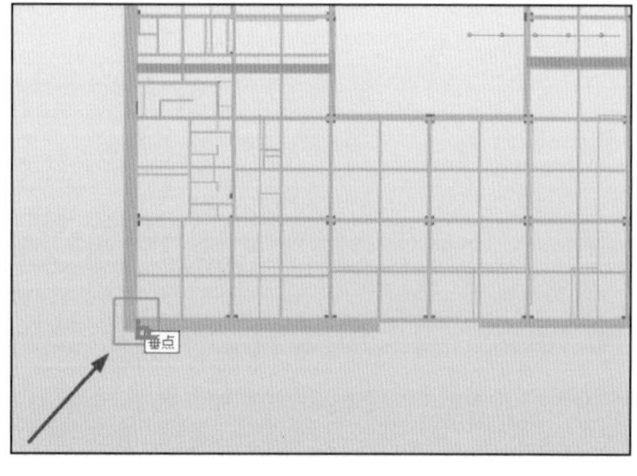

图 5.1-8

第四步：点击新的目标点，将模型移动到目标位置即可。

5.1.4 任务总结

Revit 导出的 ifc 文件也可以通过以上步骤导入浏览器。

5.2 浏览模型

5.2.1 任务说明

浏览导入 BIM 浏览器的模型。

5.2.2 任务分析

（1）如何漫游？
（2）如何测量距离？
（3）如何做切面？
（4）如何做剖面？

5.2.3 任务实施

（1）漫游

见图 5.2-1。

第一步：点击工具栏上的【漫游】按钮，触发漫游功能；

第二步：使用 Ctrl+ 左键定位人物位置；

第三步：使用上下左右键控制人物的漫游方向。

漫游属性说明：

➢ 勾选人物模型，漫游过程中就会出现一个小人；
➢ 勾选碰撞后，漫游就不会穿墙了；
➢ 勾选重力后，漫游过程中，人物会根据实际重力上下运动；需要特别解释的是，在勾选重力时，碰撞会被自动勾选，这因为碰撞本身就是判断重力（上下碰撞）的依据。
➢ 速度设置，则是来控制漫游过程人物的运动速度的。

（2）测量距离

①点到点　点击【点到点】测量按钮，在模型上选中需要测量的起点，拖动到终点，即出现实际距离。见图 5.2-2、图 5.2-3。

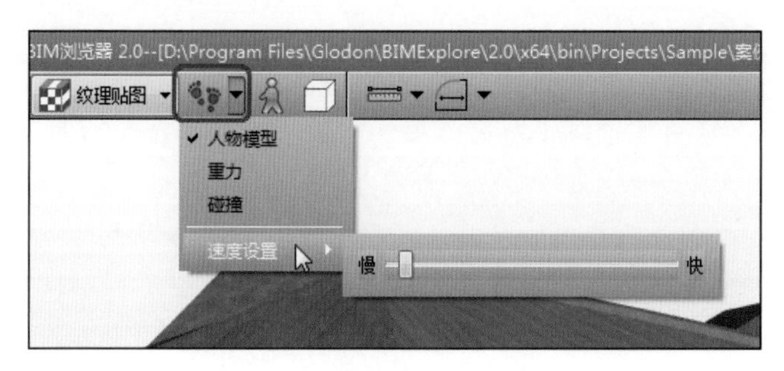

图 5.2-1

图 5.2-2

②点到多点　点击【点到多点】测量按钮，在模型上选中需要测量的起点，拖动到不同的终点，即出现起点到各个不同终点的实际距离。见图 5.2-4。

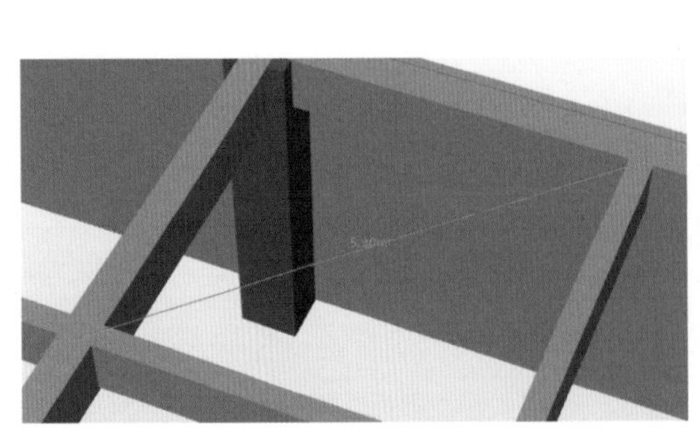

图 5.2-3

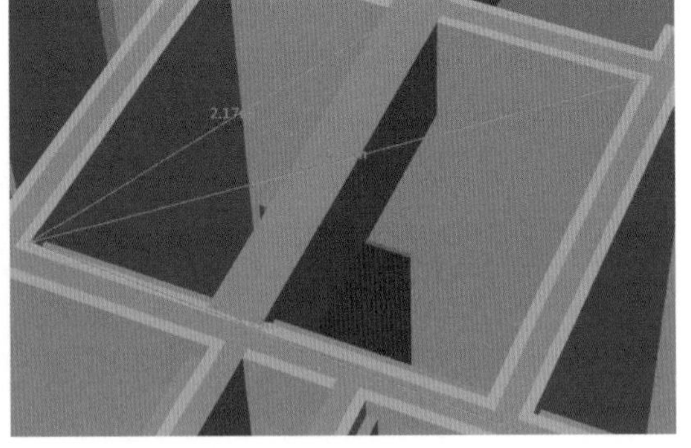

图 5.2-4

③点直线　点击【点直线】测量按钮，在模型上选中需要测量的起点，连续拖动到下一点，即出现多个连续点间的连续距离。见图 5.2-5。

④累加　点击【累加】测量按钮，在模型上选中需要测量的起点，拖动到终点，重复上述操作，软件可计算出多个非连续距离的总长度。见图 5.2-6。

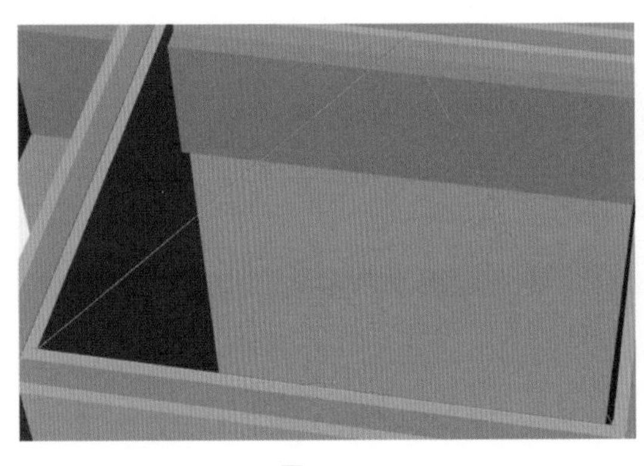

图 5.2-5

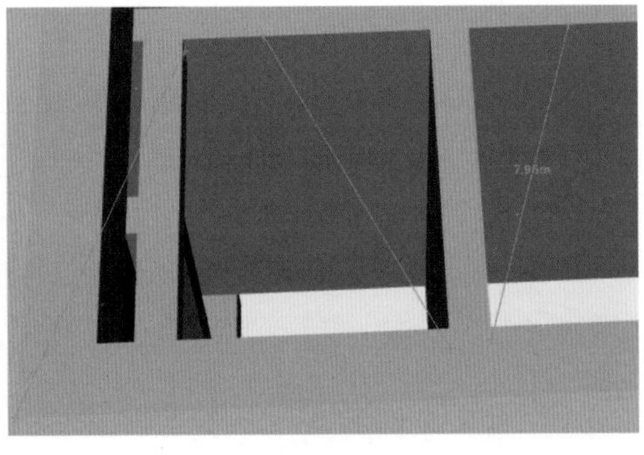

图 5.2-6

⑤角度　点击【角度】测量按钮，在模型上用三点定义要测量的角度，即出现所要测量的角度值。见图 5.2-7。

⑥面积　点击【面积】测量按钮，在模型上用连续点定义要测量的范围，即出现所要测量的面积值。见图 5.2-8。

⑦删除　点击【删除】按钮，点选或者拉框选择要删除的测量线，即可删除。

⑧转换　使用测量功能后，如果想把某个测量线保留下来，调整要显示的测量线视角，点击【转换】按钮，测量线即转换为红线，并保存为视点。下次可以再视点管理中查看。见图 5.2-9。

（3）切面　软件提供了创建水平和垂直两种切面、移动、隐藏所有、显示所有和删除切面的功能，通过切面可清晰地查看模型的内部情况。见图 5.2-10。

单击【水平切面】按钮，弹出【设置切面】对话框，有两种放置切面的方式，既可以选择单击放置水平切面，也可以输入高度（以米为单位）定位水平切面，单击【确定】，生成切面。垂直切面的操作同上。单击【移动切面】按钮，再选定切面，可以在垂直方向上移动切面。【删除】按钮的操作类似。

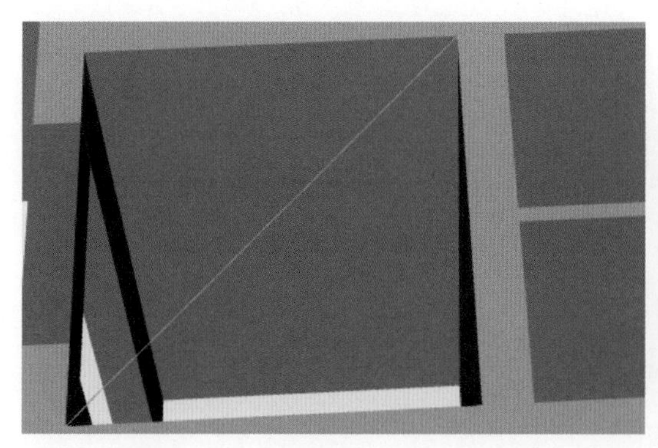

图 5.2-7

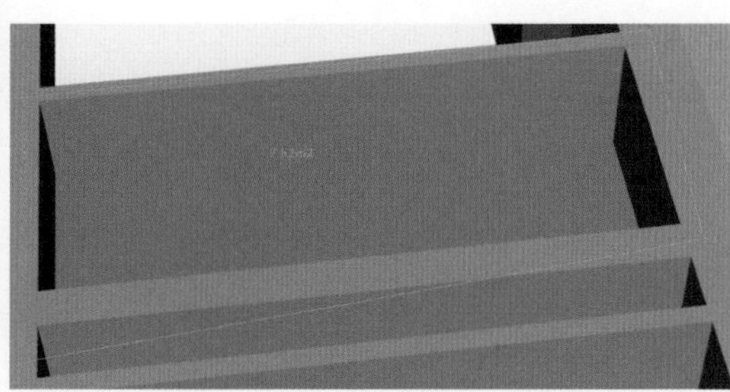

图 5.2-8

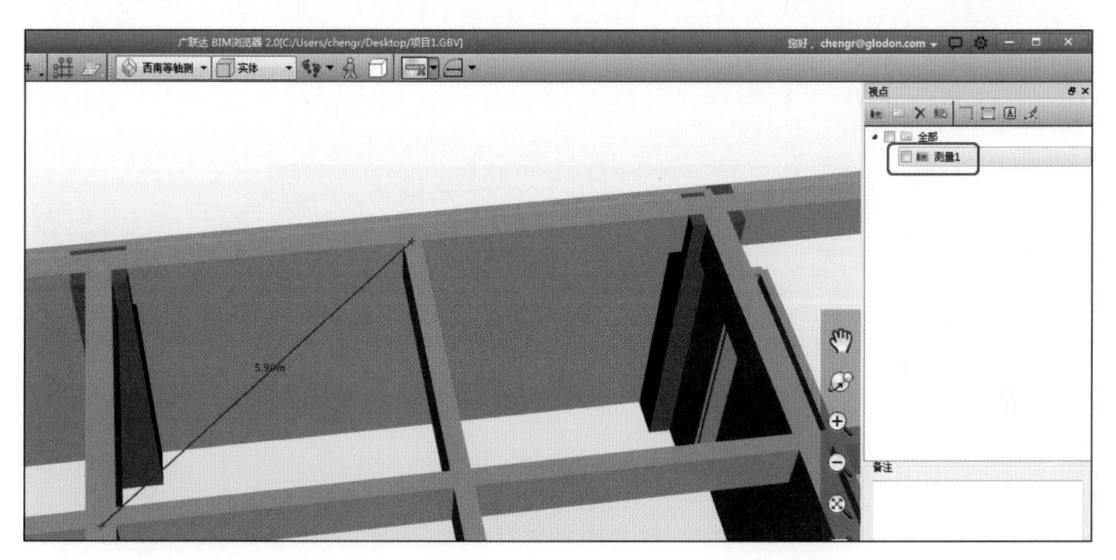

图 5.2-9

（4）剖面　第一步：点击【创建剖面】功能，见图 5.2-11。

图 5.2-10

图 5.2-11

第二步：鼠标左键拉框选择剖面范围,【设置深度】，确定，见图 5.2-12。

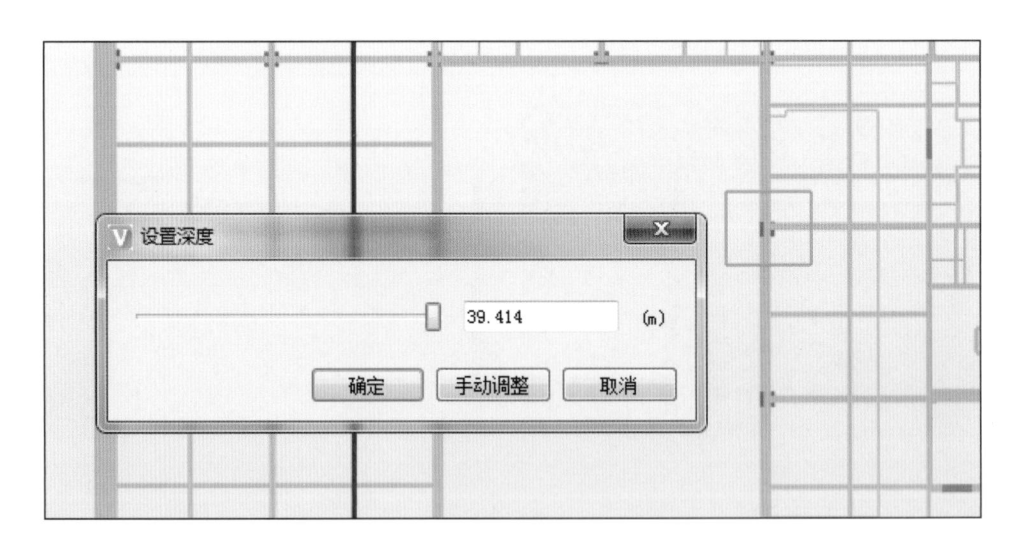

图 5.2-12

第三步：调整剖面角度，点击保存，见图 5.2-13。

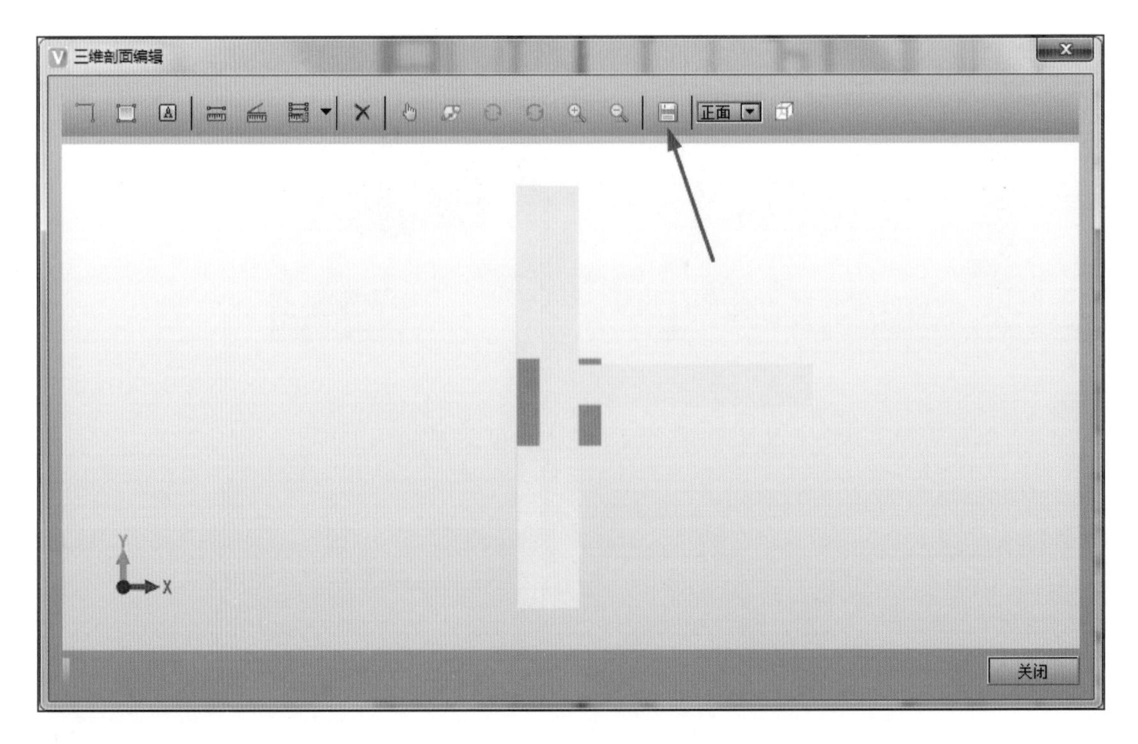

图 5.2-13

第四步：在【三维剖面管理】中选择目标文件夹，点击保存即可。见图 5.2-14。

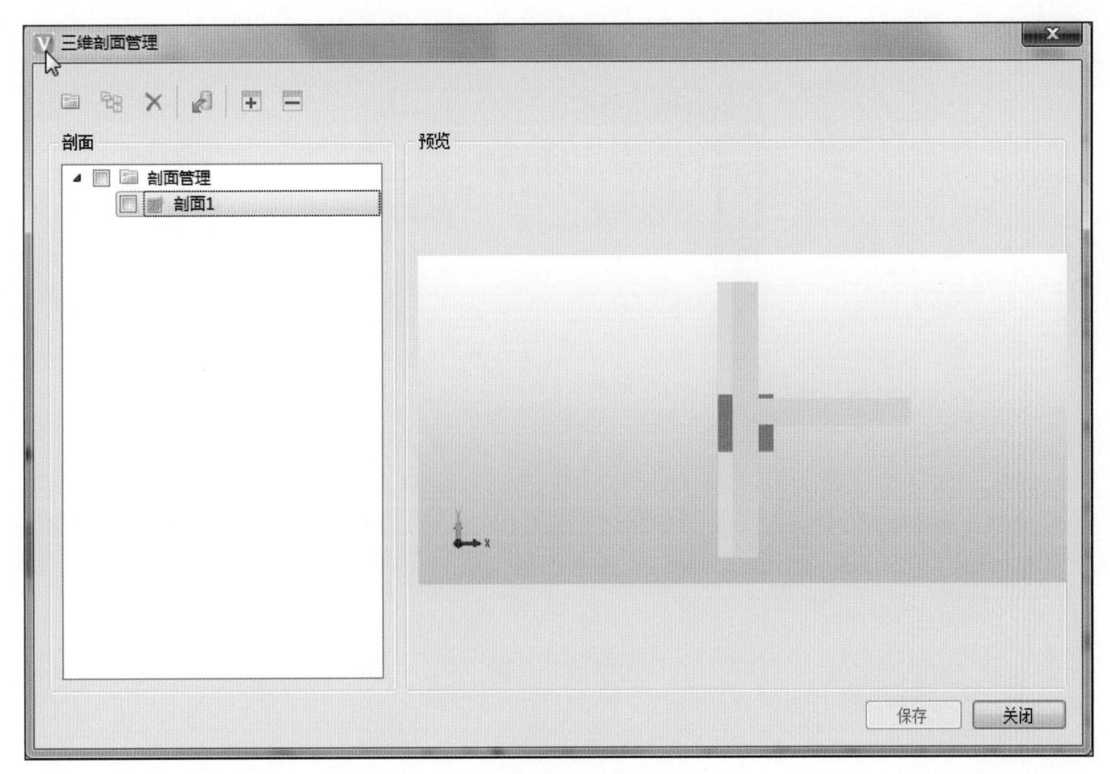

图 5.2-14

5.3 查看模型信息及工程量

5.3.1 任务说明

查看导入模型的属性及工程量信息。

5.3.2 任务分析

（1）如何查看属性信息？

（2）如何查看工程量信息？

5.3.3 任务实施

（1）属性信息　在视图中打开属性，选择图元后即可在属性面板查看属性，目前属性只支持单图元查看。

（2）工程量信息　在视图中打开工程量，之后需要选择图元，如果您只是想查看一个图元的工程量，选择相应图元即可；如果您想查看多个图元的属性，需要在工程量界面，勾选汇总工程量功能。见图 5.3-1。

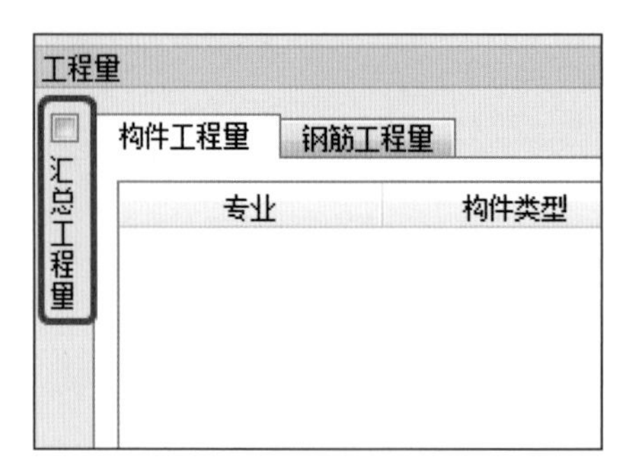

图 5.3-1

目前，软件可以查看 GCL 和 GGJ 两种软件导出 igms 文件的工程量，前提是在 GCL 和 GGJ 源文件中已经汇总计算过。如果您的源文件是 Revit 所建，想查看工程量，只能使用 GFC 插件，将 Revit 文件导出 GFC 文件，进入 GCL，汇总计算，导出 igms 文件，才可以在浏览器中查看工程量。

5.3.4 任务总结

目前 Revit 导出的模型，本身是没有工程量的，所以在浏览器中查看工程量为空。

5.4 视点及附件

5.4.1 任务说明

应用视点管理及模型附件。

5.4.2 任务分析

（1）怎样保存一个视点？

（2）如何添加模型附件？

5.4.3 任务实施

（1）视点管理

①保存视点　在视图中打开视点管理，调整模型角度，点击【保存视点】按钮，可保存当前视点。

②切换视点　单击视点名，切换视点。

③删除视点　点击要删除的视点名，点击【删除视点】按钮。

（2）附件管理

①添加附件　在视图中打开图元附件，之后选择任意图元，可以添加附件，附件为任意格式，添加后保存项目，下次打开仍可在附件栏查看。

②打开附件　双击可以打开附件。

③删除附件　选择要删除的附件，点击【删除】按钮。

④导出附件　选择要导出的附件，点击【导出】按钮，选择导出目录，确定即可。

5.5 移动端的应用

5.5.1 任务说明

将模型导入 ipad 端浏览器浏览。

5.5.2 任务分析

如何将模型导入 ipad 端浏览器？

5.5.3 任务实施

（1）下载安装　IOS 版浏览器下载方法：在 APP 里搜索 BIMExplorer，免费安装。

（2）导出 ipad 文件　将要导入 ipad 的模型，从 PC 端浏览器导出。见图 5.5-1。

图 5.5-1

（3）导入 ipad 浏览器

①需要首先在本机安装 itunes。

②将 ipad 连接电脑，打开 itunes，点击我的 ipad 如图中 1 处，然后在应用程序（如图 2 处）中点击 BIMExplorer（如图 3 处），直接添加要查看的模型文件即可。见图 5.5-2。

图 5.5-2

5.5.4 任务总结

导入 ipad 中的文件，一定是从 pc 端浏览器导出的 ipad 文件，否则容易在格式上有差别，影响在 ipad 上的浏览效果。

附录

Revit 导入广联达 GCL 建模交互规范

1 总则

1.1 综述

BIM 制造目前处于快速发展阶段，上游的 BIM 模型如果不能很好的传递、应用到下游，则会严重阻碍 BIM 的持续发展。为有效的实现 BIM 设计模型和造价算量模型的交互承接，并可延续应用到施工及运维阶段，特制定本规范。

1.2 依据

根据设计规范、国内清单定额计算规则规范要求，结合国内设计行业制图特点及相关设计、造价软件制定本规范。

2 术语

2.1 构件

构件是对建筑工程中某一具体构件所具有的属性的描述，是预先定义的某类建筑图元描述的集合体。

2.2 构件图元

构件图元是建筑工程中实际的具体构件的应用，软件产品中表现为绘图界面的模型，每个图元都对应有自己的构件。

2.3 线性构件

可以在长度方向上拉伸的构件图元，称为线性构件，如墙、梁、条形基础等。

2.4 面式构件

厚度方便不可以被拉伸，水平可以多个方向被拉伸的构件图元，称为面式构件，如现浇板。

2.5 点式构件

本身断面不能被拉伸，高度可以被修改的构件图元，称为点式构件，如柱、独立基础。

2.6 不规则体

不能判断为可编辑的点、线、面构件的图元体，称为不规则体。不规则体导入到广联达土建算量 BIM 专版 GCL2013 后，在 GCL2013 中不能编辑和修改。

3 基本规定

3.1 建模方式

（1）尽量不在 Revit 中使用体量建模和内建模型方法建模。
（2）不推荐使用草图编辑。

3.2 原点定位

为了更好的进行协同工作和碰撞检测工作以及实现模型向下游有效传递各专业在建模前，应统一规定原点位置并应共同严格遵守。

3.3 构件命名

应符合构件命名规范（详见 4.1 节）。

3.4 按层绘制图元

按照构件归属楼层，分层定义、绘制各楼层的构件图元。严禁在当前层采用调整标高方式定义绘制非当前层图元。

3.5 同一种类构件不应重叠（详见5.1.2节）

3.6 链接Revit

外部连接的文件必须附着到主文件后才能导出。

3.7 楼层定义

按照实际项目的楼层，分别定义楼层及其所在标高或层高，所有参照标高使用统一的标高体系。

4 构件命名规范

4.1 Revit族类型命名规则

专业（A/S）-名称/尺寸-混凝土强度等级/砌体强度-GCL构件类型字样

举例：S-厚800-C40P10-筏板基础

说明：A—代表建筑专业，S—代表结构专业；

名称/尺寸——填写构件名称或者构件尺寸（如：厚800）；

混凝土强度等级/砌体强度——填写混凝土或者砖砌体的强度等级（如：C40）；

GCL构件类型字样——详见附表1。

附表1 GCL与Revit构件对应样例表

GCL构件类型	对应Revit族名称	Revit族类型		Revit族类型样例
		必须包含字样	禁止出现字样	
筏板基础	结构基础/楼板	“筏板基础”		S-厚800-C35P10-筏板基础
条形基础	条形基础			S-TJ1-C35
独立基础	独立基础		“承台/桩”	S-DJ1-C30
基础梁	梁族	“基础梁”		S-DL1-C35-基础梁
垫层	结构板/基础楼板	“××-垫层”		S-厚150-C15-垫层
集水坑	结构基础	“××-集水坑”		S-J1-C35-集水坑
桩承台	结构基础/独立基础	“桩承台”		S-CT1-C35-桩承台
桩	结构柱/独立基础	“××-桩”		S-Z1-C35-桩
现浇板	结构板/建筑板/楼板边缘		“垫层/桩承台/散水/台阶/挑檐/雨篷/屋面/坡道/天棚/楼地面”	S-厚150-C35 S-PTB150-C35 S-TB150-C35
柱	结构柱		“桩/构造柱”	S-KZ1-C35
构造柱	结构柱	“构造柱”		S-GZ1-C20-构造柱

续表

GCL构件类型	对应 Revit 族名称	Revit 族类型		Revit 族类型样例
		必须包含字样	禁止出现字样	
柱帽	结构柱 / 结构连接	“柱帽”		S-ZM1-C35- 柱帽
墙	墙 / 面墙	弧形墙 / 直形墙	“保温墙 / 栏板 / 压顶 / 墙面 / 保温层 / 踢脚”	S- 厚 400-C35- 直形墙 A- 厚 200-M10
梁	梁族		“连梁 / 圈梁 / 过梁 / 基础梁 / 压顶 / 栏板”	S-KL1-C35
连梁	梁族	“连梁”	“圈梁 / 过梁 / 基础梁 / 压顶 / 栏板”	S-LL1-C35- 连梁
圈梁	梁族	“圈梁”	“连梁 / 过梁 / 基础梁 / 压顶 / 栏板”	S-QL1-C20- 圈梁
过梁	梁族	“过梁”	“连梁 / 基础梁 / 压顶 / 栏板”	S-GL1-C20- 过梁
门	门族			M1522
窗	窗族			C1520
飘窗	凸窗 / 窗族 注：子类别按飘窗组成分别设置，如洞口—带行洞；玻璃、窗 - 带形窗；窗台 - 飘窗板	“飘窗”		飘窗 /PC-1
楼梯	楼梯	直行楼梯 / 旋转楼梯		LT1- 直行楼梯
坡道	坡道 / 楼板	“××- 坡道”		S-C35- 坡道
幕墙	幕墙			A-MQ1
雨篷	楼板	“雨篷”或“雨棚”	“垫层 / 桩承台 / 散水 / 台阶 / 挑檐 / 屋面 / 坡道 / 天棚 / 楼地面”	A-YP1-C30- 雨篷
散水	楼板 / 公制常规模型	“××- 散水”		A-SS1-C20- 散水
台阶	楼板 / 楼板边缘 / 公制常规模型 / 基于板的公制常规模型	“××- 台阶”		A-TAIJ1-C20- 台阶
挑檐	楼板边缘 / 楼板 / 公制常规模型 / 檐沟	“××- 挑檐”		A-TY1-C20- 挑檐
栏板	墙 / 梁 / 公制常规模型	“××- 栏板”		A-LB1-C20- 栏板
压顶	墙 / 梁 / 公制常规模型	“××- 压顶”		A-YD-C20- 压顶
墙面	墙面层 / 墙	“墙面 / 面层”		灰白色花岗石墙面
墙裙	墙饰条	“墙裙”		水磨石墙裙
踢脚	墙饰条 / 墙 / 常规模型	“踢脚”		水泥踢脚
楼地面	楼板面层 / 楼板	“楼地面 / 楼面 / 地面”		花岗石楼面
墙洞	直墙矩形洞 / 弧墙矩形洞 / 墙中内环			S-QD1
板洞	普通板内环 / 屋顶内环未布置窗 / 屋顶洞口剪切 / 楼板洞口剪切 /			S-BD1
天棚	楼板面层 / 楼板	“天棚”		纸面石膏板天棚
吊顶	天花板	“吊顶”		石膏板吊顶

4.2 Revit 构件材质

Revit 构件材质定义：在构件“结构”中编辑“核心层材质”即可，若某构件没有该属性项，则需要自行添加“材质”属性项（即增加一个字段，字段名称为“材质”），并填写上相应的属性值（是什么材质写什么材质名称，见附图 1）。

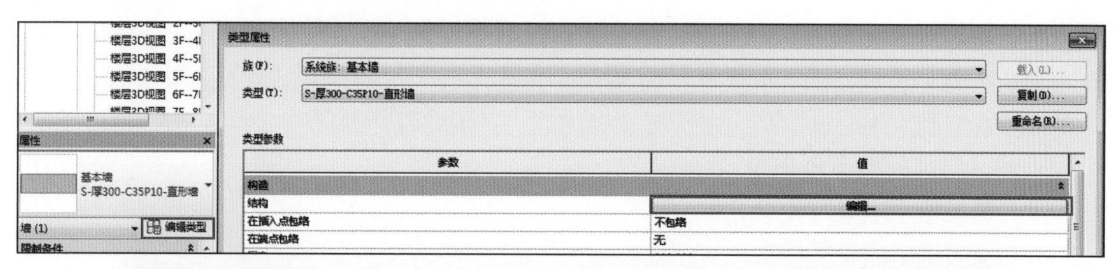

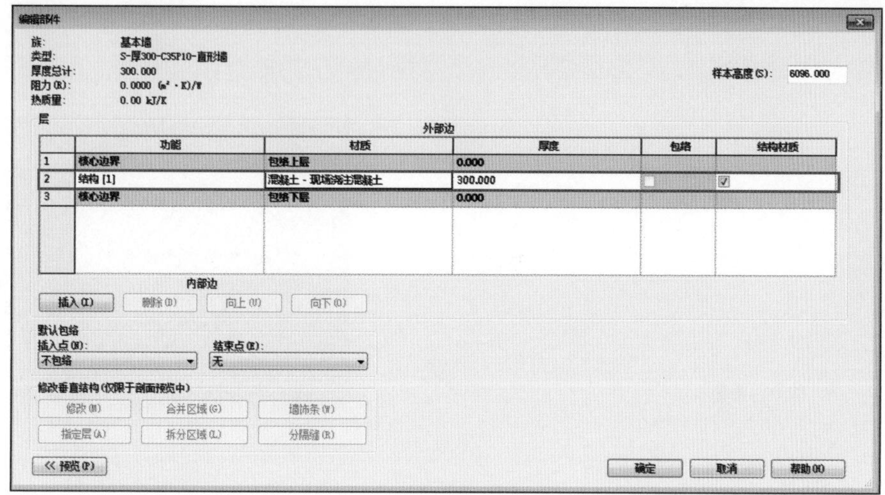

附图 1

4.3 内、外墙属性

内、外墙属性定义：墙构件定义界面，选择“编辑类型”，弹出窗体后选择“功能”属性项，其属性值有“内部”、“外部”两个属性值，按照内外墙选择相应的是内部还是外部即可（附图 2）。

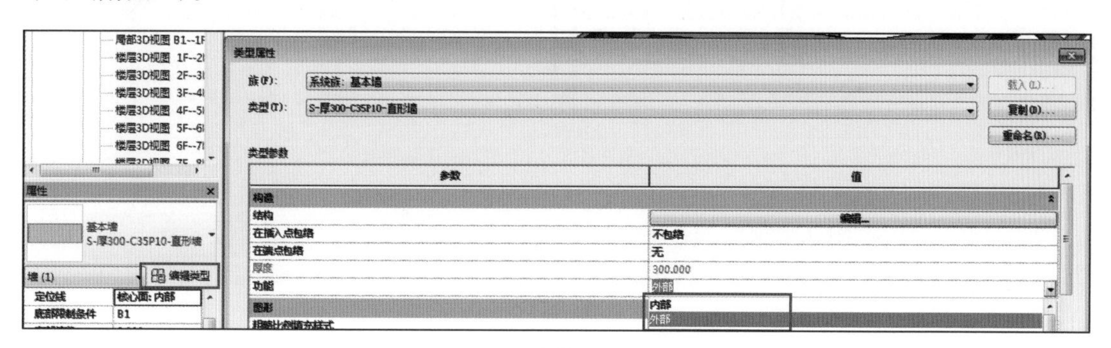

附图 2

5 图元绘制规范

5.1 图元绘制规范总说明

5.1.1 按层绘制图元

按照构件归属楼层，分层定义、绘制各楼层的构件图元，严禁在当前层采用调整标高方式定义绘制非当前层图元，严禁分层图元一次性。如：二层的柱就在二层定义绘制；严禁在一层或三层采用调整标高方式绘制二层的柱，其他构件图元同理。

5.1.2 同一种类构件不应重叠

（1）墙与墙不应平行相交；

（2）梁与梁不应平行相交；

（3）板与板不应相交；

（4）柱与柱不应相交，见附图3。

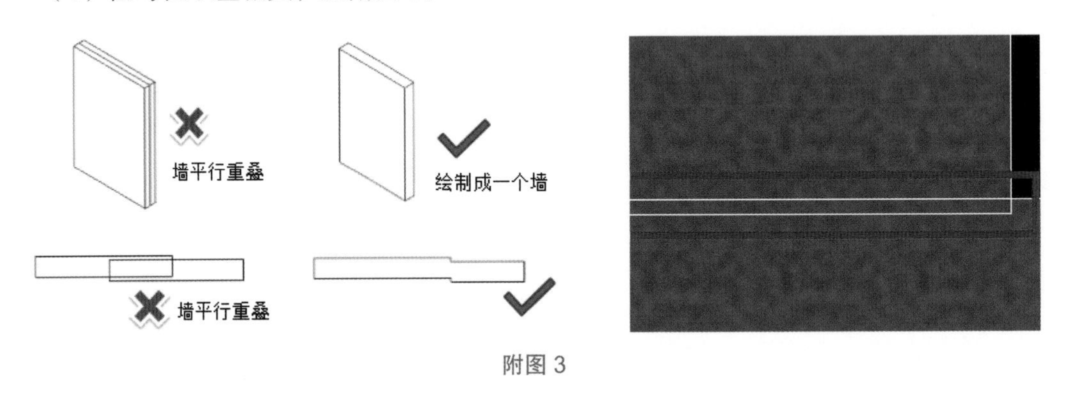

附图3

5.1.3 线性图元封闭性

线性图元（墙、梁等）只有中心线相交，才是相交，否则算量软件中都视为没有相交，无法自动执行算量扣减规则，见附图4。

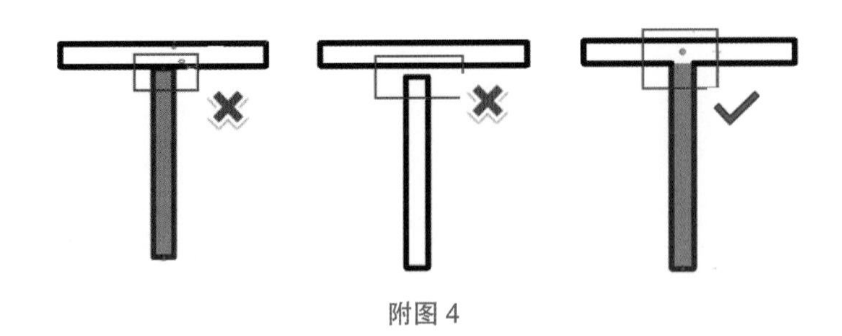

附图4

5.1.4 附属构件和依附构件

附属构件和依附构件必须绘制在他们所附属和依附的构件上，否则会因为找不到父图元而无法计算工程量（如：门、窗、过梁必须依附在墙体上，集水坑必须绘制到筏板基础上）。

5.1.5 草图编辑

Revit的草图编辑非常灵活，比如墙的编辑轮廓。编辑轮廓的时候可以在墙体内开洞，也可以在墙体外再增加局部墙，虽然导出标准可以处理，但会转化为异型墙。如附图 5 所示。

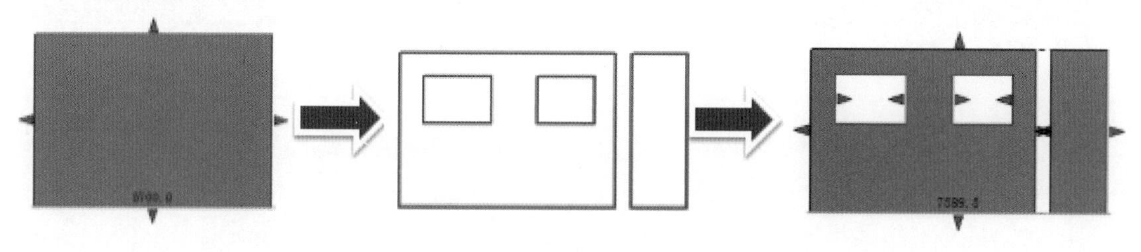

附图 5

此种画法不推荐，这种情况最好绘制成两道墙，否则导出之后为不规则墙属性等是不可以编辑的。

5.1.6　捕捉绘制

绘制图元时，应使用捕捉功能并捕捉到相应的轴线交点或者相交构件的相交点或相交面处，严禁人为判断相交点或相交面位置，以免视觉误差导致图元位置有所偏差，造成工程量错误。

如附图 6 所示，板与板之间存在缝隙。

附图 6

注意

目前，发现出现此类问题较多的是板（板与线状构件、板与面状构件）、墙（墙与点状构件、墙与线状构件、墙与面状构件）、台阶等构件。

5.1.7　墙顶部、底部附着板顶板底（或者附着屋顶）

平板和直墙相交时，墙顶部、底部不需要进行附着操作，斜板和墙相交时，需要顶部、底部附着，导出为不规则墙不能编辑。

5.2　主体构件绘制规范

5.2.1　墙、保温墙图元绘制规范

（1）墙的绘制方式　墙支持直线、矩形、内接多边形、外接多边形、圆形、起点 - 终点 - 半径弧、圆心 - 端点弧、相求端点弧、圆角弧。

（2）墙属性设置　墙族类型中严禁出现“保温墙 / 栏板 / 压顶”字样。

功能属性值选择外部、基础墙、挡土墙、檐底板，导入 GCL 之后为外墙。

功能属性值选择内部、核心竖井，导入 GCL 之后为内墙。

注意

非功能墙（即基本墙）绘制的时候，功能属性只能选择内部和外部。

（3）注意事项　以下方式绘制的墙图元导出均是不规则的且属性不可以编辑。

①编辑墙轮廓

a. 墙的任意一边是用样条曲线绘制的，导入 GCL2013 之后墙是不规则体。

b. 墙的任意一边是用椭圆、半椭圆绘制的，导入 GCL2013 之后墙是不规则体。

c. 在墙上用编辑轮廓开洞口。

②墙附着板、屋顶底部或者顶部　墙附着板、屋顶之后，墙的顶面或者底面会被板切成带斜坡的，导入 GCL2013 之后墙是不规则体，见附图 7。

③墙上绘制非标准矩形、非标准圆形、非标准拱形门窗时，导出之后墙也是不规则体，不可以编辑，见附图 8。

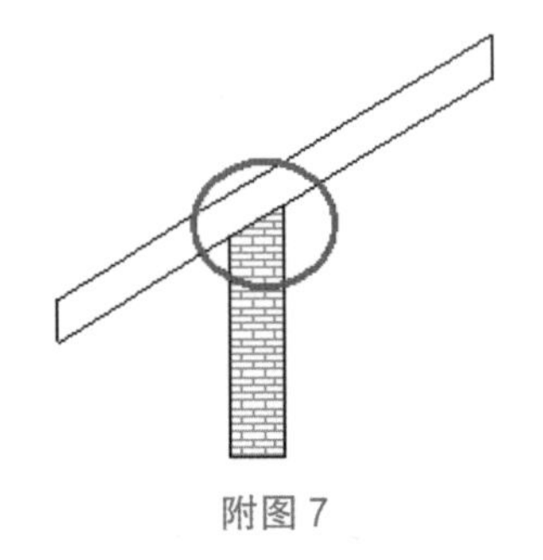

附图 7

附图 8

④多种草图编辑形式在一起使用的时候，导致墙形状比较复杂，墙导出之后也是不规则不可以编辑的，见附图 9。

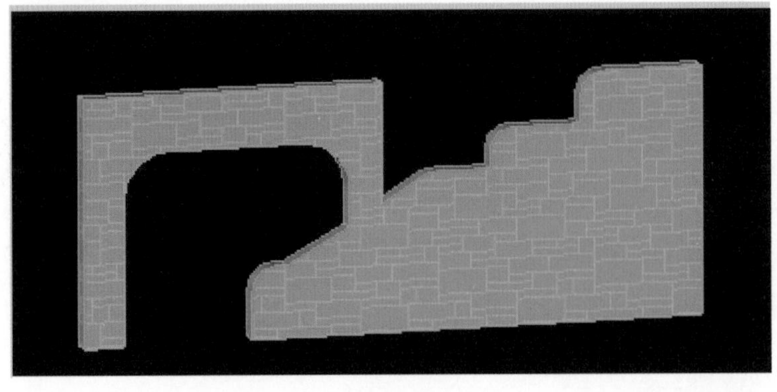

附图 9

5.2.2　板图元绘制规范

（1）板的绘制方式　板支持直线、矩形、内接多边形、外接多边形、圆形、起点 - 终点 - 半径弧、圆心 - 端点弧、相切端点弧、圆角弧、样条曲线、椭圆、半椭圆、拾取线、拾取墙、拾取支座。

（2）板属性设置　族类型中严禁出现“垫层 / 桩承台 / 散水 / 台阶 / 挑檐 / 雨篷 / 屋面 / 坡道”的字样。板结构层厚度不应该设置为零，且不应该勾选包络选项，板厚输入范围应该是在（0,10000）之间的整数。

（3）板上洞口绘制规范　在板上可以用竖井、楼板洞口剪切（按面、垂直）、直接绘制带洞口的板，推荐画法用直接绘制带洞口的板，见附图 10。

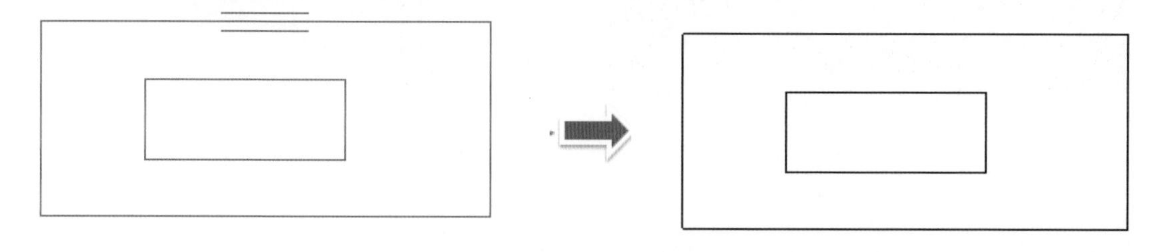

附图 10

（4）注意事项　在 Revit 中设置的斜板导入到 GCL 之后显示和 Revit 不一致，这样做的目的是将板导出标准的可以编辑的，对工程量没有影响（见图附图 11）。

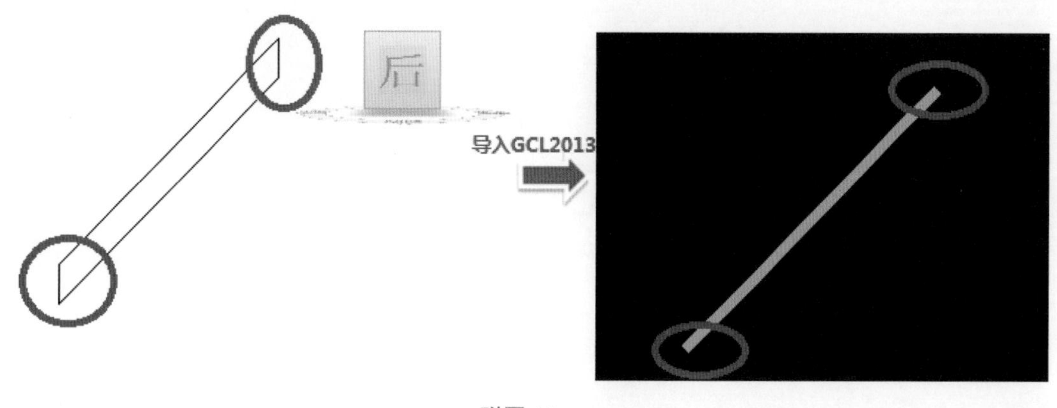

附图 11

5.2.3　梁、圈梁、连梁、过梁图元绘制规范

（1）梁的绘制方式　梁支持直线、起点 - 终点 - 半径弧、圆心 - 端点弧、相求端点弧、圆角弧、样条曲线、半椭圆、拾取线。

（2）梁属性的设置　族类型中严禁出现“连梁 / 圈梁 / 过梁 / 基础梁 / 压顶 / 栏板”的字样。

矩形截面梁，截面高度、截面宽度的数值应该设置在（0,200000）之间的整数。

圆形截面梁，梁的板半径数值应该设置在（1,5000）之间的整数。

（3）注意事项

①梁与板相交时，尽量不要用修改 / 连接命令，连接之后可能导致图元截面很复杂，导出之后为不规则体属性不可以编辑，见附图 12。

②过梁应该按照门窗洞口去绘制，一般绘制在门窗洞口上方或者下方，见附图 13。

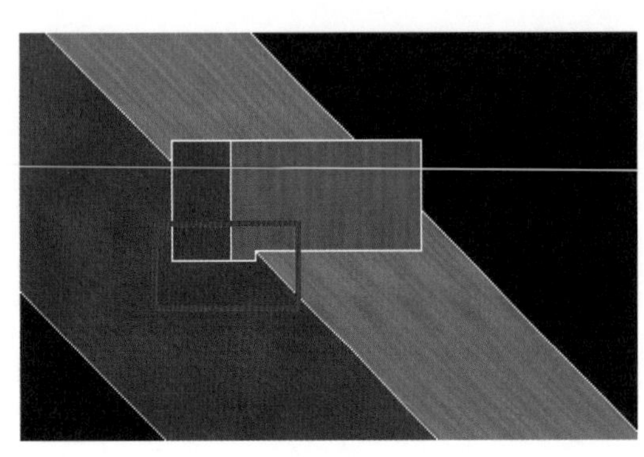

附图 12

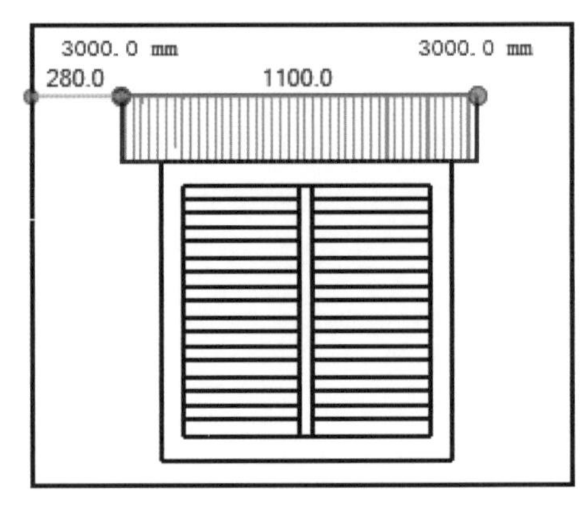

附图 13

5.2.4 柱图元绘制规范

（1）柱的绘制方式 放置柱（垂直柱、斜柱），还有在建筑柱中心放置结构柱。

（2）柱属性的设置 族类型中严禁出现“桩”的字样。

矩形截面柱、截面高度、截面宽度的数值应该设置在（1,50000）之间的整数。

圆形截面柱、梁的半径数值应该设置在（1,50000）之间的整数。

（3）注意事项 Revit中的斜柱导入GCL之后不会和GCL中斜柱进行匹配，会导成不规则柱。

柱顶部、底部附着楼板、屋顶、天花板、梁等构件时，导入GCL按未附着之前形状导入。

5.2.5 门窗图元绘制规范

（1）门窗绘制方式 按照墙点式布置。

（2）门窗属性设置 在GCL当中门窗必须依赖于墙的存在而存在，所以要求门窗框的厚度不能超出墙的厚度，门窗的底标高不能超出墙高的范围，否则门窗非法，无法导入GCL。

（3）注意事项 在Revit中门窗的显示比较形象，但GCL中只是门窗洞口的实际洞口的尺寸，门窗框和造型不会导入到GCL中，但是不影响工程量的计算，如附图14所示。

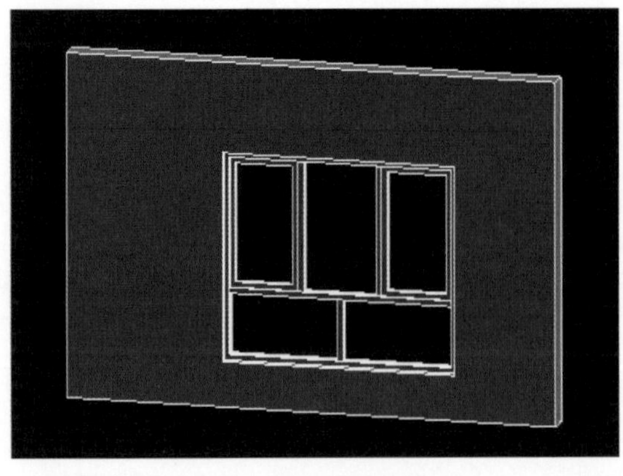

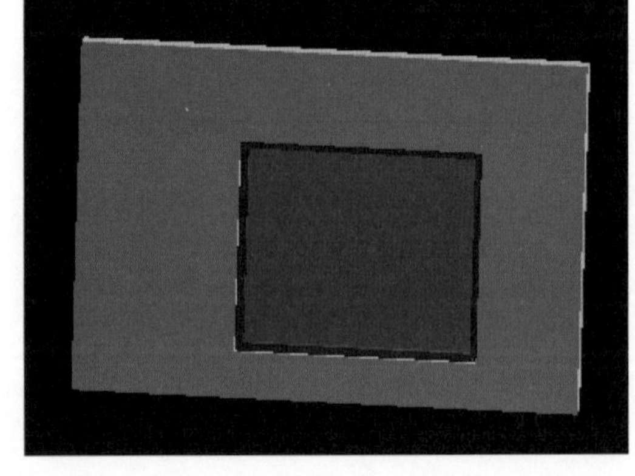

附图 14

如果门窗所在的墙是不规则体，那么无论门窗本身是否是标准构件，导入 GCL 之后均是不规则门窗属性不可以编辑。飘窗（目前软件只解析了凸窗中的凸窗 - 斜切）导入之后只有顶板、底板和窗，窗台板不会导入。

如果窗族中的模型在墙上有空心融合，且没有洞口，需要在类型名称标注“装饰作用”字段。

5.2.6 楼梯绘制规范

（1）楼梯绘制方式

①按照构件绘制楼梯（推荐采用）。

②按照草图绘制楼梯。

③楼梯构件包含（上下梯段板，梯段梁，休息平台，及休息平台下平台梁）。上述构件在 Revit 中创建组并命名。如附图 15 所示。

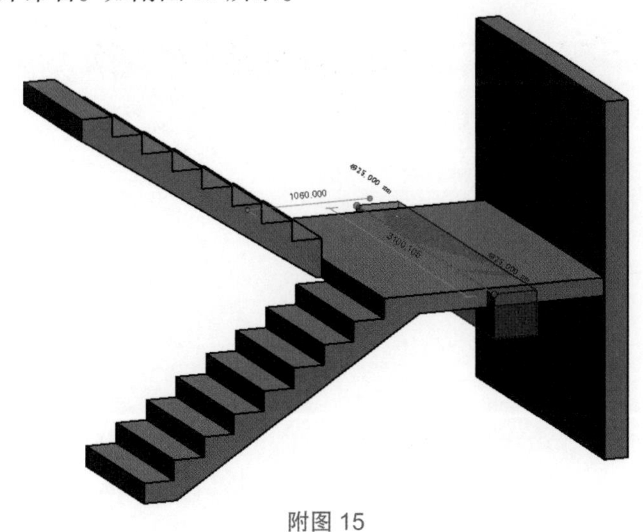

附图 15

（2）楼梯属性设置　按照 Revit 中的属性值设置即可。

（3）注意事项

①楼梯与楼层相连处楼板单独绘制，归于楼板。

②楼梯间楼层板下梁属于结构梁。

③楼梯柱归属结构柱。

④如果使用“多层顶部标高方式”复制楼梯，这种方式暂时不支持自动拆分为多个楼层的楼梯，需解组按层单独命名。

⑤在 Revit 中按照草图绘制的楼梯，导入 GCL 之后不会拆分梯段、梯梁和休息平台，导入之后显示一个整体，且是不规则的属性不可以编辑。

5.3 装修构件绘制规范

5.3.1 墙面、保温层绘制规范

（1）墙面绘制方式　在 Revit 中没有墙面构件，为了实现建模的形象化，有两种绘制方式：

①墙中面层定义绘制（推荐使用）；

②或者使用墙替代绘制。

（2）墙面属性设置　在墙中（包含结构、建筑）定义面层，不勾选包络，对于外墙，结构层上面是外墙面，下面是内墙面；内墙两侧都是内墙面，保温层取墙中功能类别为“保温层”的面层，见附图16。

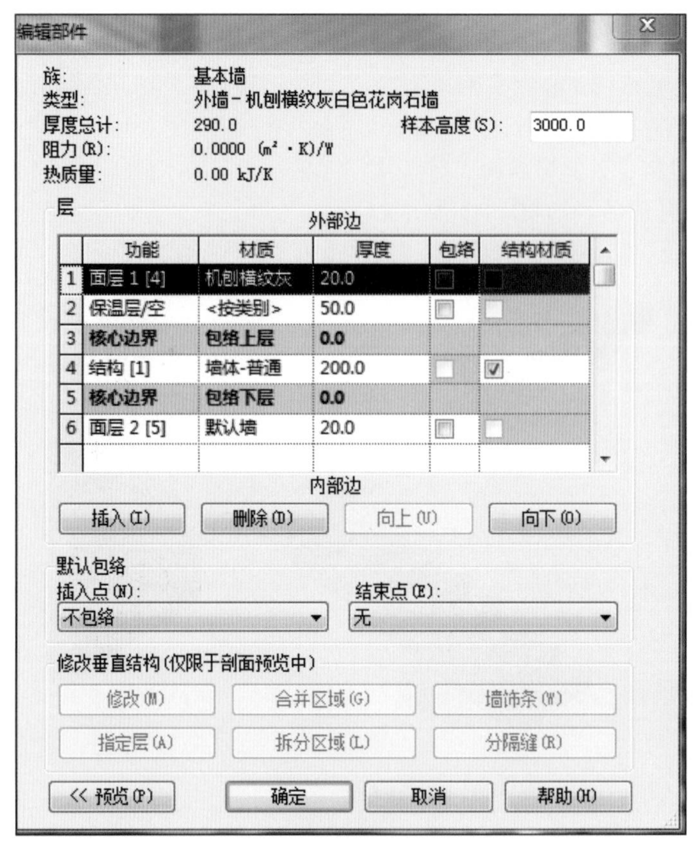

附图16

注意

（1）墙面层的厚度值（当有多个面层的时候取其之和作为厚度），但是厚度的范围应该在（0,1000）之间的整数。

（2）保温层属性设置厚度应该在（0,500］之间的整数。

（3）注意事项

①属性不要勾选【包络】，算量时已经处理，所以不需要重复设置；

②外墙绘制一个外墙面一个内墙面，内墙只绘制内墙面。

（4）建议　建议装修部分在GCL软件中绘制，GCL提供有专业构件以及智能布置等多种绘制方式，可以快速完成绘制。

5.3.2 墙裙、踢脚图元绘制规范

（1）墙裙、踢脚绘制方式　在 Revit 中没有墙裙构件，为了实现建模的形象化，用墙饰条来代替绘制，点式绘制在墙上。

（2）墙裙、踢脚属性设置　墙裙的高度应该是［0，10000］之间的整数。墙裙的厚度值应该是］0,1000］之间的整数。

墙裙的相对标高偏移不能超出墙的标高范围，通过设置与墙的偏移值的设置墙裙与墙边线外相切。

（3）墙裙、踢脚注意事项　外墙上需要布置一个外墙裙和一个内墙裙，内墙上均是内墙裙。

墙裙与墙的边线不能重叠，如下图墙裙边线延伸到墙里面了，否则墙裙会导出不规则体。见附图 17。

GCL 软件不支持在墙属性上直接加饰条的墙裙绘制方法，如附图 18 所示。

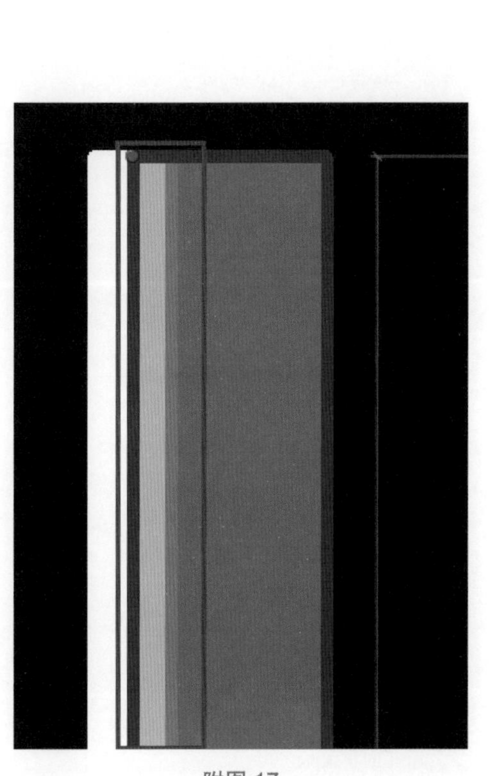

附图 17

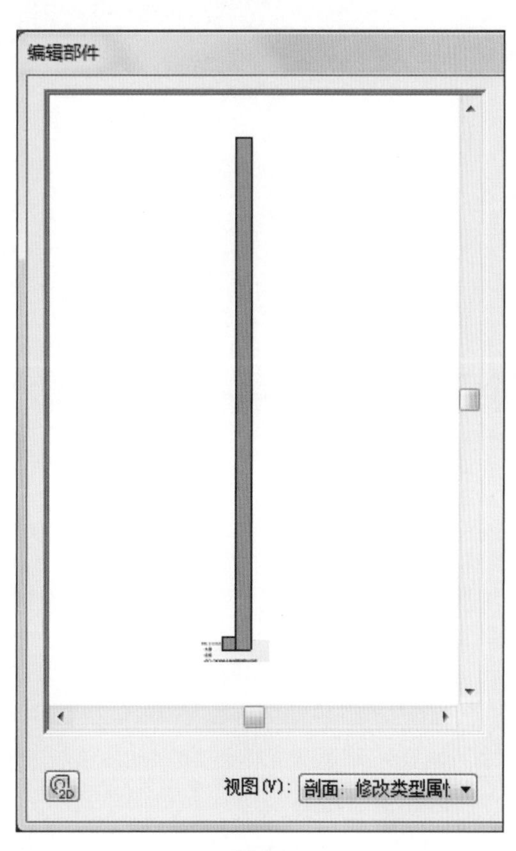

附图 18

5.3.3 天棚、楼地面图元绘制规范

（1）天棚、楼地面图元绘制方式　在 Revit 中没有天棚、楼地面构件，为了实现建模的形象化，用板面层来代替绘制。

（2）楼地面属性设置　在楼板中（包含结构、建筑）定义面层，结构层上边的是楼地面，下面的是天棚，不勾选包络，如附图 19 所示。

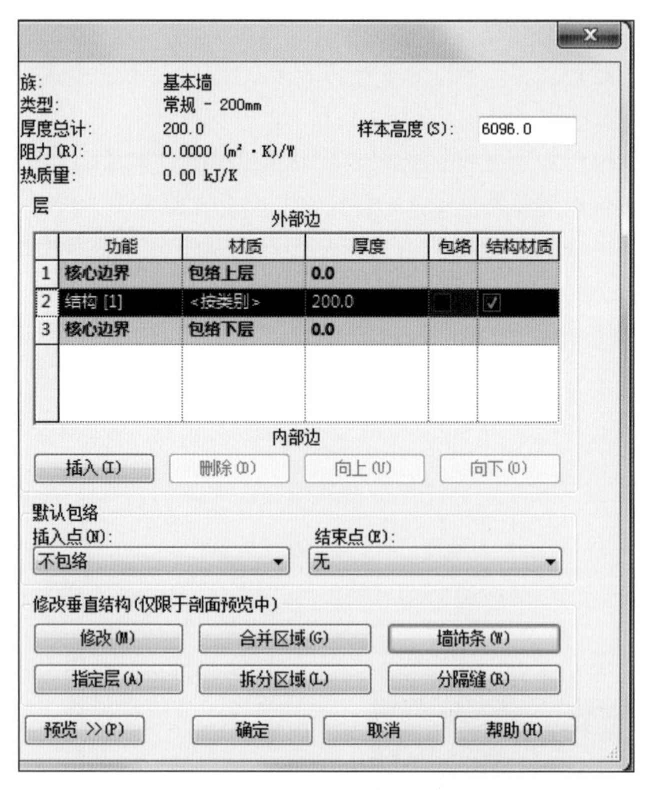

附图 19

注意

当有多个面层的时候取其之和，但是楼地面的厚度值范围应该在［0,10000］之间的整数。

（3）注意事项　天棚、楼地面是否是规则体取决于板是否规则体（参照板），软件暂不支持不规则天棚、楼地面的建模。

5.3.4　独立柱装修、单梁装修图元绘制规范

（1）独立柱装修图元绘制方式　在柱族、梁族里在管理页签下点对象样式添加装饰子类别，将柱、梁族里梁表面绘制的装饰部分的子类别选项选为装饰。

（2）独立柱装修、单梁装修属性设置　面层厚度应该在［0,1000］之间的整数。

（3）注意事项　独立柱装修和单梁装修只支持各个面的面层厚度一致的。

5.4　基础构件绘制规范

5.4.1　独立基础图元绘制规范

（1）基础的绘制方式　点式绘制，或者按柱、桩绘制独立基础绘制独立基础。

（2）独立基础属性设置　按照 Revit 属性值范围设置即可。

（3）注意事项 族类型中严禁出现“柱帽”的字样。

独立基础导入之后都是异形的，不会去匹配 GCL 中已有的参数化的独立基础。

5.4.2 条形基础图元绘制规范

（1）条形基础的绘制方式 直线绘制，或者按墙绘制条形基础。

（2）条形基础属性设置 按照 Revit 属性值范围设置即可。

（3）注意事项 条形基础导入之后都是异形的，不会去匹配 GCL 中已有的参数化的条形基础。

5.4.3 桩承台图元绘制规范

（1）桩承台的绘制方式 点式绘制，或者按柱、桩绘制独立基础绘制。

（2）桩承台属性设置 按照 Revit 属性值范围设置即可。

（3）注意事项 桩承台导入之后都是异形的，不会去匹配 GCL 中已有的参数化的桩承台。

5.4.4 桩基础绘制规范

（1）桩基础绘制方式 同柱的绘制方式。

（2）桩属性设置 桩的深度请输入 [50,1000000] 之间的整数。

（3）注意事项 导入 GCL 之后都是异形，属性不可以编辑。

5.4.5 筏板基础绘制规范

（1）筏板基础的绘制方式 支持直线、矩形、内接多边形、外接多边形、圆形、起点 - 终点 - 半径弧、圆心 - 端点弧、相求端点弧、圆角弧、样条曲线、椭圆、半椭圆、拾取线、拾取墙、拾取支座。

（2）筏板基础属性设置 筏板的厚度的范围应该在 [50,50000] 之间的整数。

5.4.6 集水坑图元绘制规范

（1）集水坑的绘制方式 点式绘制，要求集水坑必须绘制在筏板基础或者桩承台上面，其他绘制方式绘制不能导入 GCL 软件中。

（2）集水坑属性设置 按照 Revit 中族属性值设定即可。

（3）注意事项 任何方式绘制的集水坑导入 GCL 之后都是不规则的，不可以编辑的。

5.4.7 垫层图元绘制规范

（1）垫层的绘制方式 支持直线、矩形、内接多边形、外接多边形、圆形、起点 - 终点 - 半径弧、圆心 - 端点弧、相求端点弧、圆角弧、样条曲线、椭圆、半椭圆、拾取线、拾取墙、拾取支座。

（2）垫层属性设置 垫层的厚度值输入 (10,10000］之间的整数。

（3）注意事项 一般情况下垫层需要绘制在结构基础、设备基础的下方。

5.5 零星构件绘制规范

5.5.1 挑檐图元绘制规范

（1）挑檐的绘制方式 支持直线、矩形、内接多边形、外接多边形、圆形、起点 - 终点 - 半径弧、圆心 - 端点弧、相求端点弧、圆角弧、样条曲线、椭圆、半椭圆、拾取线、拾取墙、拾取支座。

（2）挑檐属性设置　挑檐的厚度值应该在（0,2000］之间的整数。

（3）注意事项　挑檐导入之后都是异形挑檐，不会匹配面式挑檐。

5.5.2　雨篷图元绘制规范

（1）雨篷的绘制方式　支持直线、矩形、内接多边形、外接多边形、圆形、起点 - 终点 - 半径弧、圆心 - 端点弧、相求端点弧、圆角弧、样条曲线、椭圆、半椭圆、拾取线、拾取墙、拾取支座。

（2）雨篷属性设置　雨篷厚度值应该在（0,2000］之间的整数。

5.5.3　栏板、压顶图元绘制规范

（1）栏板、压顶的绘制方式　同墙或者梁的绘制方式（取决于代替构件是墙，则画法同墙，否则同梁）。

（2）栏板、压顶属性设置　栏板的截面高度和截面宽度值请输入 (0,50000] 之间的整数。

压顶的截面宽度值请输入 (0,10000] 之间的整数，截面高度值请输入 (0,5000] 之间的整数。

（3）注意事项　同墙或者梁（取决于代替构件是墙，则画法同墙，否则同梁）。

5.5.4　散水图元绘制规范

（1）散水的绘制方式　支持直线、矩形、内接多边形、外接多边形、圆形、起点 - 终点 - 半径弧、圆心 - 端点弧、相求端点弧、圆角弧、样条曲线、椭圆、半椭圆、拾取线、拾取墙、拾取支座。

（2）散水属性设置　散水的厚度输入 (0,10000] 之间的整数。

（3）注意事项　设置坡度的散水导入 GCL 之后为不规则体，属性不可以编辑。

5.5.5　台阶图元绘制规范

（1）台阶的绘制方式　支持直线、矩形、内接多边形、外接多边形、圆形、起点 - 终点 - 半径弧、圆心 - 端点弧、相求端点弧、圆角弧、样条曲线、椭圆、半椭圆、拾取线、拾取墙、拾取支座。

（2）台阶属性设置　台阶的高度值请输入 (0,5000] 之间的整数。

（3）注意事项　台阶导入之后均为不规则体，属性不可以编辑。

5.5.6　栏杆扶手图元的绘制规范

（1）栏杆扶手绘制方式　方式一：支持直线、矩形、内接多边形、外接多边形、圆形、起点 - 终点 - 半径弧、圆心 - 端点弧、相求端点弧、圆角弧、拾取线。　方式二：放置在主体上（踏板、梯边梁）。

（2）栏杆扶手属性设置　扶手截面高度、截面宽度请输入 (0,5000] 之间的整数。

栏杆截面高度、截面宽度请输入 (0,5000] 之间的整数。

栏杆间距请输入 (0,5000] 之间的整数。

（3）注意事项　栏杆扶手导入 GCL 之后都是不规则，属性不可以编辑。

5.5.7　坡道图元绘制规范

（1）坡道绘制方式　方式一：直线、圆心端点弧。方式二：同板的绘制方式。

（2）坡道属性设置　用板代替绘制的同板的属性设置。

（3）注意事项　坡道导入 GCL 之后都是不规则构件，属性不可以编辑。

参考文献

［1］ 王全杰，韩红霞，李元希．办公大厦安装施工图．北京：化学工业出版社，2014.
［2］ 王全杰，宋芳，黄丽华．安装工程计算与计价实训教程．北京：化学工业出版社，2014.